エンジン用材料の科学と技術

山縣　裕

グランプリ出版

本書は２０１１年11月25日に発行された『エンジン用材料の科学と技術』（発行・左近堂／発売・三樹書房）』をカバーデザインなどを一新して刊行したものです。

編集部より

序文

燃費の規制が法律で強化されることおよび省燃費の社会ニーズ、あるいは時代の気分を反映して、自動車用の各種のパワーソースが混戦状態になっている。燃料そのものがアルコールの配合比率の高いガソリン、天然ガスなどを用いた従来型のエンジン、軽油を用いたディーゼルエンジンなどが世界の様々な地域で、地域のニーズに合わせて存在している。電気モーターとエンジンを組み合わせたハイブリッドも日本を中心にシェアを伸ばしている。エンジンを使わない電気自動車も数は少ないが、乗用車用として市販されるようになってきた。それぞれ一長一短はあるが、それなりに支持されている。

また、従来型のガソリンエンジンにおいても1リッターで30㎞の走行が可能であるとする市販車も市場に現れており、技術的には面白い状態になっている。

移動というのは人間の基本的な欲求の一つである。衣食住に加え車は、「衣食住・車」という生活の四大要素の一つを担っており、体感という実体を伴う。モータリゼーションと共に発展してきたエンジンは、人間の基本的欲望を具現化するようチューニングされており、エンジンぬきでは現代の自動車の便利さや面白さは考えられない。上述した最新の各種のパワーソースにおいても、燃費を単純に追求しているわけではなく、便利さや面白さが技術開発のポイントである。本書が話題とする材料技術もこのニーズの延長線上に展開されている。

ハイブリッドはエンジンを取り込んだメカニズムであるが、電気自動車となるとモーターとバッテリーの組み合わせによるので、エンジンや部品のメーカー関係者は自分たちの仕事が全くなくなるという懸念を持つ。そして、本書で取り上げているエンジンの材料技術は不要になると思われるむきもある。しかし、自動車の世界市場はまだまだ大きくなっており、大方の予測としては、エンジンの生産台数そのものは今後も拡大していくと予測されているようだ。

また、電気自動車の進化を展望した時、電気自動車のモーターにおいても、エンジン同様、軽くて出力の高いパワーユニットが求められることには変わりはない。軽量高出力を実現するには、例えばアルミニウム合金でできたウォータージャケットを持つ高剛性の水冷のケーシングが求められる。これは、現在のシリンダーブロックで追求されている材料技術・生産技術の開発目標に近い位置にある。このような仕事にも、本書の内容は役に立つはずである。

本書はもともと、１９９８年6月に山海堂より『現代の錬金術―エンジン用材料の科学と技術』として刊行したものである。その後、内容の充実を図って２０１１年に三樹書房より『エンジン用材料の科学と技術』と改題して刊行。これが品切れとなり、再刊の要望も高かったことから、今回グランプリ出版での発売となった。

幸い同書は各方面の好評を博し、大学などの教科書や副読本にも多く採用していただいた。本書が自動車の材料技術・生産技術に関わりをもたれる方々のお役にたてれば幸いである。

山縣 裕

目次

第3章　頭を冷やし、油汗をぬぐい、他とのすり合わせに気をつかい。〔ピストンリング〕

第4章　熱波の攻めにもひたすら丸く。［シリンダ］

第5章　甲羅はかたいが身はやわらかい。［カムシャフト］

第8章　疲れて、鍛錬され焼きを入れられるゴツイやつ。［クランクシャフト］

第9章　行ったり来たりで目が回るよ。［コネクティングロッド］

第10章　炭素量まで考えて車に乗ってるかい？［商品機能と素材の関係］

補講

本書を読む上での注意

本書では、主にSI単位を使用した。
また一部慣用にしたがいSI単位を使っていないところもある。
化学成分などの%の表示はすべて質量%である。
硬さ（硬度）は、種々の表記が用いられている。使用は慣例に従った。
これらにはHB（ブリネル硬さ：測定荷重が重いため大物の硬度測定に用いられる）、
HRB（ロックウェルBスケール硬さ：荷重が軽いため小物の鉄鋼材料向き）、
HRF（ロックウェルFスケール硬さ：主に軽合金）、
HV（ビッカース硬さ：汎用的）などがある。
目安として相互に換算することは可能であるので便覧などを参照されたい。

第1章

エンジンの中をのぞいてみる。

［エンジンと材料技術］

エンジンさまざま

自動車の心臓部であるエンジンは、フードに隠されていて見えない。モーターサイクルではエンジンは外から見えるが、やはり中味は見えない。そこでエンジンのメカになじみのない読者のために、簡単な解説をしておこう。

図1は4サイクル・ガソリンエンジンの主な部分の略図である。部品の名前を表示してある。ガソリンは空気と混ぜ、狭い容器に押し込んで火をつけると爆発する。この爆発圧力をピストンに受け、受けた力をコネクティングロッド、クランクシャフトの機構で回転運動として取り出すのがレシプロ（往復動）エンジン[*1]である。レシプロエンジンのメカは、蒸気機関から引き継がれてきたもので、すでに200年以上も実用されている。さらにさかのぼってピストン+シリンダからなるエンジンの原形は、モナリザの絵で有名なルネッサンス期の天才レオナルド・ダ・ビンチが、1509年に発想した画が残っている。

レシプロエンジンには、4サイクルエンジンと2サイクルエンジンの2種類がある。図2のガソリンエンジンの原理図と図3の作動順序を見ながら話を進めたい。

4サイクルエンジン：4ストロークサイクル・エンジンの略。現在の自動車エンジンのほとんどは、4サイクルエンジンである。①吸気、②圧縮、③仕事（爆発）、④排気の四つの行程によって1サイクルとなることからこの名称がある。

①吸気行程＝吸気バルブ（弁）が開き、ピストンの下降により発生したシリンダ内の負圧によってガソリンと空気の混合ガスが吸い込まれる。図2には気化器（キャブレター）を使った吸気システムを示している。しかし現在ではコンピュータを使った燃料制御がやり

◀図1　4サイクルガソリンエンジンの略図（18頁に拡大図）

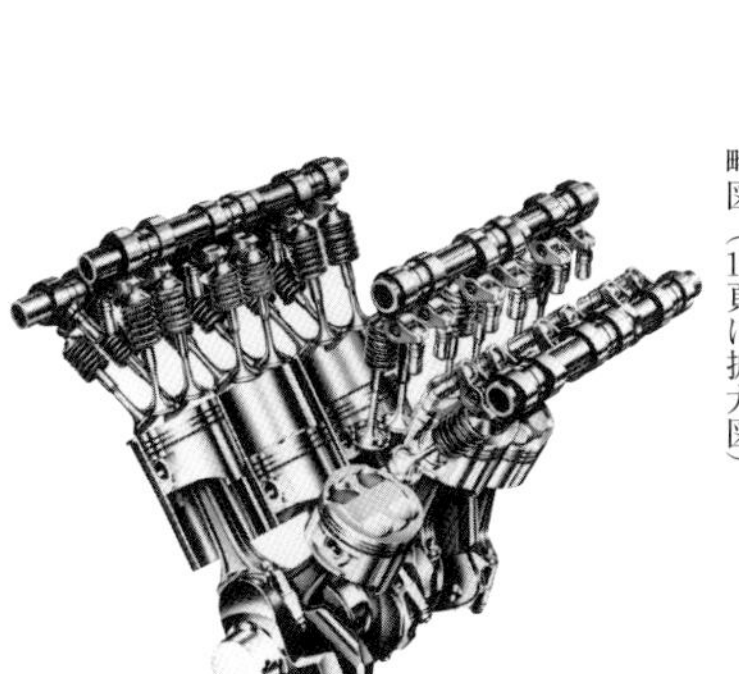

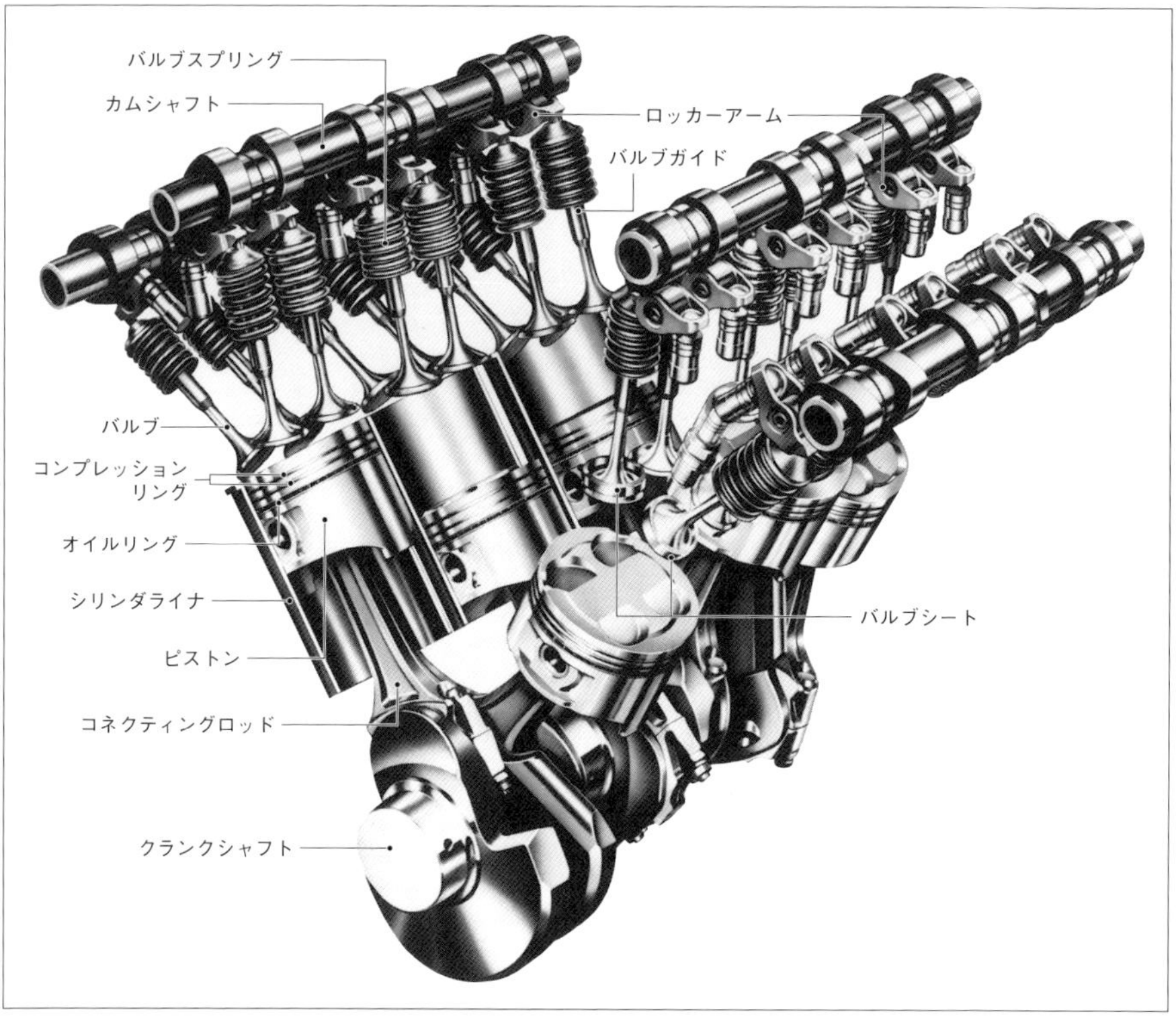

▲図１　(提供：日本ピストンリング㈱)

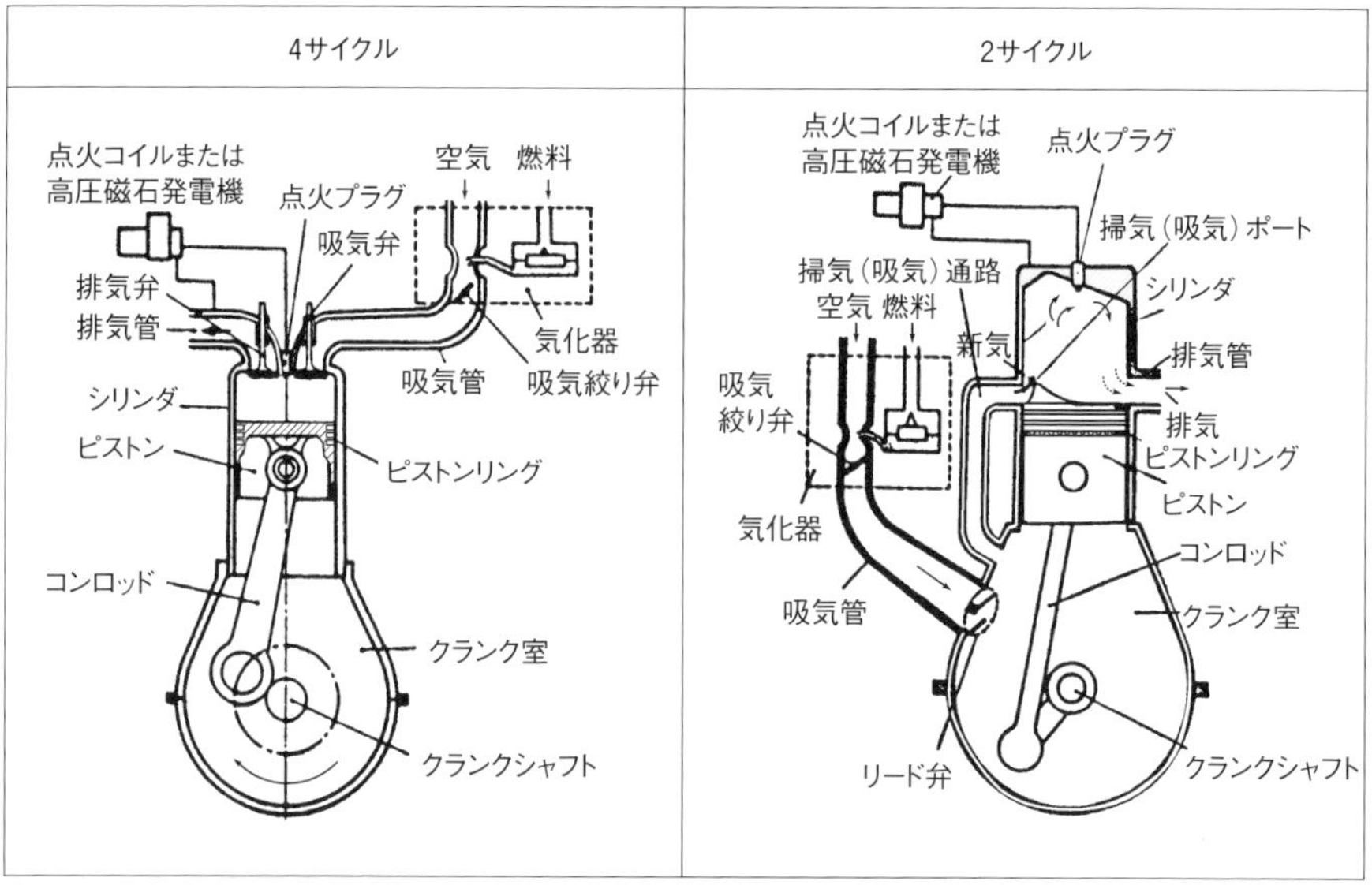

▲図２　ガソリンエンジンの原理図

やすいことから、インジェクターで吸気管に燃料を吹き込む吸気管噴射方式あるいはシリンダ内に直接燃料を吹き込む筒内噴射方式が一般的である。

②圧縮行程＝下死点まで下降し終わったピストンは、クランクシャフトの作用で逆転上昇し、混合ガスを8分の1から9分の1の体積に圧縮する。圧縮前の燃焼室体積と圧縮後の体積の比を圧縮比という。この時、吸気バルブは閉じている。

③仕事（爆発）行程＝ピストンが上死点に達したころ、点火プラグに電気が流れ火花が飛び、混合ガスが燃焼し、膨張する力がピストンを押し下げる。

④排気行程＝爆発により下降したピストンは再び上昇する。この時、排気バルブが開き廃ガスをシリンダ外に押し出す。ここで1サイクルを終わる。この後また、吸気行程から繰返す。

このように、1サイクルの間にピストンは2回往復しクランクシャフトは2回転する。吸気バルブと排気バルブは1度ずつ開閉し、点火プラグは1度火花を飛ばす。

4サイクルエンジンはクランク室に潤滑油をためることができ、クランクシャフトまわりの潤滑やピストンの冷却に使える構造上の利点がある。

2サイクルエンジン：2サイクルエンジンは、4サイクルエンジンのような吸排気バルブを持たない。その代わりシリンダ壁面に掃気孔と排気孔を持っている。ポートともいう。ピストンの上下運動によってその孔は開閉し、そこからガスが出入りする。クランクシャフトが1回転するごとに1回爆発が起き1サイクルとなる。図中の過程②で、シリンダ内で爆発が起きている。同時にこの圧を使い次に燃える新気がクランク室内で予圧縮されている。過程④で排気しながら吸気される。クランク室を予圧室として使うため、クランク室に潤滑油をためて供給することができない。そのため潤滑油は混合気に混ぜて供給され、

◀図3(a)　4サイクルガソリンエンジンの作動順序

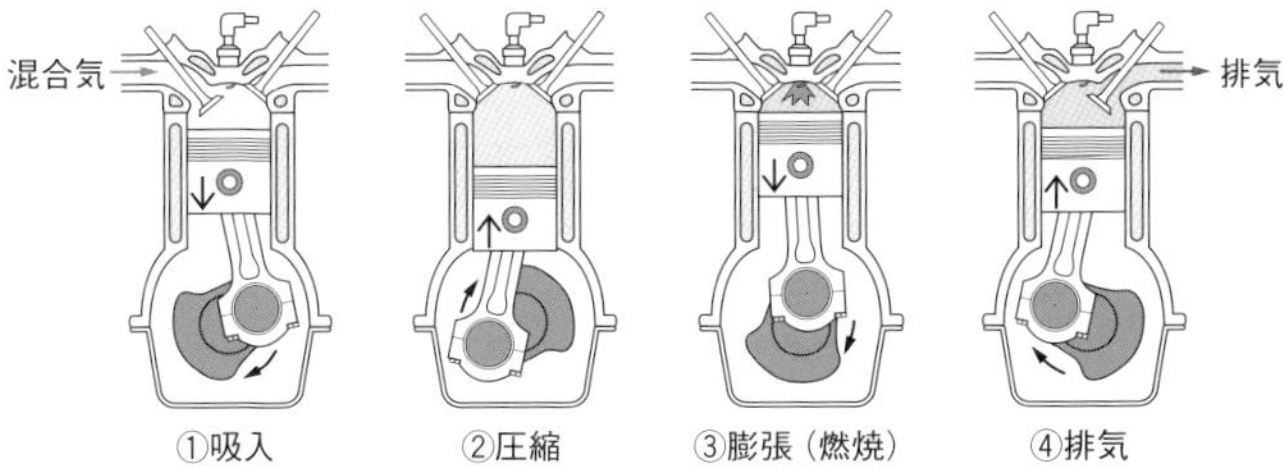

最後は燃える。
　4サイクルと同じ回転数で2倍の爆発回数を得る。だからといって馬力が2倍になるわけではないが。バルブシステムが不要のため構造が簡単で、小型のエンジンでは多用されている。しかし、吸気と排気が明瞭に区分けされず、排気ガスは吸気で押し出される形となる。そのため燃費が悪く、排ガス対策がやりにくい。とはいえ、高出力な特徴を買われモーターサイクルや汎用エンジン、少し形を変え大型ディーゼルエンジンの一部に使われている。

　ディーゼルエンジン：ディーゼルエンジンはルドルフ・ディーゼルの発明によるためこの名称がある。ディーゼルエンジンにも4サイクルエンジンと2サイクルエンジンの2種類ある。電気による点火プラグを使わない。空気を閉じこめ急激に圧縮すると温度が上がる。そこに燃料を直接吹き込み自然着火させる。燃焼室に燃料を高圧で注入する噴射ポンプとインジェクターノズルを備える。燃料は引火点の高い軽油を使う。ガソリンエンジンの場合も燃焼室の温度が上がりすぎるとガソリンに自然着火する。そうなるとプラグによる点火のコントロールがきかなくなる。これはノッキングといい、好ましくない。ピストン+シリンダ機構を用いたエンジン構造としては、この他スターリングエンジンがある。ロータリーエンジン、ガスタービンエンジンなどのピストン+シリンダ機構を用いないエンジンもある。

ピストンエンジンの特質

ピストン+シリンダ機構を用いたエンジンには、次のような利点が挙げられる。

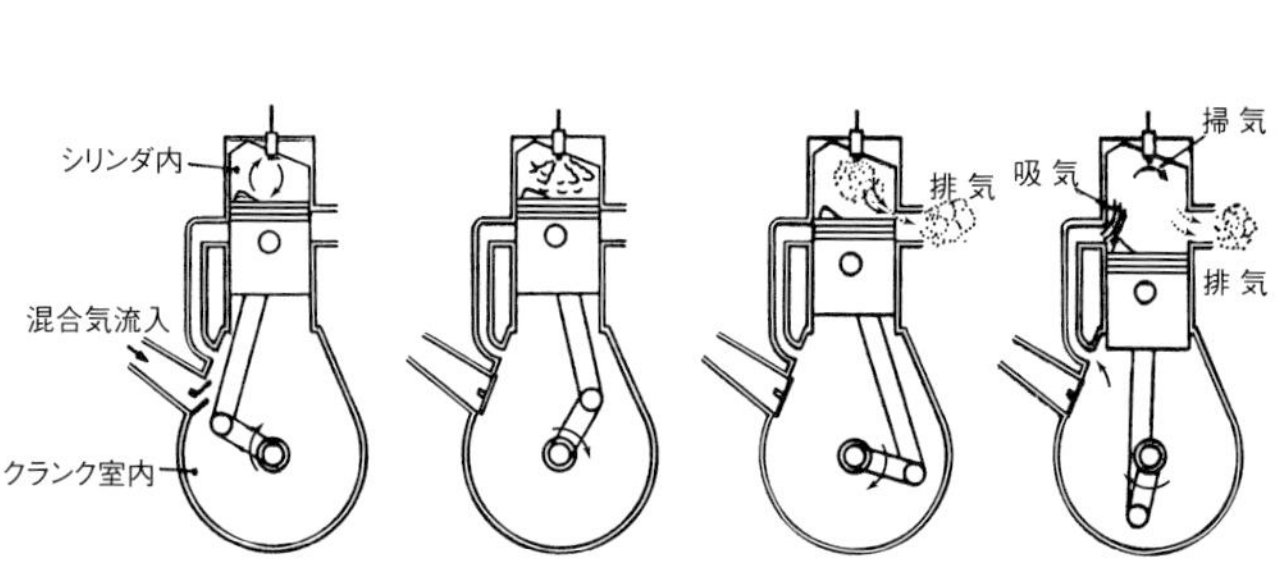

	過程 ①	過程 ②	過程 ③	過程 ④
シリンダ内	圧縮	爆発	排気	掃気・吸入
クランク室内	混合気流入	圧縮	←	混合気流出

◀図3(b)　2サイクルエンジンの作動順序

(1)ピストンとシリンダ間の気密性を上げやすい。そのため圧縮比を高くでき、熱効率が高く、省エネルギーにできる。
(2)ピストンリングは、シリンダとの間で油膜を介して接触している。流体潤滑状態で滑り運動しているので、摩擦抵抗が小さく耐久性に優れている。
(3)上下死点付近でピストンは減速され、運動方向が逆転する。そのため燃焼・吸排気の時間が十分にあり、燃焼にかかる時間を十分に取れる。
一方、欠点として、
(1)慣性力の不釣り合いやピストンスラップで振動騒音が発生しやすい。
(2)廃熱の回収が難しい。
などがある。

いろいろの欠点が指摘され、ピストンに相当する部分が回転するロータリーエンジンなども開発実用化された。しかしピストン+シリンダ機構をしのぐまでに普及したものはない。

どんな部品を使っているか

図1に示した4サイクル・ガソリンエンジンの略図を再び眺めて欲しい。図には、本文中で取り上げる部品の名前を表示してある。これらの部品は概略次の働きをする。

レシプロエンジンは、ピストン、コネクティングロッド、クランクシャフトのセットで爆発圧を回転運動に換える。ピストンは爆発圧を受ける。コネクティングロッドは、ピストンの受けた爆発力をクランクシャフトに伝える。クランクシャフトは往復運動をなめらかな回転運動に換える。

シリンダヘッドとピストンの間で形成される燃焼室で混合ガスの爆発は起きる。ピストンは爆発圧を受けシリンダの中を往復運動する。燃焼ガスが、ピストンとシリンダとの間で漏れないようにピストンの頭にはピストンリングがはめてある。

4サイクルエンジンにはガスを交換するバルブ機構が必要である。図1は1気筒あたり4バルブのエンジンである。バルブはカムシャフトによって駆動され、往復運動によって開閉する。後退はバルブスプリングの反力による。ガスが漏れないようにシリンダヘッドにはめこんだバルブシートでシールされる。

次の章以下では、ピストン、ピストンリング、シリンダ、カムシャフト、バルブ、バルブシート、バルブスプリング、クランクシャフト、コネクティングロッドについての材料技術が解説してある。いずれもが重要部品である。

エンジンに使われている代表的な素材

表1はエンジン中の運動する部分に使われている代表的な素材を示している。現代ではさまざまな素材が安く手に入る。ここでは表の中味について深入りしないが、鉄（Fe）、アルミニウム（Al）、クロム（Cr）、スズ（Sn）などの金属が、さまざまに混ぜ合わされいろいろな特性を出して使われている。これらの錬金の妙は次の章以下にゆずるとして、1992年の統計で見ると、自動車全体を構成する材料の比は、鉄系材料72%、アルミニウム合金6%、樹脂7・3%である。また軽量を特に要求されるスポーツカーでは、鉄系材料47%、アルミニウム合金31%、樹脂9%程度である。モーターサイクルでもスポーツカー

◀表1 主運動部に使われている代表的な素材

部品名	材料
ピストン	アルミニウム合金 { Al-Si-Cu-Mg-Ni系 / Al-Si-Cu系 }
ピストンリング	・ねずみ鋳鉄系　・球状黒鉛鋳鉄系 ・合金鋳鉄系 ばね鋼、ステンレス鋼
ピストンピン	クロム鋼　クロムモリブデン鋼
コネクティングロッド	機械構造用炭素鋼　鉄系焼結合金 可鍛鋳鉄　球状黒鉛鋳鉄
クランクシャフト	機械構造用炭素鋼　球状黒鉛鋳鉄
フライホイール	ねずみ鋳鉄
リングギア	機械構造用炭素鋼
滑り軸受け	ケルメット　アルミニウム合金

と同程度の素材比率である。軽量化のトレンドを受け自動車全体では、鉄系材料の使用比率は減少する傾向にある。

一方、エンジンに使用されている材料は高強度が要求されることもあって、ピストン、シリンダヘッド、シリンダブロックのアルミニウム部品を除き、ほとんどが鉄系材料（構造用鋼、ステンレス鋼、鉄系焼結品、鋳鉄など。これらについては後述）である。

エンジン技術の最近の動向

レシプロエンジンの構造、部品、素材の話を進めてきた。最後にエンジン技術の最近の動向について触れておく。

ガソリンエンジン：陸上輸送機用小型エンジンは、一貫して小型化・軽量化・高出力化の道をたどってきた。その結果、自動車用国産ガソリンエンジンで最高出力を出すものは、1986年に59・2kW／L（出力を1リッターあたりに換算したもの）であったものが、1995年には81・3kW／Lに、ターボチャージャー付きの過給エンジンでは、77・2kW／Lが99・4kW／Lになっている。これらの値は2011年の時点でもあまり変わっていない。またモーターサイクルの600㎤エンジンでは、2006年に147kW／Lの高出力を出している。出力は、回転数を上げて出す構造になっている。一般的な自動車エンジンとしては、7000回転程度、モーターサイクルエンジンでは1万回転以上も回る。

ディーゼルエンジン：乗用車用の小型エンジンから大型商業車向けまでエンジン出力は増加傾向にある。過給しないと出力が低いので過給エンジンが主流である。50kW／L程度の出力である。大型エンジンにおいてもインタークーラー付きターボ過給が一般的になっている。トラック用などでは、大型のものが多く、400kW程度の最高出力のものが使われている。

元々、希薄燃焼であるためHC、COの排出レベルはガソリンエンジンに比べて低い。排ガス問題は主に黒煙などのパティキュレートとNOxによるものである。これらの対策のために噴射系の改良、パティキュレートトラップの開発などが主要な課題である。

21世紀に入り地球温暖化の危機、石油の埋蔵量の減少が顕著に現れつつある。自動車に対し、経済性の面から燃料の使用量を減らし、また環境面から排気ガスを減らすという要求がますます高まっている。これらの社会ニーズから、エンジン技術はさらなる変化を求められている。

全体の流れは、(1)エンジン自体の燃費を向上させ、同時に排気ガスをさらに減少させること、(2)エンジンだけで適応して行こうとするのではなく、モータとのハイブリッド化によって最適燃費を実現すること、(3)アルコールなどのバイオ燃料を組み合わせることなどにまとめられる。また、元々リーン燃焼のディーゼルもドラビリの良さが買われ、ヨーロッパでは一般的である。

(1)については、リーン燃焼技術、可変気筒休止、各種可変バルブタイミング制御・リフト量制御、また小排気量のエンジンにターボやスーパーチャージャ過給を組み合わせ、軽量・低燃費を図るなどが実現されている。また、排ガス触媒の最適動作状態とエンジンの特性を巧妙にマッチさせることが行われている。これらには複雑なコンピュータ制御技術が要求される。エンジン内部の摩擦ロスの低減なども大きな効果をもたらす。エンジンの中低速運転において機械的摩擦ロスは全熱収支の10%ほどを占める。

(2)についでは部品点数が増し、コスト増となるが、モータとエンジンの組み合わせ方で種々のシステムが可能である。頻繁に起動停止を繰り返す街中の走行に特に効果が認められる。

(3)についてでは、ブラジルのようにすでにアルコール１００％が一般的な国もあるが、アルコールを15％程度まぜようとする動きが世界的になってきた。低温時の始動性に課題がある。これについては、アルコールの原料は食料にもなるので反対も多い。

ディーゼルは、吹き込む燃料の調整によって出力を増減する。そのため負荷全域で高い熱効率が得られる。かっては、黒鉛を噴出し嫌われていたが、１９９０年代に入り、コモンレール燃料噴射システムとターボチャージャの組み合わせでクリーンでパワーのあるエンジンに変わった。ＤＰＦの装着でパティキュレートは低減しており、現在、排ガス後処理装置でNOxを下げる努力がされている。

現在、自動車用のエンジンとして用いられているのは、４サイクルエンジンであって、ガソリンエンジンと、ディーゼルエンジンがある。２サイクルエンジンは、構造も簡単で極めて高出力が得られるが、排ガス対策が難しい。高出力を買われて汎用エンジンあるいはモーターサイクルの一部に使われている。自動車市場は経済規模が極めて大きい。このマーケットをねらってさまざまな構造用素材が開発・投入されている。

参考文献と注

参考文献として、ここでは特に参考としたもののみを挙げておく。

＊1　クランクシャフトとコネクティングロッドの機構は1780年、フランス人ピカードとワズブローが特許権を取得している。富塚清「内燃機関の歴史」三栄書房、（1987）。

●出射忠明「自動車メカニズム図鑑」グランプリ出版、（1982）。図版が中心で、素人にも分かりやすい。

●「自動車の材料技術」自動車技術シリーズ5、自動車技術会編集、朝倉書店、（1996）。各種材料について材料ごとに解説。トレンドと現状分析が行われている。

●鈴木孝「エンジンのロマン」増補改訂版、プレジデント社、（1994）。

●近田敏広「人とくるまのテクノロジー展97出展報告書」軽金属協会自動車委員会、（1997）。

●「燃費向上への挑戦／自動車技術」Vol.62-No.3（2008）。

●「ガソリンエンジン」自動車工学全書4、五味努・監修、山海堂、（1980）。

●瀬名智和「エンジン性能の未来的考察」グランプリ出版、（2007）。

●鳥養鶴雄「大空への挑戦 プロペラ機編」グランプリ出版、（2002）。

第2章 この微妙なスカートの広がりが分かるかい？・［ピストン］

熱いガスにメロメロ、でも頑張る

図1は4サイクルエンジンに用いられるピストン、コネクティングロッド、クランクシャフトのセットである。ピストンは、爆発力を最初に受け、ピストンピンを介してコネクティングロッドに力を伝える。図2は2サイクルエンジンに用いられるピストン。図3は4サイクルエンジンピストンの内面と外面である。肉が非常に薄い。図4はピストンとピストンリング、ピストンピンの構成を示す。

単純にいえば、ピストンはシリンダの中で動く栓である。機能（働き）を分析すると表1のようになる。第1は、高温ガスをピストンリングとともにシールし、シリンダヘッドとの間で燃焼室を作る。第2に爆発圧力を受けそれをピストンピン、コネクティングロッドを介してクランクシャフトの回転に換える。第3に、2サイクルエンジンでは、ピストン自体がガス交換のバルブの働きをする（第4章参照）。さらに、工業製品としてモノの形とする加工にかかわる機能である。

ピストンは爆発衝撃にさらされ、シリンダ中を高速で往復する。56㎜φ程度のピストンには20kN程度の力がかかる。速度は20m／s程度にもなる。小型エンジンでは、回転数を上げ発生する熱エネルギーを大きくしている。そのためには、耐久強度の許す範囲で軽くしたい。例えば、図1のピストンの重量は１７０ｇ。図2は平均で１５０ｇ程度である。回転数が1万５０００ｒｐｍとすると、材料の疲労限（疲労破壊する限度）の目安となる負荷重の10^7回の繰返し数までは11時間程度で到達する。使用条件は苛酷で、破損の問題が常につきまとう。

◀図1　4サイクルエンジン（モーターサイクル用）のピストン、コネクティングロッド、クランクシャフト／エンジンバルブ（5バルブ）の逃げがヘッドにつけられている。圧縮比を上げるためにバルブの形状にならってへこみがつけてある。連続鋳造棒を素材とした鍛造製ピストンである。

目的	要求される機能	手段	素材に求められる機能	選択される素材および材料技術
高回転、高出力を可能とするピストン	燃焼室形成機能	高温ガスシール性上げる	熱膨張小 外壁の耐焼付き性	高Si-Al合金 (AC8A) (AC9B) 鉄系合金
			ピストリング溝耐摩耗	高Si-Al合金 アルマイト処理 耐摩耗環鋳ぐるみ
		ピストンヘッドの熱をシリンダ壁に逃がしやすくする	熱伝導良	Al基合金
	爆発圧伝達機能	爆発圧に耐える高温強度上昇	高温クリープ強度 高温疲労強度	初晶Si微細化 晶出金属間化合物増量 鉄系合金
		軽量化	比強度高い	Al基合金
		ピストンボス軸受け耐摩耗性改良	耐摩耗性 (硬く、油膜を切らない)	時効硬化利用 アルマイト処理
	バルブ機能 (2サイクルのみ)	重量増を避けスカート丈長くする	中温疲労強度	時効硬化利用
	加工性	形状の成形性上げる(鋳造性)	融点低い 湯流れ性良	Al-Si共晶基合金 (AC8A)
		寸法精度上げる	切削性良	マスタカムを使ったならい加工
		機械加工コスト安い	ニアネットシェイプ	金型鋳造
			切削性良	初晶Si微細化 ダイアモンドバイトによる切削

▲表１　ピストンに要求される機能／表の見方は補講Ａ参照

◀図２　２サイクルエンジン鍛造ピストン（スノーモービル用）／２サイクルエンジンではピストンリングは２本である（第３章参照）。

◀図３　４サイクルエンジン・鋳造製ピストン／ⓐは内面。軽量化のため肉は極限まで削ってある。肉厚は１・５㎜程度しかない。ピストンリング溝が３本左右上端に見える。中央はピストンピンの入るボスである。運転負荷が厳しいとボスの内面が摩耗する。ⓑは外面。

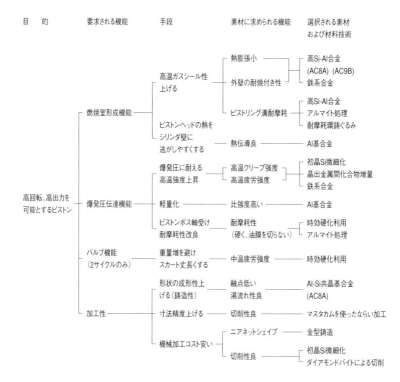

現在このような課題は、軽いアルミニウム合金を使うことで解決されている。ピストンにアルミニウム合金[*1]が初めて使われたのは20世紀初頭、量産技術である電解製錬が発明（1886年）されてまもなくのことである。内燃機関においてすでに鋼製ピストンは実績があった。これに対しアルミニウムは、融点が600℃程度と低く熱に耐えるかどうか疑問とされていたようである。

Siを大量に配合してアルミニウムの熱膨張率を下げる

表1の第1の燃焼室を形成する機能を考える。運転を始めると、ピストンの温度がまず上昇する。シリンダブロックは熱容量が大きい。水冷されたりもしているので温度は上がりにくい。しかしピストンはすぐ熱膨張する。シリンダ内径とのクリアランスが適切でなければ、たちまち焼付く。これを恐れるあまり設定クリアランスを大きくすると、温度が上がってシリンダが膨張してきた時、燃焼ガスのブローバイ（吹き抜け）が多くなり出力が出ない。また、冷えている時は、ピストンがシリンダ壁をたたき、騒音を出す。したがって、熱膨張が少ない材料が望ましいが、純アルミニウムは熱膨張率が極めて大きい（純Alの熱膨張率は1℃あたり23・5×10^{-6}）。

そこで、数あるアルミニウム合金の内でも、熱膨張率の低いSi（珪素。純Siの熱膨張率はアルミニウムの半分以下の9・6×10^{-6}／℃）を12から19%も大量に添加し、低熱膨張率にした合金が現在使われている。純金属にそれより熱膨張率の低い元素を加えると、入れた量に比例して熱膨張率は下がるのだ。

カールシュミット社がY合金（Al-Cu-Mgの耐熱合金）に14%Siを添加した合金を192

◀図4 ピストン各部名称／ピストンで最も温度の高いところは、燃焼ガスが直接当たるヘッドとトップランドである。リングはガスをシールするばねで、リング溝の中にはめられている。ピストンピンは、浸炭焼入れした中空のピンである。ピストンボス中に回転可能なように挿入されており、飛び出さないように両端をスナップリングで止めている。ピストンリングは第3章で解説する。

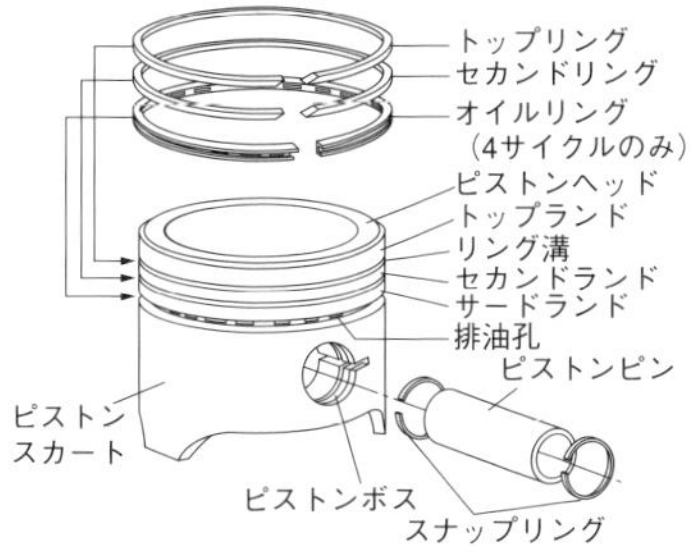

4年に使い始めるまでは、もっぱらアルミニウムに銅を入れた合金が使われていた。[*2] カールシュミット社は熱膨張の低減を目的にそこにSiを添加したのだった。Siはアルミニウムより比重も軽く（純Alの密度2・67g／cm³、純Siの密度2・33g／cm³）、合金の比重は下がるため、軽量ピストンに向いている。また純Siは硬い（870〜1350HV：ビッカース硬さ）ので耐摩耗性が上がり、さらに好都合でもある。

このようにAl-Si系の合金は性質が優れており、その後、さまざまな改良が行われ表2の合金成分となっている。4サイクルエンジンではAC8A、2サイクルエンジンではAC9B合金が主に使われている。両合金はSi量の差はあるものの、その他の成分は変わらない。

鋳鉄製のピストンも以前は用いられた。鋳鉄シリンダ（第4章参照）と組合わせた時、熱膨張率が同じでガスのシール性が良いこと、および、鋳鉄中の黒鉛は固体潤滑性[*3]を持ち摩耗も少ないこと、などの理由である。しかし、高速回転を可能とするには重くなり過ぎる。運動するピストン重量が重くなると、コネクティングロッドおよびクランクシャフトも負荷が高くなり、太くして強度を上げなくてはならない。また、熱伝導率が低いため温度が高くなりすぎ、混合気に自然着火する可能性もある。そのためガソリンエンジンには全く用いられない。また、重量だけを考えるならマグネシウム合金の方が軽いが、低熱膨張の合金がない。

改良処理でSiを微細化する

ピストンは形状が複雑で肉が薄い。現在、金型を用いた鋳造（補講J参照）が、最も一

◀表2　ピストン合金成分(%)／AC8AとAC9Bは鋳造ピストンの合金。

ピストン合金	Cu	Si	Mg	Ni	Fe	Zr	SiC	Al
AC8A	1	12	1	1	—	—	—	残り
AC9B	1	19	1	1	—	—	—	残り

般的な製作方法である。鋳造から始まる全体の製造工程を図5に示す。熱処理については後で説明する。

Siの多いアルミニウム合金は鋳物が作りやすい。図6のAl-Si系の状態図（状態図になじみのない読者は補講C参照）で、Siを添加して行くと12・7％Siでは577℃で固まる。すなわち凝固温度が下がる。この共晶組成の合金は、液体と固体がいっしょに存在する氷水のような状態がなく、液体から一度に固まる。したがって、溶けた金属（溶湯）の流動性は良く、鋳物が作りやすい。表2のＡＣ８Ａはこれに近い合金である。

図7にＡＣ８Ａの顕微鏡組織を示す。共晶Siと晶出金属間化合物が細かく分散している。晶出とは溶けた状態から結晶として固まって出てくることをいう。

図8は溶けたアルミニウムが結晶となるまでの模式図[*4]である。まず結晶の核が液体の中に形成され（a）→（d）、核は液体の部分に成長し（e）→（f）、多結晶となって凝固が終わる（g）。合金の場合は成分にむらがあるので融点の高い結晶が最初に現れる。図9の白色部分は核として最初に固まり出す純アルミニウムに近い成分の結晶である。木の枝のような形をしている。周りの灰色の部分は後から固まったSi濃度の高い部分である。

図10は引け巣の中に見られた樹枝状結晶である。最初に固まった部分の周囲の液体が何らかの原因で引けてなくなると樹枝状の結晶がそのまま露出する。あちこち向いているが、樅の木の林のようで、みごとな枝振りである。鋳物に穴があいている時、その穴の中を顕微鏡観察し、このような樹枝状結晶が見られれば、間違いなく鋳造時にできた欠陥である。鋳物の肉の厚い部分は冷えにくく後で固まる。そのため他のところに湯が引っ張られ引けやすい。固まる時縮むからである。そのようなところに現れる欠陥である。

Siを共晶点の12・7％を超えてさらに添加する（図6）と融点が上がり鋳物は作りにく

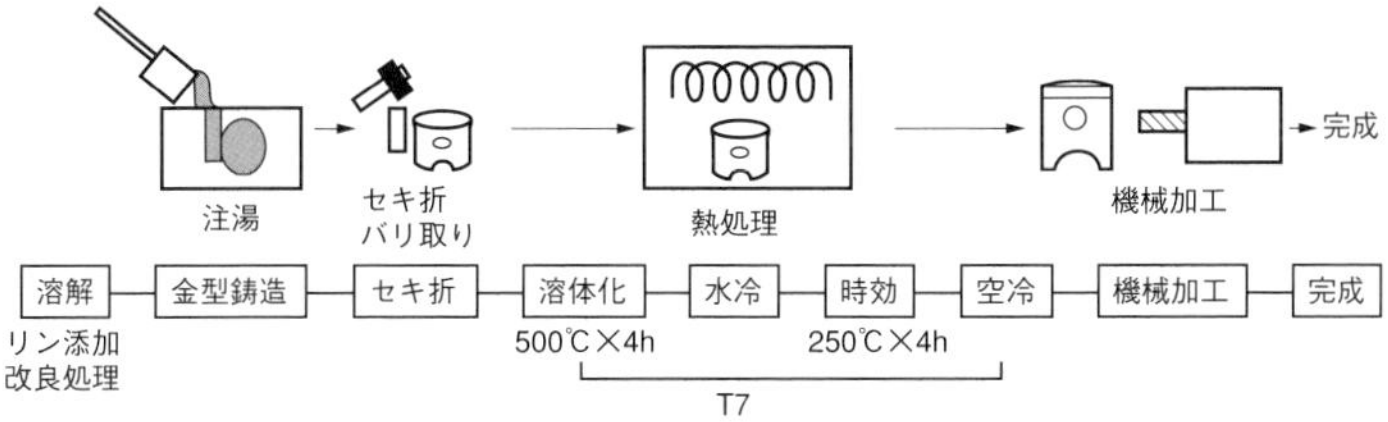

◀図5　金型鋳造ピストンの生産工程／溶体化→水冷→時効→空冷の熱処理をT7といっている。

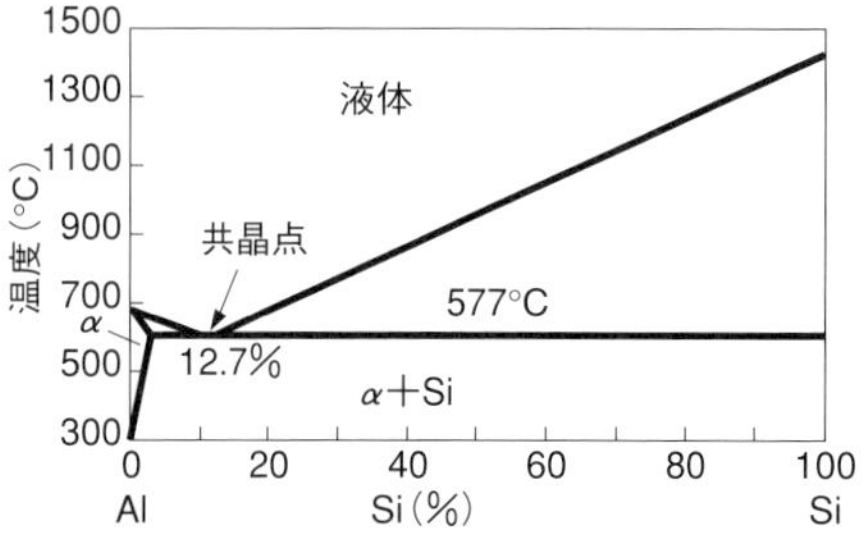

◀図6　Al–Si合金状態図／12・7％よりSi濃度が低いと鋳物の冷却凝固途中に最初にα固溶体（純アルミニウムに近い結晶）が現れる。初晶αという。12・7％よりSi濃度が高いと最初に大きいSiが固まって現れる。初晶Siという。12・7％Siの成分では、577℃になったとき一度に固まる。初晶αも初晶Siも出ず、αとSiが同時にできる。これを共晶という。共晶の出るちょうどの成分を共晶合金、高Si側の成分を過共晶合金、低Si側を亜共晶合金という。共晶、過共晶、亜共晶の区別はAl–Si状態図に限ったものでない。共晶が出る他の成分系でも同様に呼称される。

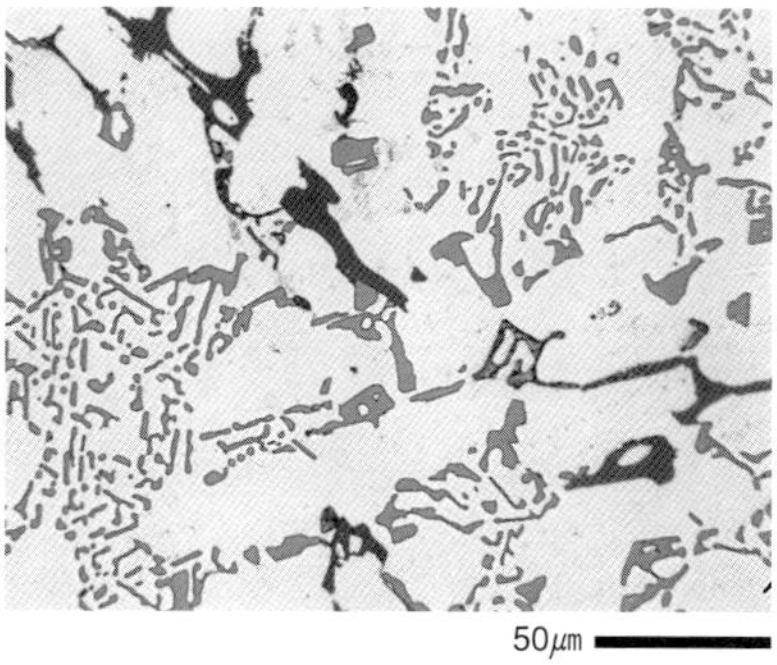

◀図7

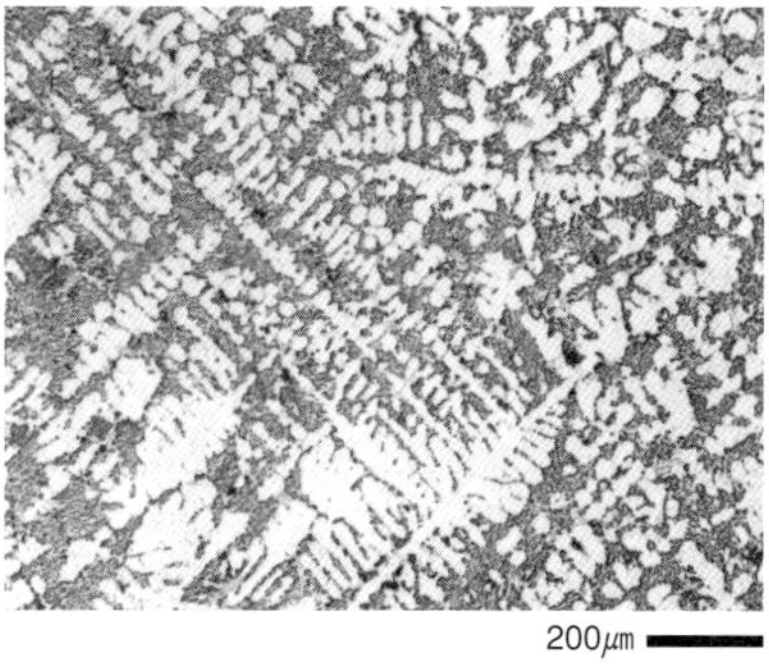

◀図9

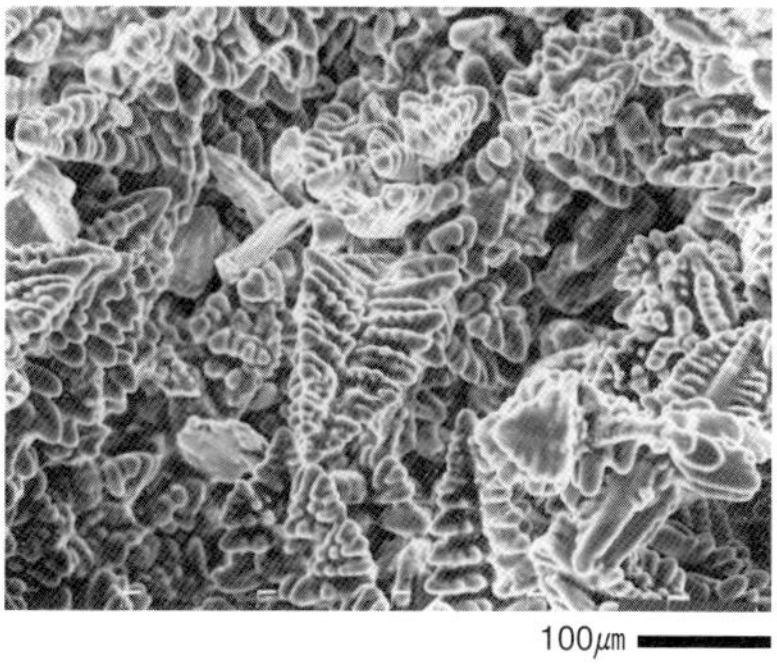

◀図10

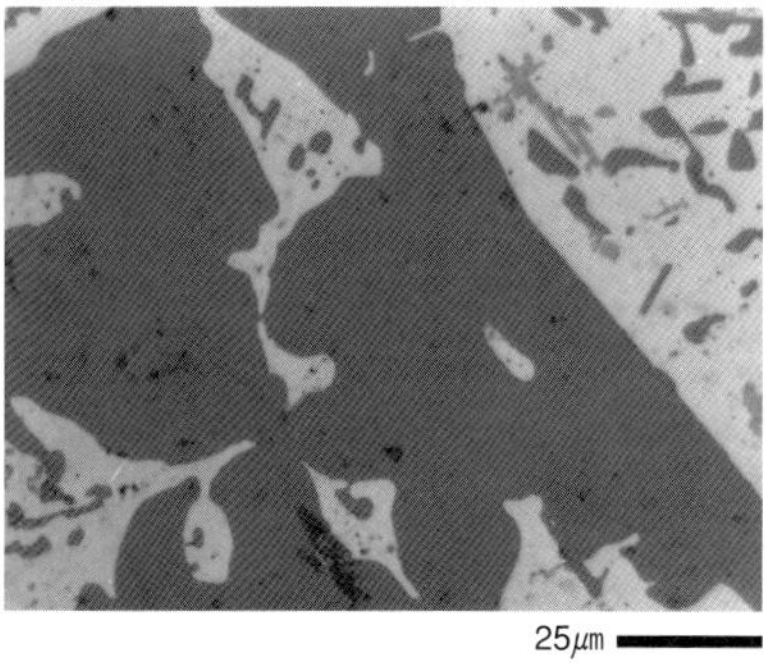

◀図11

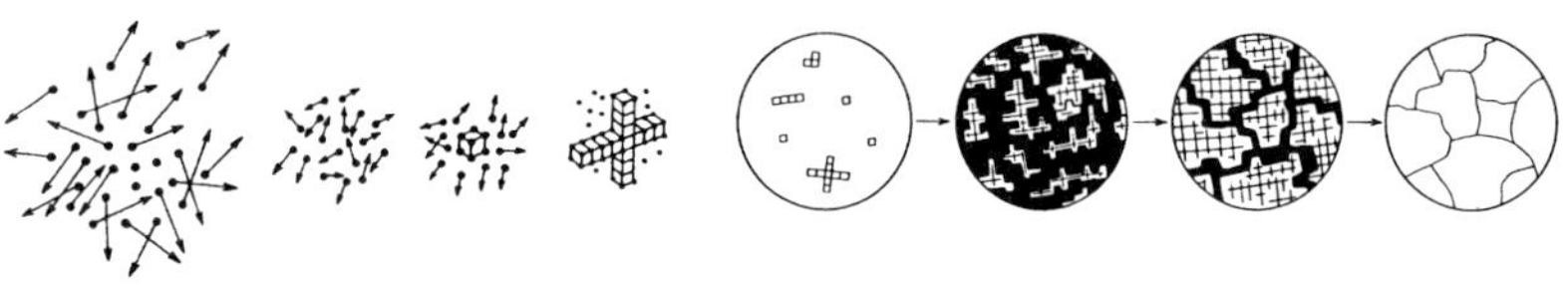

◀図8　凝固時、核の生成から結晶粒のできるまで

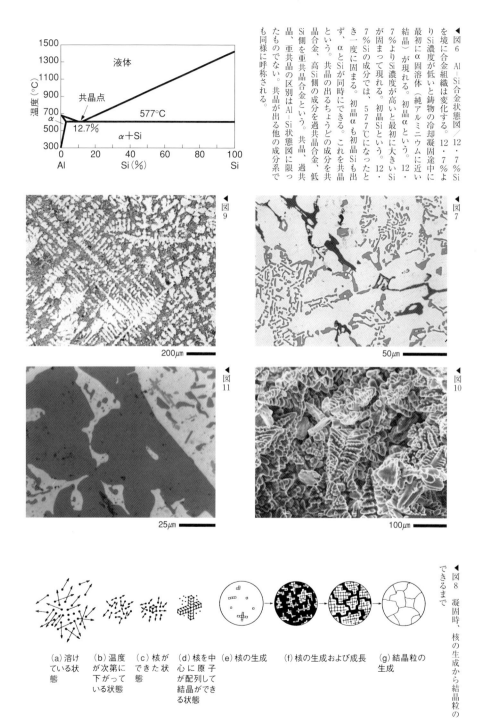

くなるが、熱膨張率はさらに下がる。ＡＣ８Ａの熱膨張率は19×10^{-6}、19％SiのＡＣ９Ｂは17×10^{-6}である。４サイクルに比べ高出力で、温度がさらに１００℃以上も高くなる[*5]2サイクルエンジン・ピストンでは、このＡＣ９Ｂ合金が使われる。高Siでシリンダと焼付きにくいからである。Siはセラミックスのような性質を持つ。硬く、耐焼付き性を向上させる。

表1で第2の爆発圧力を伝達する機能。これには、高温に耐え高い繰り返し応力にも疲労しない強さが必要である。しかし、高Siのアルミニウム合金はSiの元々の性質を受け継いでかなりもろい。そのため合金の強度を上げなければならない。

ＡＣ９Ｂ合金の顕微鏡組織を図11に示す。金型鋳造の遅い凝固速度では、Si量の多い合金はSiが粗大に析出し組織が粗くなる。そのため強度が出ず、おまけに削りにくい。しかしこの粗大なSiは、微量リン（Ｐ）添加で微細化される。１９３２年シュターナーとライナーが発見した[*2]。これを改良処理という。

数十から数百ｐｐｍのＰを溶湯中に添加し、凝固時の核となるAlPを形成させると、初晶Siを50㎛程度の大きさにできる。図11の組織は図12のように改善される。その効果はめざましい。

図13は、Ｐの添加量を増すことによって初晶Siが細かくなり、引張り強さもそれにつれ上がることを示す[*6]。またＡＣ８Ａ合金においても共晶Siを微細にするためSrやNaを添加した改良処理が行われる。Ｐを入れて組織を均一化することも行われる。図7はすでにこの処理を行ったものである。現在、改良処理は、標準的に鋳造工程に入っている（図５）。

微細化したといっても、Siの多い合金は、砂を削っているようなもので、依然、切削加工屋泣かせである。ピストンは高精度が必要とされる。ダイアモンドバイト[*7]で仕上げ加工を行う。

▶図7　ＡＣ８Ａ合金の組織／灰色部は共晶（共晶反応で現れる）Si。Si濃度が低いので初晶Siは現れない。黒色部分はCuとアルミニウムの金属間化合物$CuAl_2$である。

▶図9　ＡＣ８Ａ樹枝状結晶／図7は図9の高倍率観察

▶図10　引け巣の中に見えた樹枝状結晶（ＡＣ８Ａ）／木の枝の形をしているのでこの名がある。

▶図11　無処理ＡＣ９Ｂ合金の組織／粗大な初晶Siが見られる。

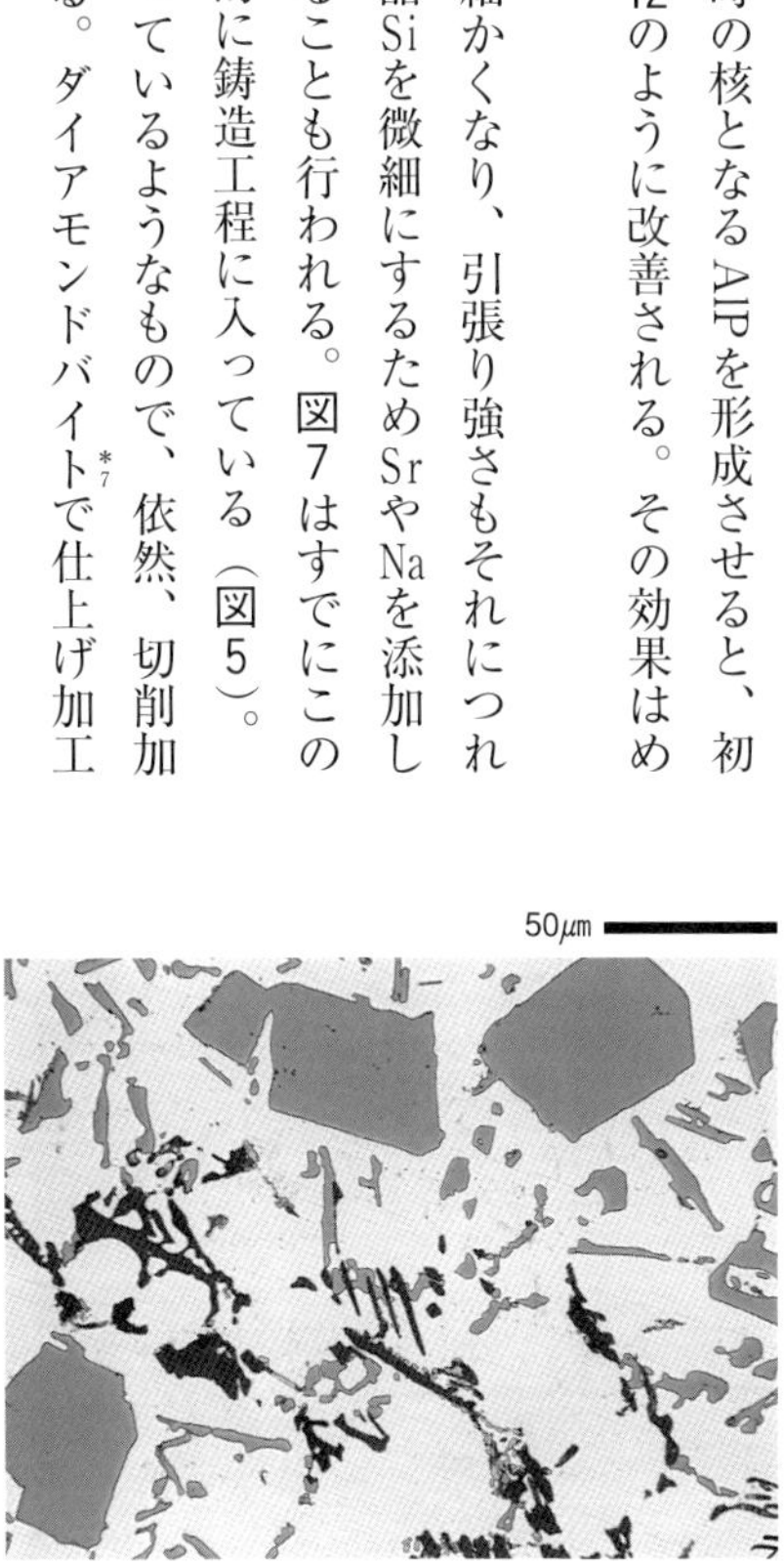

◀図12　改良処理（溶湯中にリンを添加）したＡＣ９Ｂ合金組織／初晶Siは50㎛程度になっている。小さい灰色部は共晶Si、黒色部分はCuとアルミニウムの金属間化合物$CuAl_2$。

カーブで熱膨張を補正する

熱膨張が大きいアルミニウムの欠点は、Siの増量で改善された。しかし使用に際しては、さらに次のような形状の工夫がされている。

基本的な考え方としては、真円形状のピストンが真円形状のシリンダ中を、一定の隙間を保持して流体潤滑状態で動くのが望ましい。しかし、ヘッド側よりスカート側まで、不均一で複雑な温度分布をとる。ピストンヘッドの温度は高くスカート部は低い（スカート先端では150℃程度）。またヘッド中央では高く、周辺では低い。したがって各部分ごとに膨張量が異なる。膨張量の分布は複雑である。さらに、熱膨張の他に、ガス圧、慣性力、側圧が加わり弾性変形する。そのため、シリンダとの良好なあたりを全負荷範囲にわたって保つのは非常に難しい。

図14はピストン形状（カーブという）である。スカートよりヘッド外径の方を小さくし、その部分の熱膨張量だけマイナスさせた外周形状に作ってある。運転時にシリンダと均一なクリアランスが得られる。ヘッドが350℃、スカートが150℃とすると上下で200℃の温度差がつく。AC9Bで熱膨張率17×10^{-6}/℃の時、56㎜φピストンで、200℃×56×10^{3}×17×10^{-6}/℃＝190となる。径で約190μmの差が必要である。[*8]

図15は、2サイクルエンジン・ピストンの中央付近の外周形状を真円度測定機によって測定したデータである。上下方向ばかりでなくピストンピンの方向を短軸に、その直角方向を長軸にした楕円形状がつけてある。ピストンに爆発圧力がかかった時、弾性的に長軸方向が縮み、短軸方向が伸びる。それを考慮するためである。図16は、ピストンヘッドに

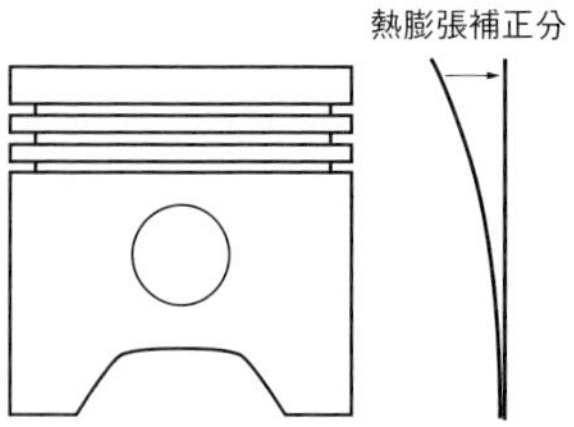

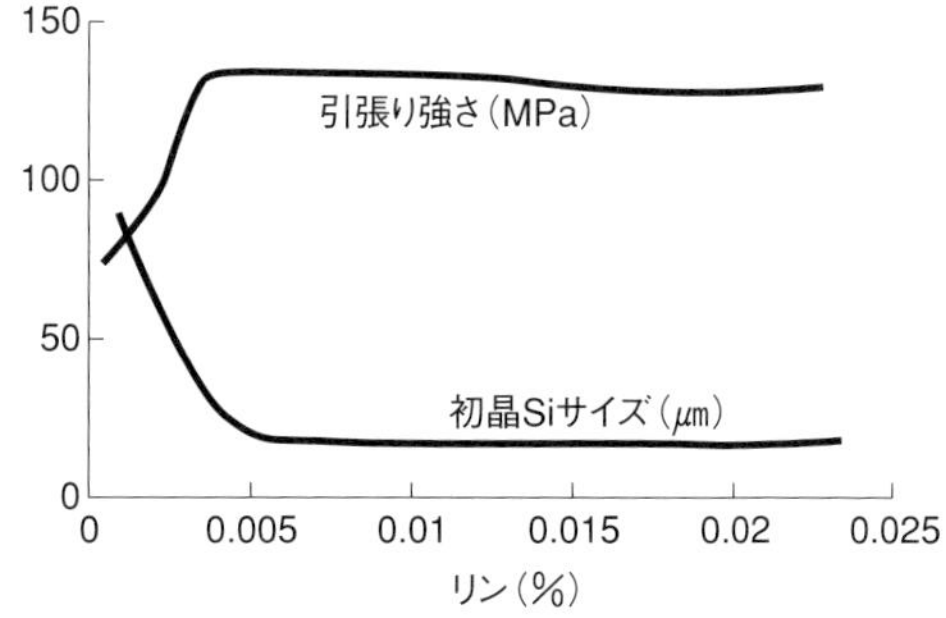

◀図13　初晶Siの大きさと引張り強さにおよぼす添加リン量の影響／Al-22%Si合金。

静水圧をかけていった時の長軸の縮みを計測した例である。圧力が上がる（荷重で表示）と50㎛程度縮みが見られる。

このような実験計測[*9]や有限要素法計算による数値応力解析など[*10][*11]も使い、全体の形状は決められる。ピストンピンを軸にピストンが回転する首振り運動を抑えることなどの方策も加えられる。もちろん、短時間の変形だけではなく、長い耐久時間での、中高温でのクリープ変形（高温で長時間保持すると低い応力でも徐々に変形すること）も経験的に考慮される。ピストンはこのように楕円でかつスカートに広がったテーパー状となっている。しかし肉眼で見ても分からない程の形状変化である。

▶図14　ピストンカーブ／ヘッドからスカートに向けわずかに広がっている。温度が上がると→のように膨張する。

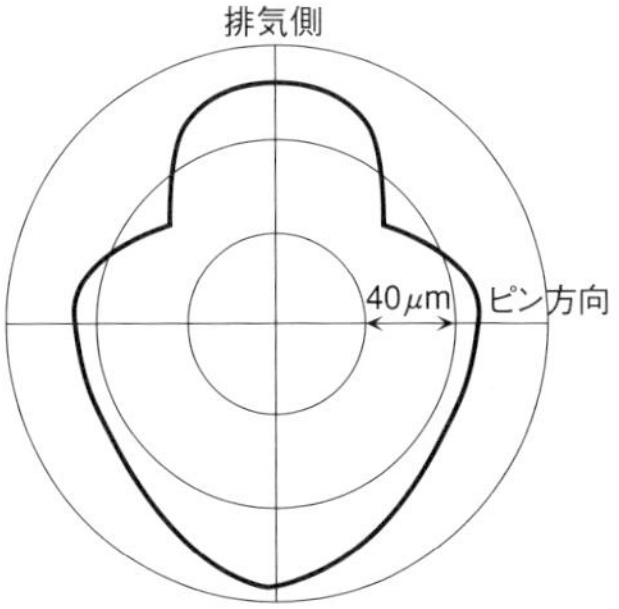

◀図15　外周のカーブ形状／シリンダの熱変形を加味して決められる。

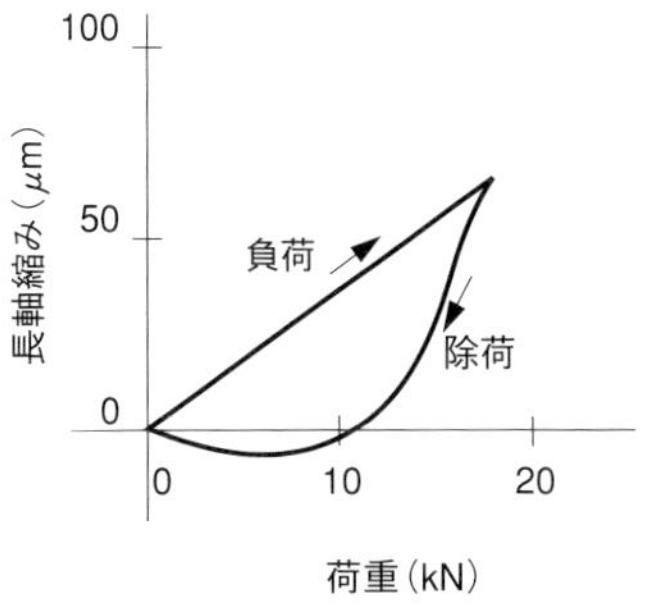

◀図16　ピストンスカートの負荷時の弾性変形／ヒステリシスがあるのはピストンピンとボスの間の摩擦に起因する。

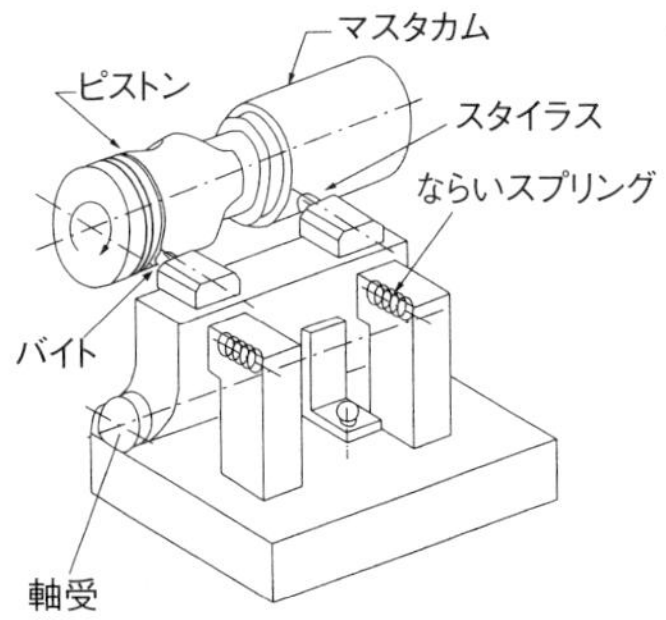

◀図17　マスタカムによる切削原理／最適形状のマスタカムにならう形でバイトが動く。スプリングでワークに押しつけられた刃物台がつながっている。最近はマスタカムを使わない数値制御の機械もある。

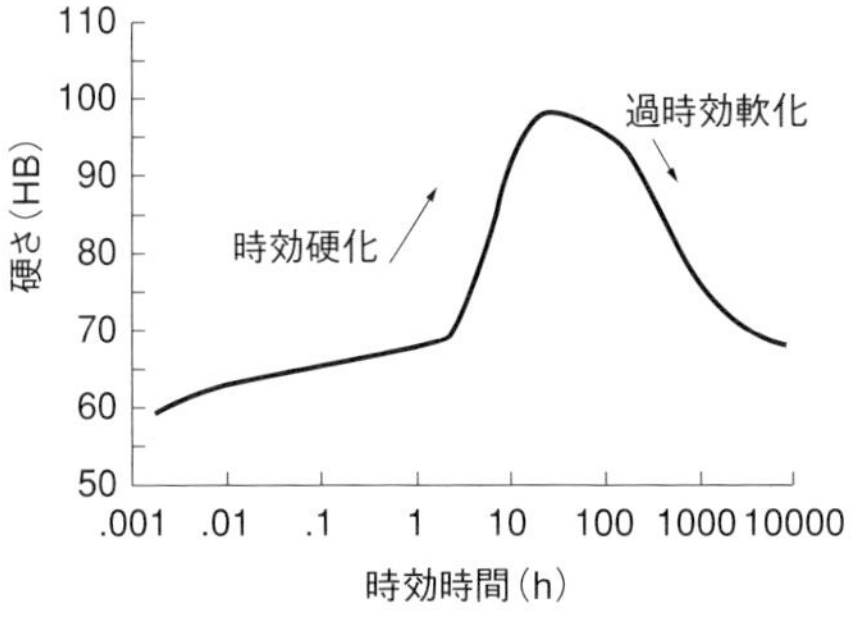

◀図18　Al－4％Cu合金の190℃時効による硬度変化／時間の経過と共に硬くなって軟らかくなる。硬さのピークまでを時効硬化、ピーク以降を過時効軟化という。過時効とは時効硬化が終わってしまったという意味。

決められた形状は複雑なものとなる。形状を再現性よく量産するため、ならい旋盤を用いμm単位の加工精度で切削される。図17にならい切削加工の原理を示した。マスタカムの代わりにコンピュータプログラムでカム形状を入れバイトを制御する機械も、現在では一般的になっている。ピストンの微妙な形状は、各メーカーのノウハウのかたまりである。

時効硬化と過時効軟化

金型鋳造したピストンには、強度を上げる（補講G参照）ためのＴ７と呼ばれる熱処理がされている（図5）。この熱処理について説明する。

図18はAl-4%Cu合金を５００℃で溶体化後水冷し、１９０℃で横軸の時間、保持した時の硬さの変化[*12]を示す。図19にAl-Cu系の状態図を示す。溶体化保持後に水冷されたAl-Cu合金は、約3から30時間にかけて時間と共に硬化し（時効硬化と呼ぶ）、長時間では軟化していく。

図20に溶体化状態からの時効の進行を原子スケールで模式的に示した。溶体化によりα固溶体として、一旦、マトリックス（金属組織中に晶出している金属間化合物粒子などを除く生地のα固溶体の部分を言う。図7では何もない白色の部分）中に分散したCuは（図20(a)）、１９０℃保持（時効）によって凝集する（図20(b)）。この凝集状態を整合析出状態という。結晶格子内部のひずみが増大して硬化する。この析出状態をうまく得て硬化させるのが時効硬化である。

整合析出状態のものはさらに長時間加熱すると状態図上の安定組織α＋θに分解してしまう（図20(c)）。こうなると析出粒子のマトリックスとの整合性が失われ硬さは低下する。

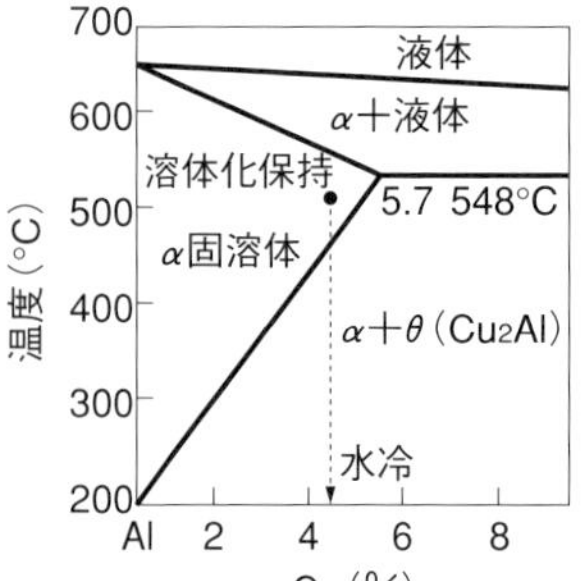

◀図19　Al-Cu合金の状態図／溶体化とは、鋳造時に晶出し、不均一分布している合金元素（この場合はCu）を、５００℃付近の高温保持で溶け込ませ、マトリックス中に均一に分散させる処理をいう。溶体化保持後水冷し、そこから時効硬化を始める。溶体化後除冷すると状態図通りいきなりα＋θに分解し硬さは上がらない。θはCu_2Alの組成を持つ金属間化合物。

これを過時効軟化と呼ぶ。図18の30時間より長時間側で見られる軟化である。

以上、単純なAl-Cu系について説明した。AC8AおよびAC9Bにおいては添加した1%程度のCuとMgがAlマトリックスを時効強化する。θおよびS（Al_5CuMg_2の組成を持つ金属間化合物）と呼ばれる安定析出相が出るまでの整合析出状態で時効硬化する。

時効硬化はアルミニウム合金の強度を上げる熱処理方法として、ピストン以外にも広く用いられている。

過時効による硬さ低下を計測し、運転時の温度を推定する[*13]

ピストンはT7熱処理後、機械加工され、使用される。しかしながら、熱が加わった状態（おおむね150℃以上）で長時間使用するとT7後の硬さは維持できず、当然、過時効軟化していく。図21は、97HRF（ロックウェルFスケール硬さ）にT7で硬化したAC8Aを、三つの温度で横軸の時間放置した時の硬さの低下を示す。例えば、1時間のところで比べると200℃では97、270℃では82、320℃では74となっている。温度の高い方が軟化は早い。原子の拡散に軟化が支配されているためである。

T7熱処理し全体を97にしたピストンを1時間運転し、そのピストン内の2個所の硬さが、それぞれ82（図中●）、74（図中▲）になったとする。その時、図21より各々の硬さのところは、270℃、320℃になっていたと推定される。T7熱処理したピストン素材について図21のようなマスターカーブを各温度毎に作成しておく。そして運転時間の分かったピストンの硬さを測り、その硬さに対応する温度をカーブより読み取る。このようにして運転時の温度が推定[*14]される。

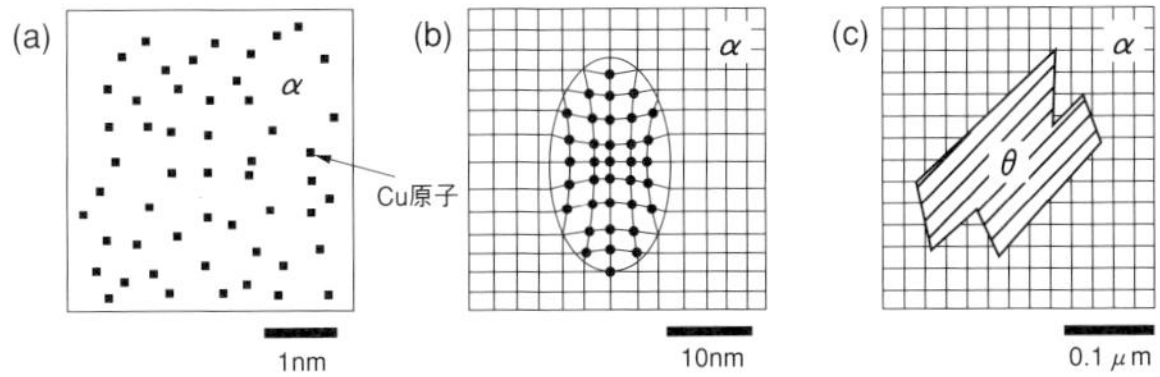

◀図20　時効硬化過程／目安としてスケール記入。(a) α固溶体。Cu原子はAl中に無秩序にばらまかれている。(b) α固溶体中に整合析出している状態。析出してきた析出物の結晶の原子面が元のアルミニウムの原子面と図のようにつながっていることを整合と言う。格子は原子面を示す。(c) α固溶体中にθが不整合析出した状態。不整合は結晶の原子面がつながっていない。整合析出の時しか硬くない。

4サイクルエンジン・ピストン（径67㎜、8500rpmで1時間運転）の吸気（IN）―排気（EX）および左（L）―右（R）方向の直角2方向のヘッド切断面における硬さの実測値を図22に示す。図23は図22にマスターカーブを当てはめて決めた温度分布である。この例は、標準より高い例である。ピストン径は67㎜で、ピストンボスより下側は省略。排気側に高温部分が片寄っていることが見てとれる。

テスト中にばらばらに壊れたピストンにでも、この方法は使うことができる。ピストンおよびシリンダのトラブルを解消するにあたって、エンジン運転時のピストン温度を正確に知ることは、必須項目の一つである。この方法として、レスポンスの良い細径の熱電対

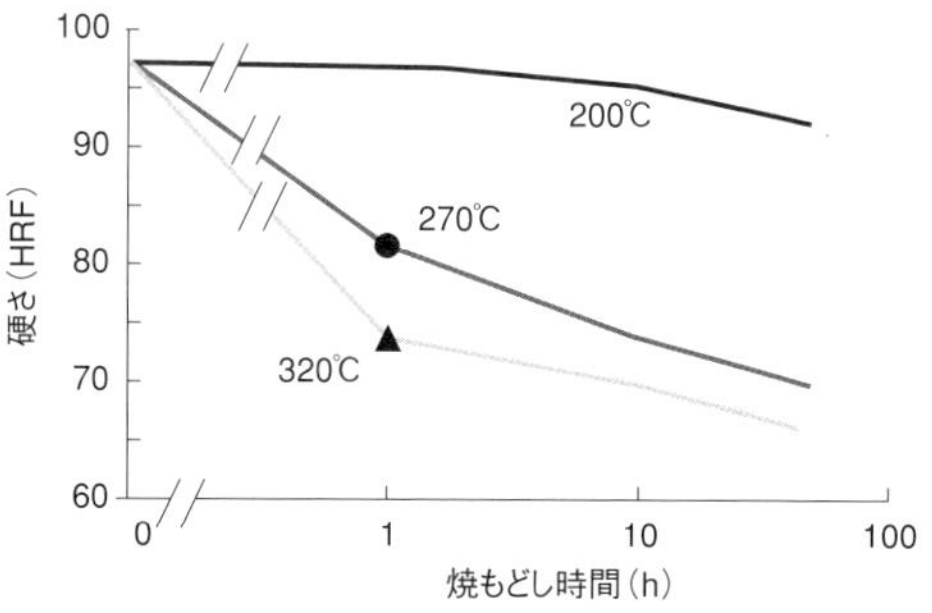

◀図21　AC8A合金の加熱による硬度低下

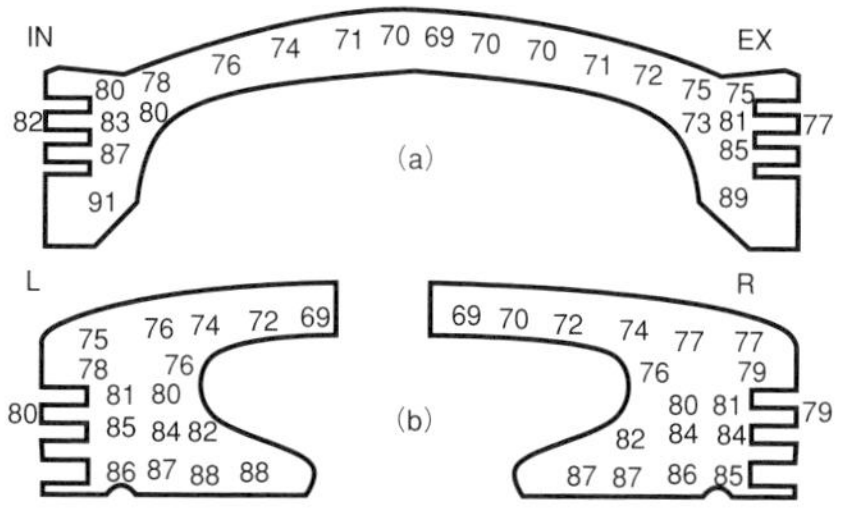

◀図22　4サイクルエンジンピストンの運転後の硬度分布（HRF）

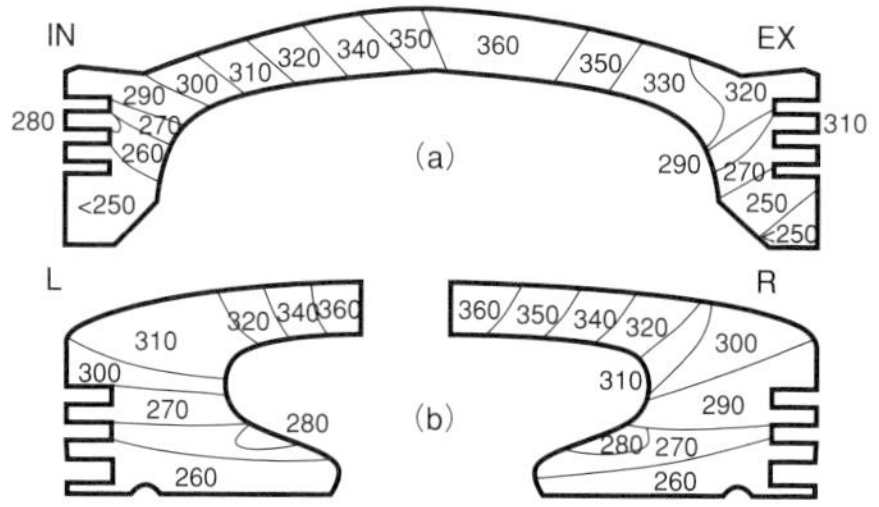

◀図23　直角方向2断面の運転時温度分布（℃）／(a) IN＝吸気バルブ側、EX＝排気バルブ側。(b) L＝左、R＝右。

		採用エンジン
異種金属	ニレジスト鋳鉄	各種ディーゼルエンジン
	異種金属合金化	小型ディーゼルエンジン
	Mnオーステナイト鋳鉄	舶用ディーゼルエンジン
MMC	ポーラス焼結ステンレス	ガソリンエンジン
	Ni発泡金属	小型ディーゼルエンジン
	Ni-Cr発泡金属	小型ディーゼルエンジン
	アルミナシリカ繊維	小型ディーゼルエンジン
	アルミナシリカ繊維+Ni金属間化合物	小型ディーゼルエンジン
表面処理	アルマイト処理	ガソリンエンジン
	Crめっき	舶用ディーゼルエンジン

◀表3　ピストンリング溝の補強方法／アルマイト以外は、主にピストン温度の高いディーゼルエンジン用である。MMCは金属基複合材料の意味。

を温度を知りたい部分に埋め込んでおき、エンジン運転時に測定するのは、精度の点で優れている。また、非定常状態の測定も可能である。しかし、高速で運動中のピストンから熱電対の端子を取り回すのは、リンク機構など[*15]の手間のいるしかけが必要である。このような方法に比べ、熱による合金の軟化挙動から運転時の温度を推定する方法は簡単で広く用いられている。

リング溝の補強

ピストンリング溝のトラブルは、エンジン出力を下げ、オイル消費を増す。そのため、リング溝部の補強方法がいくつか提案されている。表3[*9]に代表的な方法を挙げた。

運転時の温度が高いピストンでは、リング溝のアルミニウムが高温のため軟化しピストンリングに凝着しやすい。この対策に硬質アルマイト処理が行われる。アルマイトはアルミニウムのやかんや鍋などにも使われている表面処理方法（補講H参照）である。硫酸などの電解液中でアルミニウムを+極にして通電すると、アルミニウム表面がアルマイト層（酸化アルミニウムが主体の被膜）に変化する。図24は硬質アルマイトの断面写真である。純アルミニウムの場合(a)は、アルマイト層が均一につきやすい。一方、ピストン合金の場合(b)は、金属組織中に入っている大量のSiや他の金属間化合物がアルマイト層中に取り込まれている。

ディーゼルエンジン・ピストンでは、ニレジスト鋳鉄で耐摩耗環[*9]を作っておき、それを鋳造時に鋳込んでリング溝としている（図25）。図25右下は半割りの耐摩耗環である。ディーゼルエンジンのピストンでは、ピストンリング溝の耐摩耗対策として、アルマイトで

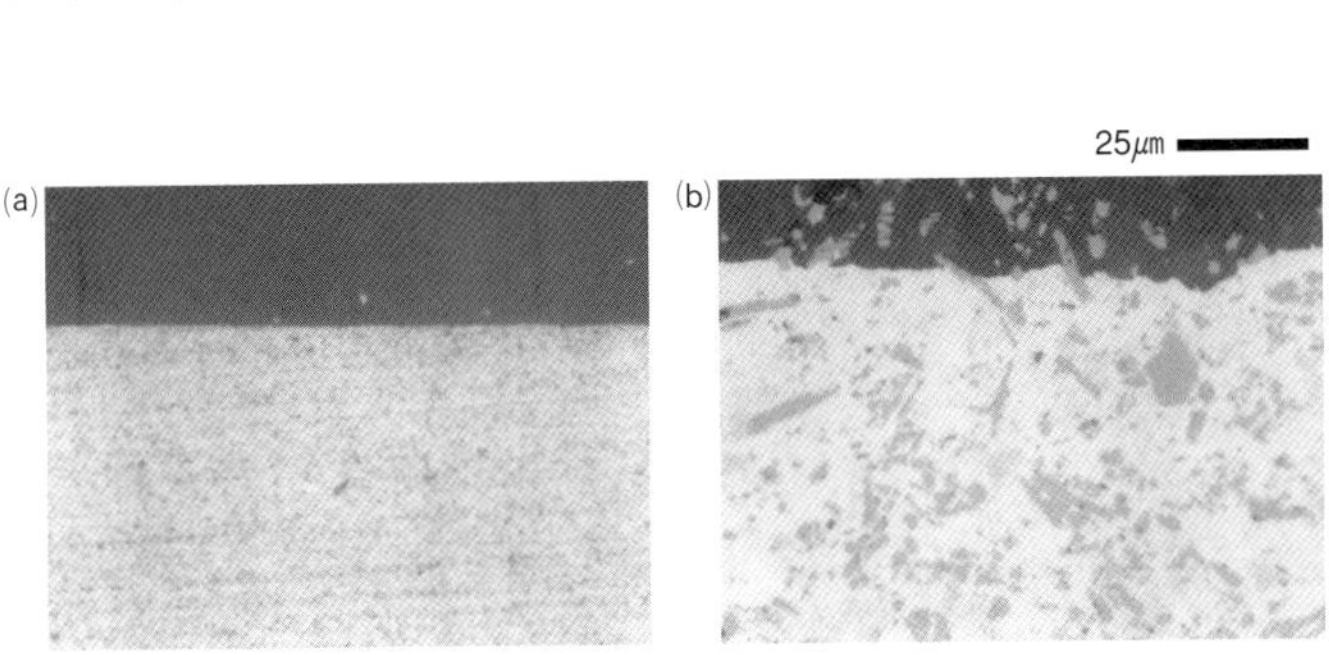

◀図24 (a)純アルミニウムにつけたアルマイト被膜。(b)AC8Aにつけたアルマイト被膜。(b)ではアルマイト被膜中にSiや金属間化合物が取り込まれている。リング溝ばかりではなく、直噴エンジンピストンのヘッドの熱疲労破壊対策や、ピストンボスの摩耗対策にも使われる。

は力不足のためである。ニレジスト鋳鉄はピストンのアルミニウム合金とは異種金属で、直接はくっつかない。あらかじめ耐摩耗環とし溶融アルミニウムめっきをしておくとくっつきやすい。ニレジスト鋳鉄（補講D参照）は熱膨張率を大きくした高Niの合金鋳鉄で、C：2・7％、Si：2・5、Mn：1・2、Ni：17、Cr：2、Cu：6の成分で作られる。オーステナイト生地に黒鉛とCr炭化物が分散した組織をしている。Niは鉄をオーステナイト化する元素である。硬さは高く170HB（ブリネル硬さ）程度である。

ニレジスト鋳鉄は鉄であり、なんといっても重い。そのためアルミナ・シリカの繊維のプリフォーム（予備成形品）を溶湯鍛造（補講J参照）で鋳込み、耐摩耗性を上げたものもある。プリフォームは綿菓子のようなものである。溶湯鍛造の加圧でその隙間にアルミニウムが浸入し複合化された結果、強化される。また、リング溝に部分的にCuなどの異種金属を溶かし込み、アルミニウムと合金化させ硬化させる異種金属合金化というものもある。

ピストン材料の高温での強度

図26はテスト中、爆発圧により、ヘッド面より発生した疲労クラックの例である。特有のビーチマーク（年輪のような模様、疲労破壊に特有なパターン）が見られる。このようなことが起きると、通常ヘッド肉厚の上昇や燃焼条件の見直しを行う。

空冷エンジンが水冷化され、冷却がかせげた結果、ピストンにかかる熱負荷は一時減少したが、高出力化、排ガス対策などで、再び増加する傾向にある。こういった時には高温での疲労強度の高い材質が欲しくなる。

◀図25 耐摩耗環入り鋳造ピストン／展示用に一部カット。冷却穴もある。

◀図26 ヘッド面に入った疲労クラック破面／ヘッドには疲労破壊につながる高い曲げ応力が発生しやすい。

ピストン合金は、時効硬化で強度を上げて使用されている。そのため、温度の低い部分は時効硬化の効果が継続するが、温度が高いヘッド部では運転時間と共に消え失せる。そして、図22のように硬度が下がり、強度も下がる。つまり高温での使用条件下では、時効硬化は期待できない。時効硬化分を抜いた強さが勝負となる。これにはマトリックスに分散している晶出金属間化合物の量および形態が寄与する（補講G参照）。Niは晶出金属間化合物となり高温強度を上げる。図27はＡＣ８Ａ、ＡＣ９Ｂの引張り強さが温度により変わる様子を示している。金属は温度が上がると軟らかくなる。２５０℃を境に強さは大幅に低下[*16]している。

ピストンの見かけ密度と圧縮高さ

ピストンは軽いに越したことはない。エンジンの回転によってピストンは振り回される。ピストンが軽いとコンロッドの断面の強度を落とし小端、大端の剛性を低下できる。すなわちコンロッドも軽くできる。その結果、クランクシャフトのピンにかかる荷重も減るのでピン径は小さくでき、さらにクランクピンやメインのベアリングも小さくでき、フリクションロスも減る。ベアリング部にかかる荷重が減ればシリンダブロックの軸受け部も小さくできるのでブロック自体を小さく軽くできる。ピストンやコンロッドが軽ければ、いわゆる往復慣性力が減るのでエンジンに発生する振動も減る。

しかしながら、軽量化にはエンジンの要求からくる一定の制約がある。図28にはピストンの見かけ密度（K）と相対的圧縮高さの関係を表示した。Kはピストンの重量を直径の3乗で割った値で密度の単位を持つ。横軸の相対的圧縮高さはコンプレッションハイト

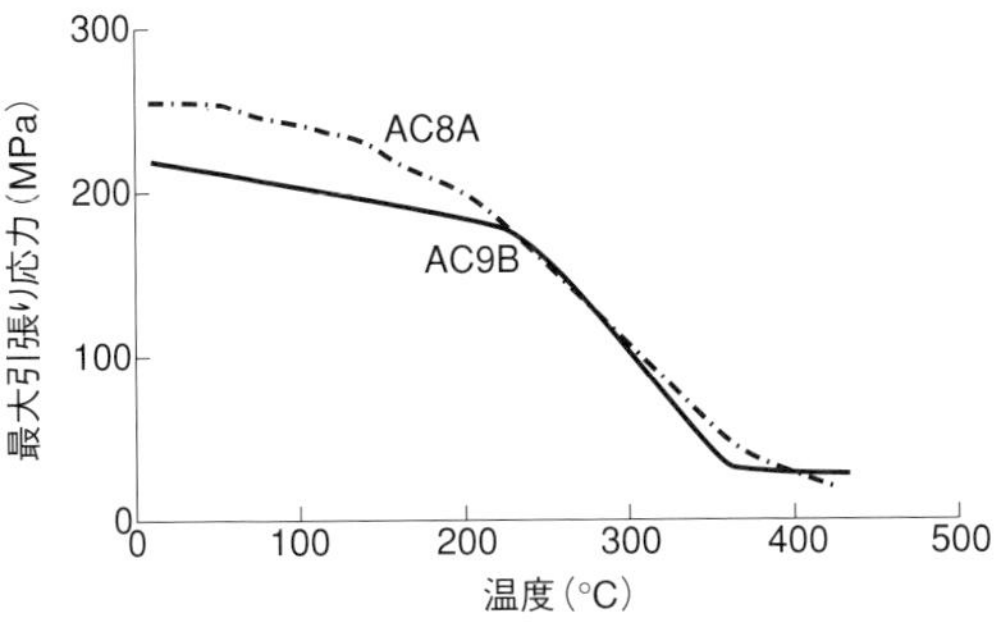

◀図27　ＡＣ８Ａ、ＡＣ９Ｂの引張り強さの温度依存性／過時効状態の材料。

（ヘッドからピストンボス中心までの距離）をピストン直径で割った値である。

図の左すみに示したようにコンプレッションハイトが短くなるとピストンは皿のように薄くなって行く。右下の限界領域は、設計不可能な領域である。ピストンリングの装填部やコンロッドが動くことに必要なクリアランス、あまり薄くするとヘッドの強度が持たないなどの制約から来る。図中には１９９３年、95年、２００３年のエンジンの代表的な値を直線上に乗ってくる。市販されている多くのピストンの値をプロットすると左下がりの直線で示す。鋳造ピストンの値をプロットしてある。

ピストンを薄く皿形に設計すると軽くはなるが、大きな曲げ応力がヘッドにかかる。過大だと図26のように真っ二つに疲労破壊する。材料の疲労強度を上げることは、これを避ける一つの方法である。図29は図中の○印の所に位置する鍛造ピストンである。

鍛造ピストン

鋳造は複雑なピストン形状を成形するのが得意である。しかし、鋳造技術の向上にもかかわらず、金型鋳造ピストンには材質、工法上の制約が依然として残る。例えば、(1)溶け込んでいるガスを減らす溶湯処理を行っても巻き込みや巣などの欠陥が発生する。(2)肉厚部の鋳造組織が粗いため疲労強度が低い。高精度なピストンを低コストで成形するには工夫が必要である。制御鍛造[*17]という技術が開発実用化されている。図30にプロセスの模式図を示す。あらかじめ巻き込みや巣のない棒材を作っておきそれを切断して、鍛造成形する。鍛造ピストンは通常の鋳造ピストンより高い疲労強度を持っている。ピストン用の合金は図27のように４００℃付近では非常に軟らかい。室温では伸びはほとんどゼロだが、この

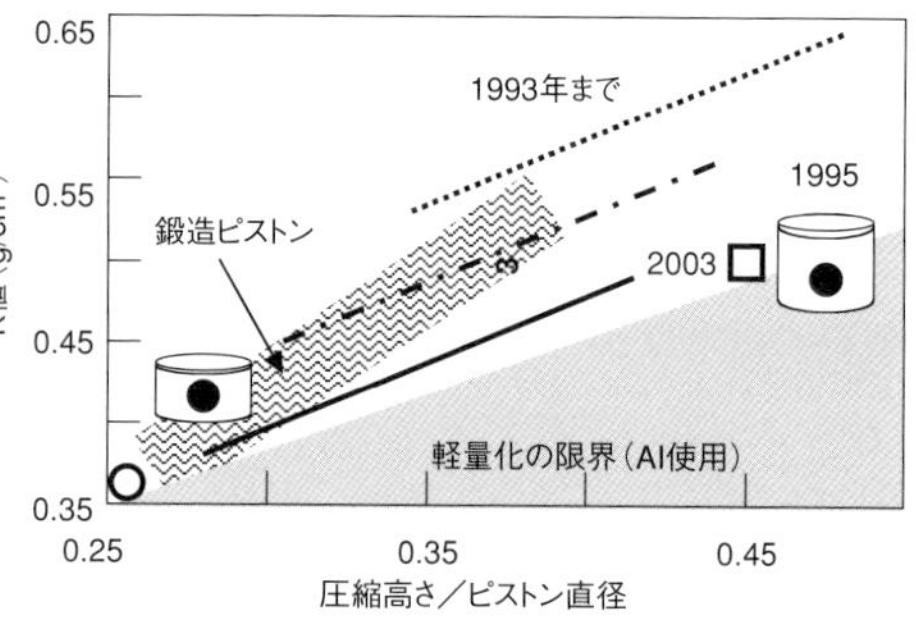

◀図28　見かけ密度と相対的圧縮高さの関係／右上に行くほど形状はずんぐりしてくる。

◀図29　軽量鍛造ピストン／直径90㎜、圧縮高さ23㎜、全高41㎜である。

付近では伸びも数十%ある。鍛造はこの温度付近をねらって行う。

ディーゼルエンジンピストン

ディーゼルエンジンは、筒内圧を高くし回転数を抑えて低速トルク重視である。ガソリンエンジンの三倍程度の筒内圧を採用している。混合気を完全燃焼させるため、噴射した燃料を空気とよく混合する必要がある。燃料の粒径を小さくし排ガス対策を行うため、燃料噴射の圧力が高められる。最近では、ピエゾ素子駆動により18MPa程度まで高められ、22MPa程度の高圧化も研究されている。

図25は典型的な乗用車用ディーゼルエンジンピストンである。ピストンヘッドに直噴式の燃焼ドームを持つ。アルミニウム合金を用いた鋳造品である。筒内圧を高くするとそれだけピストンにかかる負荷は大きくなる。ガソリンに比べ回転数を高くする要求もない。そのため、高強度が要求され、全体にがっちりした作りになっている。

また、ピストンの温度を下げるため油冷却穴をあけることが一般的に行われている。図25と31は冷却穴のついたピストンである。図31右下に穴を形成するためのリング状塩中子を示す。塩で中子を作って金型中に置いておく。そこに溶湯を注ぎピストンを成形する。中子はアルミ溶湯では溶けない。鋳造後、水で溶かして取り出す。また、図25のピストンは耐摩環に冷却穴がつけてあった。

燃焼ドームの縁に熱疲労が出やすいことや前述したリング溝の摩耗などが強度的には課題である。ピストンボスも負荷が高いため摩耗しやすい。しばしば銅合金のブッシュが摩耗対策にはめられる。

◀図30　制御鍛造プロセスの模式図／離型材はアルミニウムが金型に焼付かないようにする。主に黒鉛である。金属は温度が高くなると軟らかくなって成形しやすい。素材と金型の温度を上げて成形する。

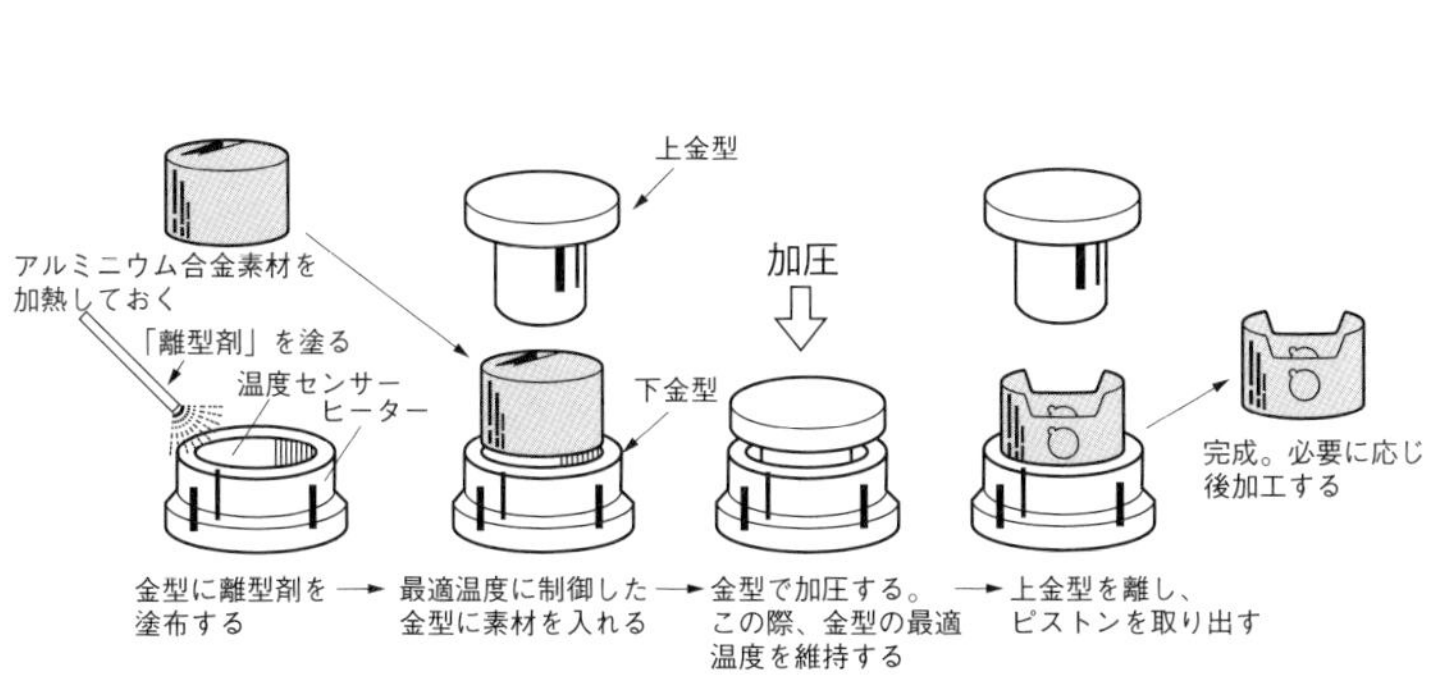

アルミニウム合金素材を加熱しておく
「離型剤」を塗る
温度センサー
ヒーター
上金型
下金型
加圧
完成。必要に応じ後加工する
金型に離型剤を塗布する
最適温度に制御した金型に素材を入れる
金型で加圧する。この際、金型の最適温度を維持する
上金型を離し、ピストンを取り出す

重量が重くても成り立つこと、燃焼温度がガソリンに比べ低く冷却性能がそれほど要求されないことなどから、球状黒鉛鋳鉄や鋼製のピストンも使われている。

ピストンは複合した機能のバランスを要求される。熱機関としては、高温の方が効率が良いと考えられやすい。しかし、軽油と違いガソリンは引火点が低い。ピストンの温度が上がり過ぎると、自然発火し、点火プラグによる燃焼の制御がきかなくなる。また、圧縮比を上げ高出力を得るには、燃える前のガスが低温で、密度が高い方が望ましい。さらに、シリンダやリングとの摺動部に300℃もの高温が続くのでは、油による流体潤滑が持たない。このような理由で、ガソリンエンジンは、適度に冷えなければならない。したがって、今後とも種々の改善がなされていくだろうが、重い耐熱材料は求められない。ピストン合金のベースにはアルミニウムが使われ続けるだろう。

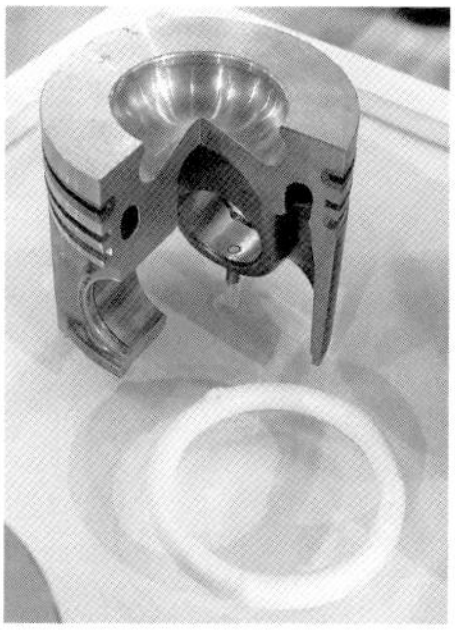

◀図31　冷却穴のついたディーゼルピストン／右下に穴を形成するためのリング状塩中子を示す。

参考文献と注

＊1　内燃機関に最初に取り入れたのは、フランスのド・ディオン・ブートン社で1895年頃、クランクケースに採用した。航空機エンジンでは1915年頃からアルミニウムピストンが一般に使用されるようになり、第一次世界大戦末期の航空機エンジンのピストンは、ほとんどアルミニウム合金となった。ピストンやシリンダヘッドにアルミニウム合金を使って軽量化しようという研究や試作が、1914年頃から世界中で行われた。どの国が先鞭をつけたかはよく分かっていない。アルミニウムのシリンダヘッドは1923年、シドレージャガー320PS型に最初に採用された。富塚清「内燃機関の歴史」三栄書房、（1987）。

＊2　塩田亘「軽金属」21（1971）670。

＊3　固体潤滑とは、潤滑性のある固体による潤滑作用をいう。油による流体潤滑に対する言葉。固体潤滑剤として、SnやPbなどの軟質金属、黒鉛、MoS_2などがある。シリンダ壁との初期なじみ性を向上させる目的でピストンに固体潤滑剤のコーティングが行われる。補講　表H1参照。

＊4　落合泰「総説機械材料」第3版、理工学社、（1994）。

＊5　2サイクルエンジン・ピストンの温度が高い原因：混合気を構造上クランク室で圧縮するため、4サイクルでは可能な油をかけてピストンを冷却する方法がとれないためでもある。

＊6「アルミニウムの組織と性質」軽金属学会、（1991）248。

＊7　ダイアモンドバイトには2種類ある。単結晶ダイアモンドバイトと微細なダイアモンドをCo合金で結合した多結晶ダイアモンドバイトである。多結晶ダイアモンドバイトの方が欠けには強い。切削面の仕上げ精度は単結晶の方が出る。

＊8　アルミニウムに比べ熱膨張率が低い鋼片をピストン内に鋳込み、アルミニウムの熱膨張を機械的に抑制しているピストンもある。重くなる。

＊9「自動車用ピストン」自動車用ピストン編集委員会、鈴木吉洋・監修、山海堂、（1997）。

＊10　阿武信夫「自動車技術」47（1993）40。

＊11　小屋榮太郎・他「HONDA R&D Technical Review」5（1993）43。

＊12　須藤一・他「金属組織学」丸善、（1972）154。須藤一「機械材料学」コロナ社、（1985）、57。

＊13　山縣裕「ヤマハ技術会技報」18（1994）23。350℃以上の高温になる場合のピストン温度推定法も解説。熱軟化を使ったピストンの温度測定は、1930年代、金属の専門家によって開発された。富塚清「内燃機関の歴史」三栄書房、（1987）226。

＊14　このようにして推定した温度は、熱電対により測った温度と、10℃程度の誤差しかない。

＊15　古浜庄一「内燃機関」22（1983）61。

＊16　このがっくり弱くなる温度は融点に比例する。どんな金属でもだいたい融点の半分くらいの温度に相当する。

＊17　一般の熱間鍛造では素材の加熱は行うが金型は予熱程度にとどまり、金型温度は鍛造のサイクルタイムで、つまりなりゆきで決まる。そのため薄肉部は成形時に金型へ熱を奪われ、割れやすい。したがって通常はたくさんの余肉をつけて鍛造した後に機械加工で肉を削るか、工程を増やし再加熱して鍛造する。しかしこの方法では、品物ができたとしても、生産性が低い。そこで変形能が高くなる（変形抵抗が低くて伸びが出る）温度で成形することを意図して制御鍛造という技術を開発した。⑴金型内にヒーターを配置し金型温度を上げることによって薄肉部の成形限界を向上させる。⑵温度を上げすぎると金型に焼付いてかじりや離型不良が発生するため金型表面温度のフィードバック制御を行う。また離型剤の開発を行い焼付き発生限界を上げる。⑶型の場所によって離型剤の吹き付け量の変化をつけ局部的な焼付きに対応する。本技術により薄肉リブ形状を持つピストンを1工程で成形でき、成形品の精度が向上した。また、機械加工が常識であったバルブ逃げ形状の鍛造成形が可能になった。山縣裕、小池俊勝「素形材」38（1997）7参照。

第3章
頭を冷やし、油汗をぬぐい、他とのすりあわせに気を使い。

［ピストンリング］

ばねでガスをシールする

ピストンリングは、ばね性を持ったシールである。エンジンの他に圧縮機、油圧機器などのピストン＋シリンダ機構にも使われている。ピストンリングの原形はかなり古い。たたら製鉄（日本の古代製鉄法）のふいご（ピストン＋シリンダ機構を使った送風機）には、木製の角形ピストンとそれに張ったたぬきの毛皮のシールが用いられていた。また蒸気機関のピストン＋シリンダ機構には革製のパッキンが用いられていた。

内燃機関ではシールが高温ガスにさらされる。燃えてしまう革などはシール材として使用できない。それなりの耐熱性が求められる。金属製ピストンリングは１８５４年にラムスボットムによって初めて作られた[*1]。

図1に代表的なリングを示す。ピストンとピストンリングの位置関係については第2章図4に示したので参照されたい。表1にピストンリングの機能をまとめた。また、図2にリング付近のピストン・シリンダ断面図を示す。シリンダとピストンの間の数10㎛程度の隙間を埋め、燃焼ガスをシールする[*2]。また、シリンダ壁の油膜の厚みを適度にコントロールする作用や、ピストンの受けた燃焼熱をシリンダ壁に伝え逃がす伝熱作用[*3]も持っている。バルブスプリング（第7章参照）もピストンリングもいずれもエンジン中のばねとしての使い方である。バルブスプリングはせいぜい油温程度の温度にしかさらされないため、ピストンリングほどの熱的な厳しさはない。

高回転、高出力化に伴い、薄肉で軽く、低張力で摩擦ロスの少ない、耐摩耗性のあるピストンリングが求められてきた。そのため素材上も、鋳鉄に代わりばね鋼など（後述）が

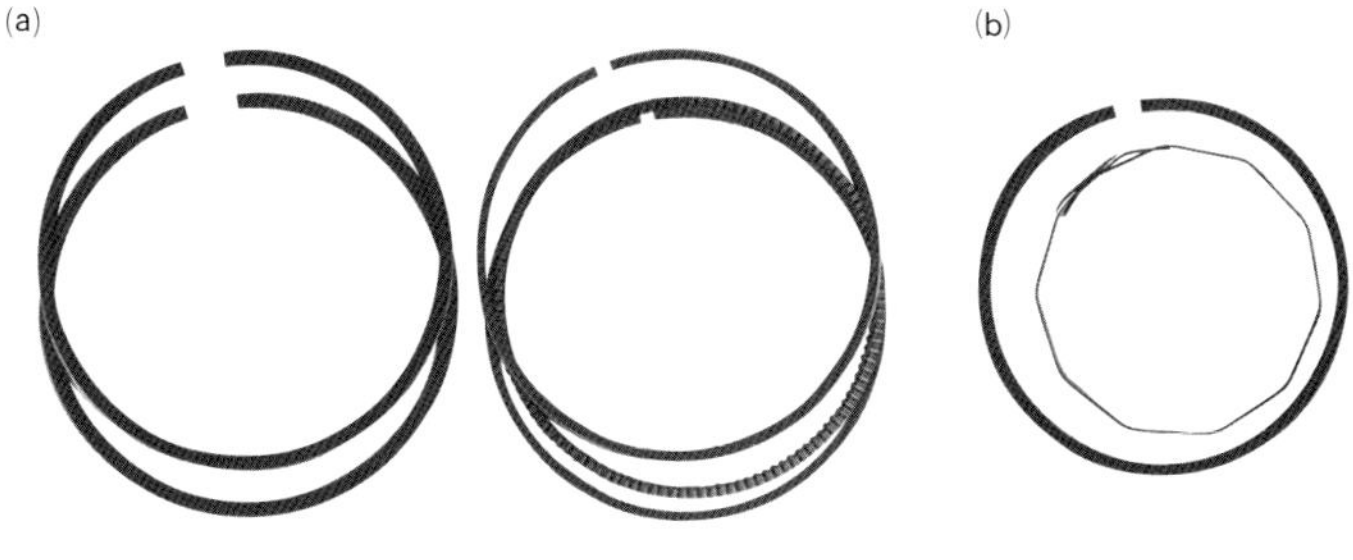

◀図1　ピストンリング／(a) 4サイクルエンジン用。オイルリング（右）には図示した3ピースタイプの他に断面に凹凸を成形した1ピースタイプのものもある。(b) 2サイクルエンジン用。中のエキスパンダーは図では縮まっているがピストンにはめた時は図4(c)のように開く。

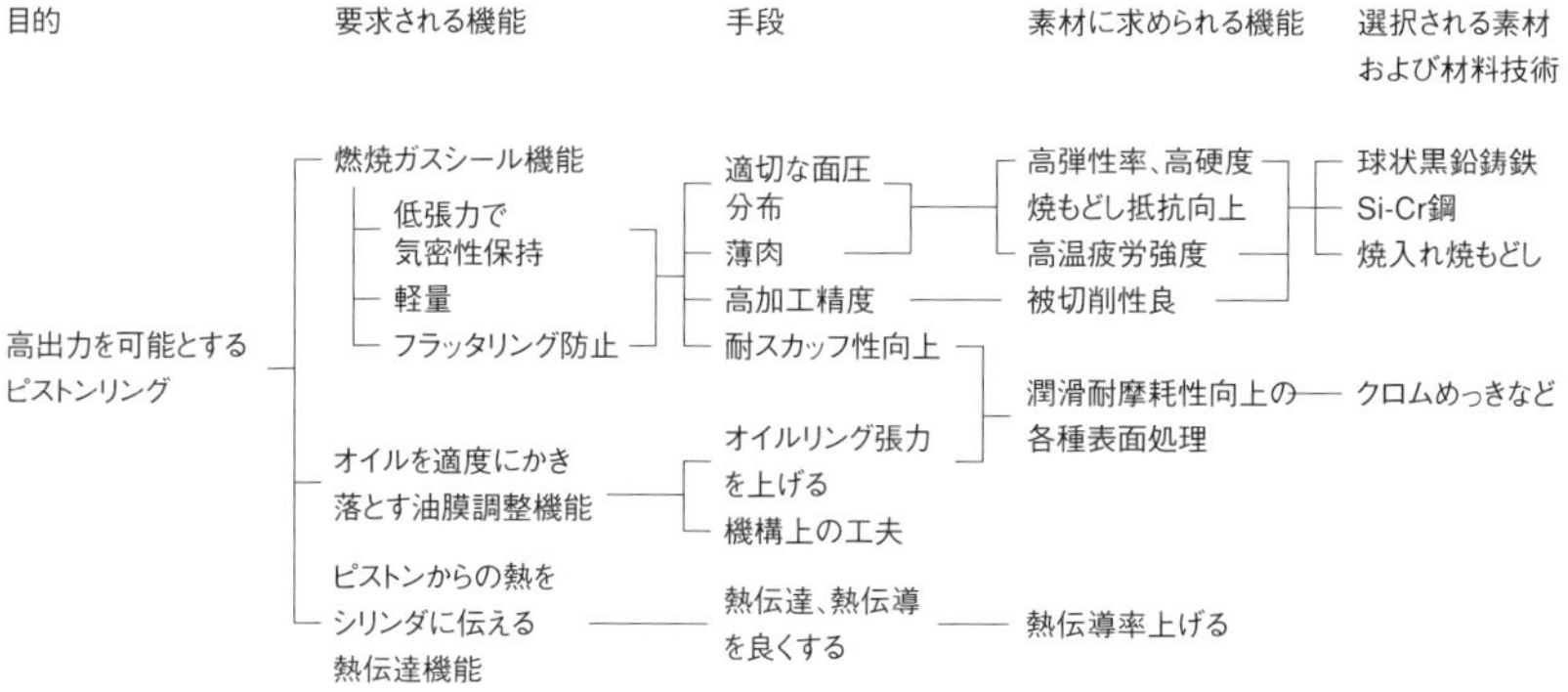

▲表1　ピストンリングの機能

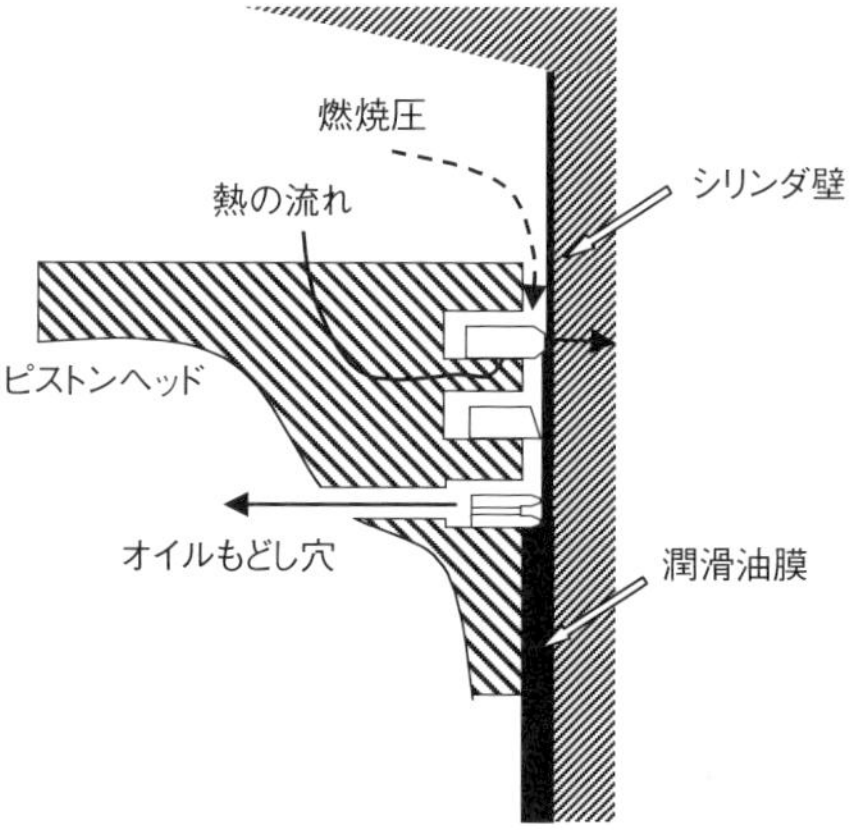

◀図2　ピストンに装着されシリンダ壁に接するピストンリング／燃焼圧、燃焼熱の流れも示す。潤滑油膜は主にオイルリングでかき落とされ、オイルもどし穴からクランクケースにもどる。燃焼圧は主にトップリングで受け止められる。

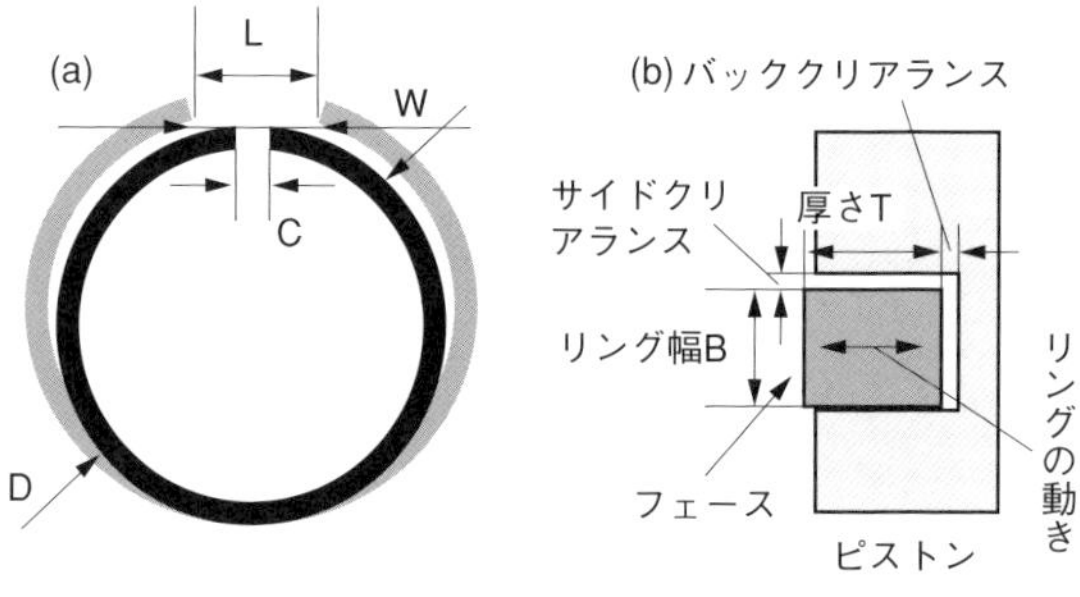

◀図3　(a)リング寸法名称（開いた状態と閉じた状態）／装着時、合い口はLからCに縮む。(b)リング溝中でのリング

◀図4　リング装着時のピストンリング溝との関係／(a)2サイクルエンジンの2本リング構成。トップリングは片面キーストン形状。(b)4サイクルエンジンの3本リング構成。トップリングはフェースがバレル形状になっている。オイルリングはサイドレール2枚の間にスペーサーがはさまれる。サイドレールでかき落とされたオイルは、ピストンの油穴を通って

使用され、表面処理も種々用いられるようになってきている。

図1(a)は4サイクルエンジン用のトップとセカンド（左側）、オイル（右側）の3種類のリングである。オイルリング（オイルスクレーパリングの略）は2枚のサイドレールとスペーサー（波状の板）の3ピースよりなる。図1(b)は2サイクルエンジン用のセカンドリングとそれをバックアップし、張力を上げるエキスパンダー（内側においてある）である。2サイクルエンジンでは2本、4サイクルエンジンでは3本のリングとするのが標準的である。ディーゼルエンジンでは5本使う場合もある。運動する部分の重量を下げた方が良いのでリングの本数は少ない方が良い。しかし、使用条件の厳しいエンジンではシール性を上げるため本数が増やされる。

高出力化するためのリング形状と材質

図3(a)にリング各部の寸法名称を示す。図3(b)はピストンリング溝中のリングを示す。リングはリング溝にはめ込まれシリンダに入る。その時スプリングバックしてシリンダの内壁にならい、真円形状（図3(a)）になる。Lを自由形状での自由合い口（あいくち）隙間、シリンダに入った時の実働時の直径Dを呼び径、Cを合い口隙間という。切れ込みとして入っている合い口の大きさLで、スプリングバック量を調節する。通常、リング幅をB寸、厚さをT寸、合い口隙間を自由形状からCまで閉じるのに必要な接線方向の荷重を張力[*4]（W）という。図1のトップリングでD＝80㎜、L＝10㎜、T＝3㎜、B＝0・8㎜程度である。非常に薄く、ぎりぎりまで軽量化してある。

リングは自己の持つばね張力によってシリンダ壁に押しつけられる。フェースでシリン

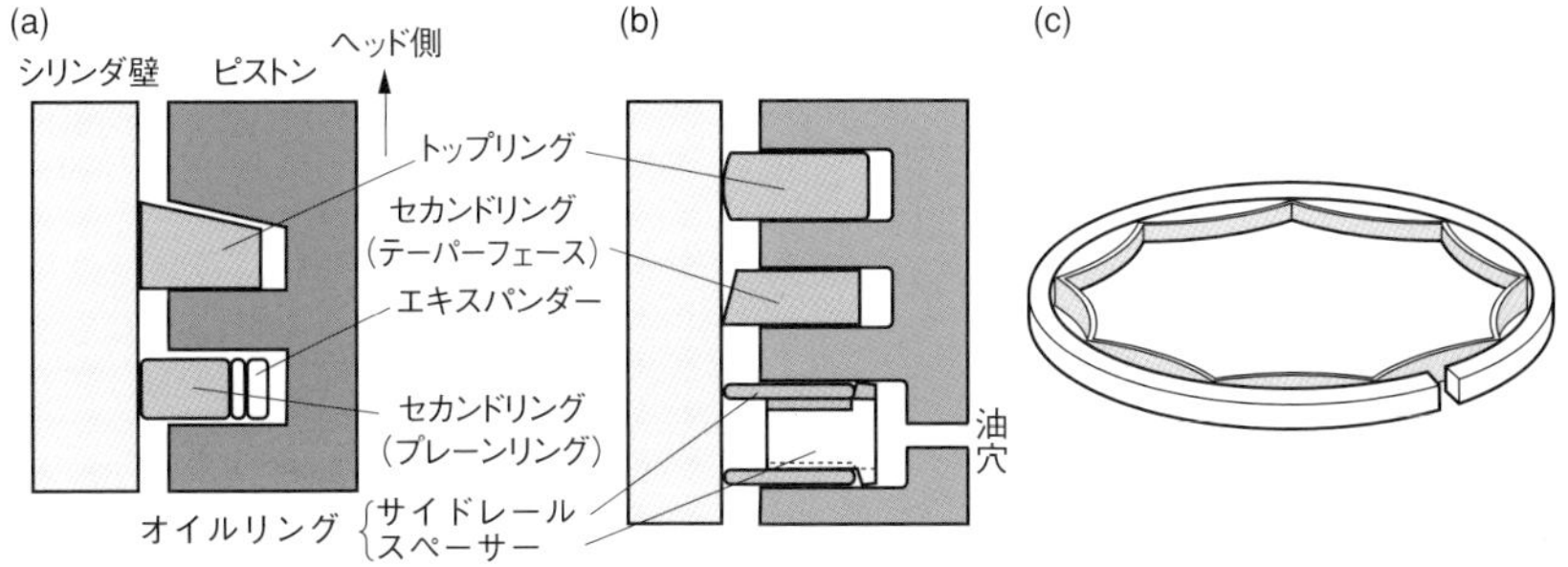

クランクケースにもどる。(c)エキスパンダー装着状況。

ダ壁に接し、運転中、上下に滑る。その際、リング溝中で、上下、回転、直径方向への開閉が複合した振動運動を行う。図3(b)のピストンとの取り合いで決まるサイドクリアランス、バッククリアランスは、リング溝の仕上げ面粗度と共に、潤滑条件の設定上重要な値である。

円筒度、真円度の悪いシリンダや、熱変形の大きいシリンダを使用すると、リングは引っかかりが大きく、回らず、径方向の繰り返し開閉量が大きくなる。このような時リング材料に無理がかかり破損しやすい。

図4(a)は2サイクルエンジンに一般的な2本リング構成、[*5] 図4(b)は4サイクルエンジンに一般的な3本リング構成の断面図である。2サイクルエンジン、4サイクルエンジン共にトップリングは燃焼ガスのシール機能が主である。そのためコンプレッションリング(圧縮リング)とも呼ばれる。セカンドリングはシール機能を補助する。4サイクルエンジンの場合はオイルリングが特別に設けられている。4サイクルエンジンでは潤滑のためシリンダ壁に多量の油が付着する。それをかき落とすため3ピースの部材を組み合わせたオイルリングを使用する。セカンドリングもテーパー形状とし、オイルをかき落とす役目を持たせている。

2サイクルエンジンのセカンドリングはエキスパンダーによって裏からバックアップしている(図4(c))。ピストンの首振りによる打音(カラカラというエンジンの異音)を低減するのが目的である。1本のリングでT寸を上げエキスパンダーのついた効果を持たせると重くなる。別体のエキスパンダーを用いる。2本の構成とし、重量を増やさずに張力を上げ、そのことでリングをシリンダ壁に押しつけピストンの姿勢制御を行う。

ピストンの首振りやシリンダのゆがみが原因でリングは径方向に開閉しながらシリンダ

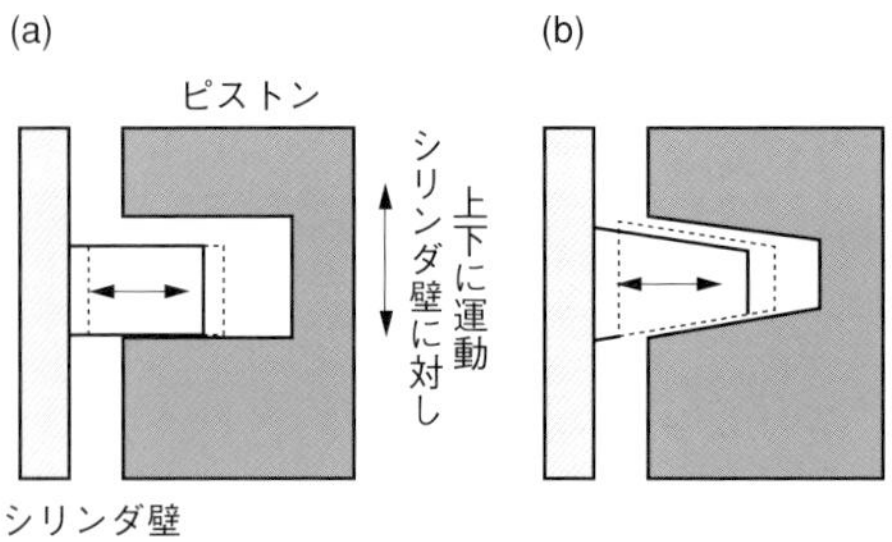

◀図5 リングの断面形状/(a)矩形。(b)キーストン。

内を摺動する。この場合、矩形だとピストンリング溝とのサイドクリアランスは変化しない（図5(a)）が、キーストン形（くさび形）では変化する。図5(b)は両面キーストンリングの運動を示す。溝の中の堆積物（未燃焼炭素など）をくさびの力で破壊し、リングのリング溝へのこう着を防ぐ。ディーゼルや2サイクル・ガソリンエンジンではこのキーストンリングが多く用いられる。キーストン形は優れているが、形状を出すのに曲面形状の研磨が必要で、コストの高いことが難点である。2サイクル・ガソリンエンジン[6]では、片面キーストン（図4(a)トップリング）が多く用いられている。また、バレルフェース（たる）形状（図4(b)トップリング）を摺動面に持つトップリングもしばしば使われる。初期なじみの際の異常摩耗を避けるとともにブローバイの防止に効果的である。潤滑理論上も理想的な形状である。

　回転数を上げていくとブローバイ（吹き抜け）量が急激に増加するフラッタリング（ばたつき）が発生することがある。原因はリングの持ち上がり、あるいは振動によるとされている。持ち上がりは慣性力でリングが浮き上がり、リングの下面とリング溝下面の気密性をそこなう現象である。対策は、重量を軽くすることである。このためにT寸を減らすと、径方向の固有振動数が下がり、面圧を低下させる。好ましくない。B寸を小さくするのが効果的である。径方向の振動を防止するには、リングの固有振動数を高めることも必要である。T寸そのものを大きくし、合い口部の面圧の高い桃型の面圧分布（後述）を使用する。高弾性率材料の使用なども考えられる。

　シール機能が重要なリングであるが、ガスは摺動面、上下面、合い口から漏れる。代表的な合い口形状を図6に示す。断面形状と共に合い口形状も種々工夫されている。図6(a)は最も標準的な直角合い口で4サイクルエンジンに一般的な形である。図6(b)は回り止め

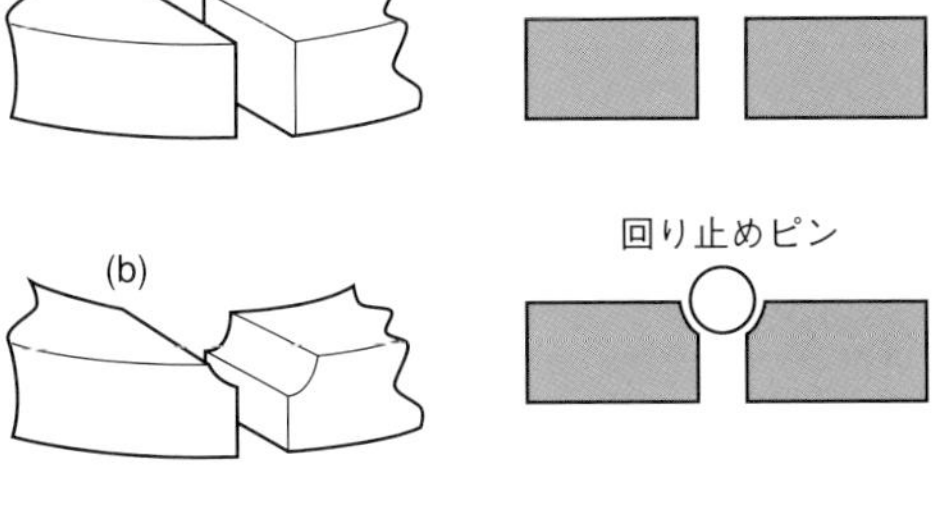

◀図6　リングの合い口形状／(a)直角、(b)半円回り止め合い口。合い口がポートに引っかかるので、2サイクルエンジンではリングを回転させられない。そのためピストンリング溝に鋼製の細いピンを打ち、そこに合い口を引っかける。

ピンを引っかける半円回り止め合い口である。2サイクルエンジンに一般的な形である。エンジンの種類によっては、階段を付けて重ね形状にしたものなどもある。それなりの効果はあるが、加工が複雑になりコスト高となる。以上が要求機能から決まる形状のあらましである。小さい部品であるにもかかわらず㎛台の高精度が要求される。

鋳鉄リング

次に材質ごとの使い分けを述べる。表2に成分を示した。使用状況に応じ使い分けられている。

一般的なところでは、トップ、セカンドとも2サイクルエンジンの空冷では球状黒鉛鋳鉄（FCD）リング、水冷ではSi－Crばね鋼（SWOSC）のスチールリング（鋼製リング）。4サイクルエンジンではオイルリングのサイドレールとトップがSWOSCのスチール、セカンドがFCDまたは片状黒鉛鋳鉄（FC）である。モーターサイクルに多い空冷では鋳鉄リングがトップに使われる。リング溝のアルミ凝着が起きにくいからである。複雑な曲げ加工がしやすいので3ピースオイルリングのスペーサー（図1(a)のサイドレールの間にはさむ波板）にはSUS304系のステンレス鋼が使われる。

現在では技術が進歩しコストも下がって来たので、スチールリングが主流である。しかし、1970年以前は、4サイクルエンジンも2サイクルエンジンもすべてが鋳鉄を使用していた。そこでまず鋳鉄リングから話を始めよう。

ピストンリングにはバルブスプリングほど、ばねとしてのたわみはかからない。しかし燃焼ガスの高温に直接さらされ、繰り返し荷重を受け、さらにピストンヘッドからの熱も

◀表2 リング材成分（%）および用途

リング材質	JIS	C	Si	Mn	P	S	Cr	用　途
片状黒鉛鋳鉄	FC	4	3	0.6	＜0.2	＜0.02	＜0.4	2、4サイクルセカンドリング
球状黒鉛鋳鉄	FCD	4	3	0.6	＜0.2	＜0.02	——	2サイクルトップ、セカンド、4サイクルセカンドリング
はね鋼	SWOSC	0.5	1.4	0.7	＜0.03	＜0.03	0.7	2、4サイクルトップ、オイルリング
ステンレス鋼	SUS304	＜0.08	＜1.0	＜2.0	＜0.04	＜0.03	18	Ni:8 オイルリングスペーサー

受ける。特に250℃程度になるトップリングにおいて厳しい。したがって、高温に長時間さらされた時、ばね性が減退[*7]しないことが必要である。素材としての鋳鉄（補講D参照）は、この点優れている。基地組織はパーライト（補講C、F参照）、焼もどしマルテンサイト（補講C、F参照）のものが使われる。鋳鉄の組織は補講図D2を参照されたい。図D2は鉄生地の中に鱗片状に黒鉛が分散した代表的な片状黒鉛鋳鉄である。鋳鉄は、砂型中でゆっくり固めると、通常、片状黒鉛組織となる。リング材料としての鋳鉄の優れた点は次のようなものである。

(1)鋳鉄中に入っている合金元素量は非常に多い（特にSiは3%も入っている）。鋳物のため塑性加工性を無視して高合金にできる。そのため焼入れ焼もどししたリングは高温にさらされても軟らかくなりにくい。また、(2)分散した黒鉛自体に自己潤滑性がありスカッフ（scuffing）に強い。二硫化モリブデンなどと同様、黒鉛は層状の結晶構造をしている。層間の滑りが容易に起きるので固体潤滑性が高いのである。スカッフ[*8]とは2面の点が互いに溶着し、それがかき落とされることで、表面を荒くし、リングあるいはシリンダの摩耗を早める現象である。また、(3)分散した黒鉛は切削した切粉がばらばらになることを助ける。そのため鋳鉄は良好な被削性を持つ。大小の寸法が自由に高精度に作れる特徴がある。リングとシリンダ壁の間には適度な流体潤滑膜ができなければならない。したがって、油膜を切るバリの発生を極度に嫌う。リング加工のポイントの一つは、バリ取りにある。鋳鉄はバリが出にくく、また出ても簡単に取れるのである。

Pの量を0・3%程度とし硬いステダイト（FeとPの化合物：第4章参照）を分散させたものや、Cr量を増し炭化物を増やした合金鋳鉄も用途に応じて使われる。いずれもさらに耐摩耗性を上げるためである。

片状黒鉛鋳鉄リングは、一本吹きと呼ばれる独特の鋳造方案で砂型鋳造される。鋳造後砂を落としたものを図7に示す。湯道に多数のリングを付けたツリー（樹）状の形で鋳造され、一本一本切り放してリング素材とされる。

凝固する時の冷却速度の大小で片状黒鉛の分布や大きさが大きく変わる。円筒状に鋳込んだパイプを切り放して輪とし、安いリング素材とすることもできる。しかし、こうすると円筒の長手方向や上下で冷却速度が違い組織がばらつく。これを避け、各リング毎の黒鉛の分散を均一にするため一本吹きが採用されている。

黒鉛を球状化し、弾性率とねばさを改善する

鋳鉄はリング材として、優れた性質を備えている。しかしリングのB寸を下げ軽くすると応力が上がり、結果的に折れやすくなる。片状の黒鉛に応力集中しクラックが出やすいためである。このような設計に対し片状黒鉛組織では強度が低く、対応しきれない。そこで黒鉛を球状にしクラックを出にくくした球状黒鉛鋳鉄を使うようになった。

図8に2サイクルエンジンのセカンドリングの組織を示す。図8(a)はリングの断面で、上側の面がキーストン形状をしており、フェース面（右端）にはクロムめっきがしてある。図8(b)は拡大。焼入れ焼もどしマルテンサイト組織となっている。写真の組織で硬さは40HRC程度である。Cu、Cr、Mo（モリブデン）などを入れ、さらに焼入れしやすくしたものもある。

ちなみに、焼入れ焼もどし組織にすると、片状黒鉛鋳鉄では抗折強度（曲げた時、折れる応力：伸びの少ない材料では引張り強さの代わりに使う）400MPa、弾性率100GPa。

◀図7　鋳鉄ピストンリング一本吹き

黒鉛を球状化すると抗折強度1・2GPa、弾性率166GPaと大幅に改善される。
ここで球状黒鉛鋳鉄[*9]について触れておこう。通常の鋳造では、黒鉛は片状の形で組織中に存在する。しかし球状化するための接種剤（Fe、Si、Mg、希土類元素Ce（セリウム）などの合金）を少量、注湯直前の溶湯にお薬として入れると、球状の黒鉛の組織が得られる。この処理は、1948年、Ce添加によりイギリスのモローが、またほとんど同時にMg添加により米国のガグネビンが発見した球状化処理方法に端を発する。ピストンリング以外にも高強度の欲しい鋳物に用いられており、クランクシャフトなどへの使用例も多い。強度の改良される理屈は幾何学的なものである。ミクロ的な切り欠きとなってしまう片状黒鉛への応力集中が、黒鉛を球状にしたため減ったことによる。

円筒状に砂型鋳造した素材を輪切りにすることから球状黒鉛鋳鉄リングの加工を開始する。輪切りにしたリングに合い口部を切り欠き加工し、張力を付けるため焼入れ焼もどしがされる。そのあと表面処理（後述）して使用される。合い口が閉開される繰返しを加工工程で何回も与えると、鋳物素材のマイクロイールド（巨視的な弾性限の前に塑性変形が起きてしまうこと。補講K参照）やヒステリシス（負荷重時と除荷重時で弾性率が変わること）がなくなりばね性が上がる。

4サイクルエンジンのセカンドリングは現在も、片状黒鉛鋳鉄ないし球状黒鉛鋳鉄がクロムめっきなしで使われている。スチールではテーパー形状の断面（図4(b)）が加工しにくいためである。

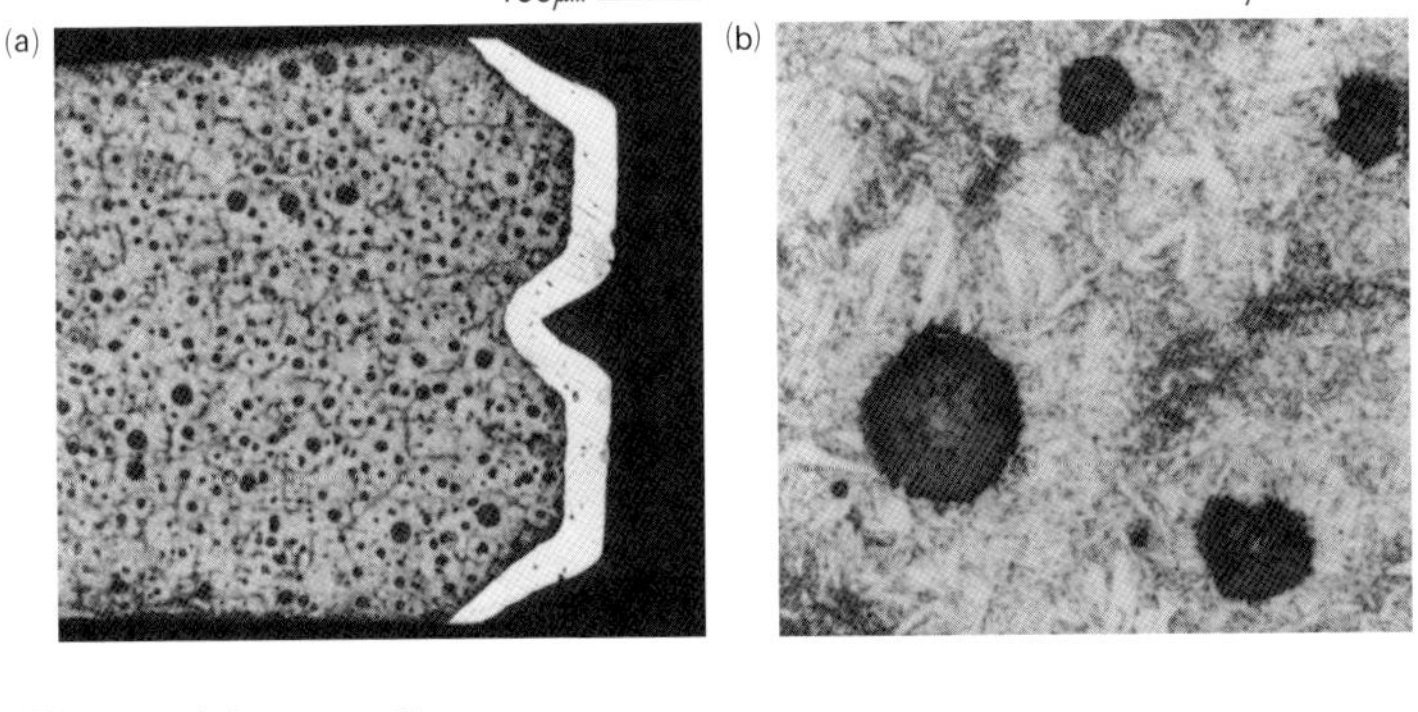

◀図8 2サイクルエンジン・セカンドリングの球状黒鉛鋳鉄組織／(a)リング断面。(b)拡大。クロムめっき層の真ん中がへこませてある。スカッフが起きた場合、フェース面全体に傷がつながらない。シール性を落とすことがない。

スチールの使用でリングを軽くする

鋳鉄はピストンリングに向いている素材である。そのため1970年以前は、4サイクルエンジンも2サイクルエンジンもすべてが鋳鉄ピストンリングを使用していた。しかし、B寸を下げ軽量化するにも、疲労強度やねばさの点でやはり限界がある。そこで、ばね鋼を用いたスチールリング[*10]が開発された。

スチールには鋳鉄のような自己潤滑性は全く期待できないが、ばねとしての特性は優れている。初期にはいろいろなばね鋼がテストされたようだが、現在では、焼もどし抵抗の高いバルブスプリング用のSi−Cr鋼（表2）が使われる。0・5%C、1・4Si、0・7Mn、0・7Cr程度の鋼で焼もどしマルテンサイト組織として使われる。Siの効果で加熱時、中温度領域での硬度低下が少なくなり（高Siのため軟化しにくい）、リング張力が減退しにくいからである。

スチールリングの使用量は、現在全体の半分程度である。水冷エンジンが主な四輪車用のトップリングはほとんどスチールである。今後とも増加して行くものと考えられる。セカンドリングは鋳鉄が多いが、今後はスチール化して行くだろう。

スチールリングの製造方法を図9に示す。圧延により矩形断面（図中①右上）とした線材をまず作製し、その線材を巻きリング形状にする。リングは合い口を閉じ収縮した状態で最終的に真円形状になるように巻かれる。歩留り向上と、適切な張力分布を与える（後述）ため、①の段階では楕円形状に巻き線しておく。その後、焼入れ焼もどし③をし、十分な張力が与えられる。熱処理後の引張り強さは1・5GPa、弾性率206GPaである。研削

◀図9　スチールリング加工工程

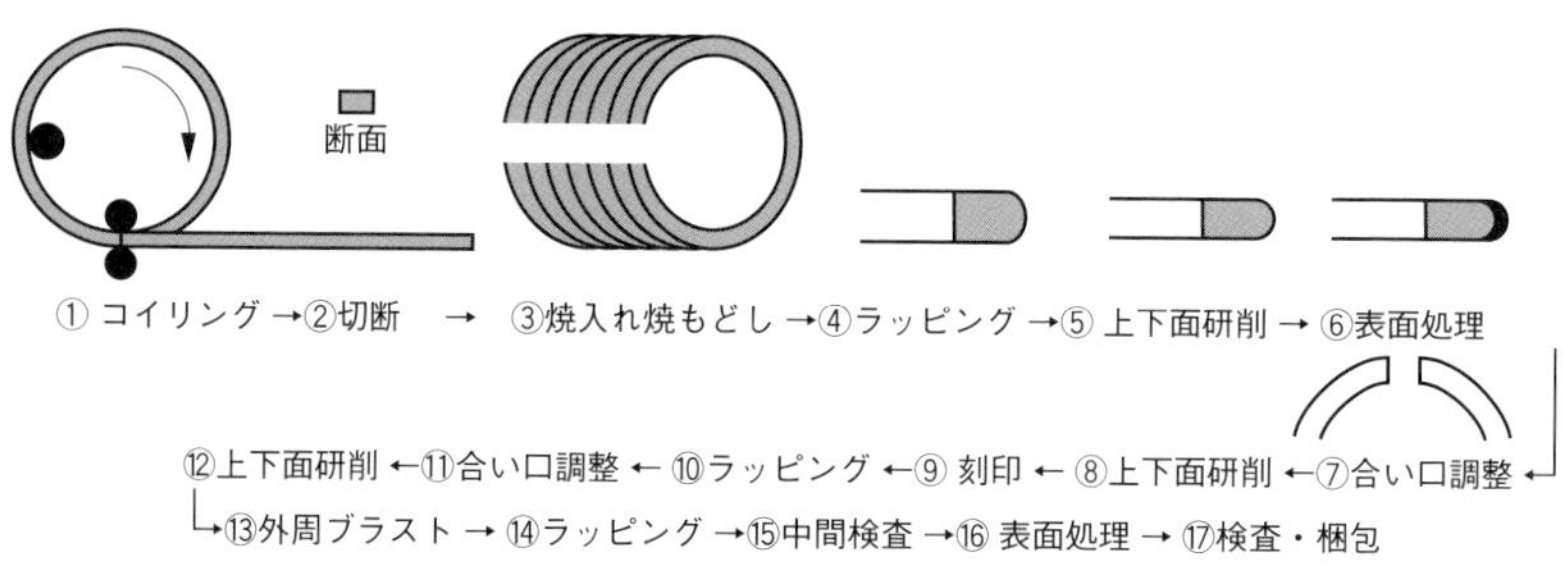

とラッピングが各面ごとに行われる。鋳鉄に比べ、スチールはバリ取りがやっかいでコスト高となる。バレル研磨のようなおおざっぱなバリ取り方法は使えない。各コーナーのR指定が微小で、異なっているからである。

安いSi-Cr鋼の他、耐久性が特に要求される高速ディーゼルエンジンのトップリングには、窒化性が良い高クロム（17％CrにMo、V（バナジウム）などを合金）のマルテンサイト系ステンレス鋼が窒化して使われる（表3：後述）。加熱時の軟化がさらに少ないからである。

スチールリングは軽量化には必須である。しかし、弾性率の高い方が一方的に優れているとはいえない。例えば、スチールを使いT寸を下げるとリングとピストンリング溝の接触面積が下がり、放熱性が悪くなる。このような時には鋳鉄の方が設計しやすい。現在でも鋳鉄リングが残っているのには理由がある。

張力の分布を均一化する

自己の持つばね張力によりリングはシリンダ壁に密着しなければならない。円周上の面圧の分布が重要である。図10は円周の各方向の面圧分布の一例である。外周の方が面圧が高いことを示す。合い口部分（上の方向）に高面圧の部分が見られる。このように部分的に高面圧の生じたリングは、潤滑油膜を切るので好ましくない。エンジンの種類や特性によって面圧の分布は調整される。一般的には合い口部の面圧がやや高く桃型の圧力分布（図中破線）をしたものが理想形状とされる。リングの面圧は、トップ、セカンドが0・2MPa、オイル0・8MPaの程度である。

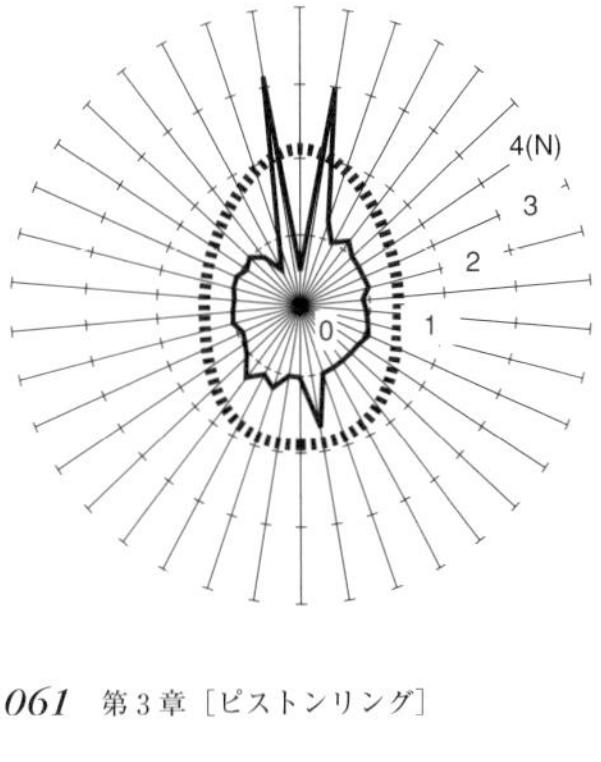

◀図10　面圧分布（単位N）／圧力センサーを使い測ったものである。単位は圧力センサーの測定荷重そのものを表示。

リング種類			母材材質	外周面表面処理	側面表面処理
トップリング			球状黒鉛鋳鉄	クロムめっき	りん酸塩被膜
			シリコンクロム鋼	クロムめっき	四三酸化鉄被膜 固体潤滑被膜
			マルテンサイト系ステンレス鋼	ガス窒化 複合分散めっき PVD	りん酸塩被膜 固体潤滑被膜
セカンドリング			球状黒鉛鋳鉄	クロムめっき	りん酸塩被膜
			ねずみ鋳鉄	りん酸塩皮膜	りん酸塩被膜
オイルリング	3ピース	サイドレール	炭素鋼	クロムめっき	四三酸化鉄被膜 りん酸塩被膜
			マルテンサイト系ステンレス鋼	ガス窒化 イオン窒化	りん酸塩被膜
		スペーサーエキスパンダ	オーステナイト系ステンレス鋼	塩浴窒化	
	2ピース	本体	炭素鋼	クロムめっき	四三酸化鉄被膜
			マルテンサイト系ステンレス鋼	ガス窒化	りん酸塩被膜
		コイルエキスパンダ	炭素鋼	クロムめっき	
			オーステナイト系ステンレス鋼	塩浴窒化	

▲表3　リングの材質と表面処理の組合わせ／ガス窒化したマルテンサイト系ステンレス鋼リングの表面はCr、Feの窒化物とCr、Mo、Vの炭化物からなる。硬い窒化層は耐摩耗、耐スカッフに優れる。ただし、窒化は全周についてしまう。リング溝を攻撃しやすいので日本ではフェース面だけにつけたＰＶＤの方が好まれる。ＰＶＤは減圧雰囲気中で金属を蒸発させ被処理物表面にめっきする。Phyisical Vapor Depositionの略。イオン化させたクロムを窒素ガスと共にくっつけるCrNイオンプレーティングがリングには多い。付着速度が速い。表面改質一般については補講H参照。

オイルが少ないとリングやシリンダをひどく摩耗させる。オイルが過剰だと燃焼室にカーボンの堆積が多くなり燃焼状態が悪化したり、リング溝にリングがステックし、トラブルの原因となる。このため適切なオイルコントロールが必要である。オイルコントロールはオイルリングが主役であるが、コンプレッションリングも含めたリング全部の組合わせで考えなくてはならない。オイル消費量は使用条件によっても大きく変動する。特に回転数の影響が大きく、エンジンブレーキ時の吸気管内の負圧の影響も大きい。そのためオイルリングの面圧やフレキシビリティが重要である。面圧を高くするとオイル消費は急減し、ある面圧以上で一定となる。この面圧は経験的に決められる。燃焼ガスによる背圧（リング溝を通してリングの裏にガス圧がかかり、リングをシリンダ壁に押しつける）がオイルリングにはかからないこともあり、面圧は高くしてある。

巻き線後のリングの加工は、単に真円形状をつけるだけ（研磨で真円形状以外のものも作れるが、コストが上がる）である。そのため線を巻いた時の形で面圧分布は決まる。図9で紹介した方法の他に真円形状にまず巻いておき、断面が楕円の心金に抱きつかせて熱処理時に加熱変形させて形状を固定する[*11]ことも行われる。

鋳鉄リングの場合は、目的とした張力にふさわしい楕円量を持たせた素材形状を鋳込み、それによって面圧分布の変化を与える。球状黒鉛鋳鉄の場合、円筒の断面を楕円形状に鋳込む。また片状黒鉛鋳鉄の1本吹きの場合は1個のリング素材の形を楕円形にする。いずれも後加工で合い口を切り開き、加工完成後閉じた時真円形状になる。

表面改質によって摩擦・摩耗特性を改善する

リングとシリンダの摩耗対策[*12]は、性能維持に重要な課題である。リングの摩耗には、外周の摺動面摩耗と上下側面の摩耗の2種類がある。十分な慣らしの終わっていない初期の状態から何十万kmもの使用（特にトラックなどの場合）までを考え、さまざまな表面処理が使われている。表3に代表的な表面処理（改質）を示す（内容については補講H参照）。おおざっぱにいうと表面処理は、(1)初期のなじみを良くするための処理と、(2)耐久性を持たせるための処理に分けられる。

(1)初期のなじみを良くするための処理：車を購入後、ならし運転もなくいきなり高速道路を走る（非常識な）ユーザーもいないわけではない。初期のあたりがつく（面同士がこすれてなじむ）までの適度な摩耗が必要である。そのため初期なじみを良くするための処理が行われる。表中リン酸塩被膜がこれにあたる。リン酸塩被膜は、下地の鉄を溶かしながらリン酸マンガンなどの結晶堆積層を表面につける。多孔質（微細な孔がたくさんあいている）の化成被膜[*13]で軟らかく非溶性である。保油性に富み初期のオイル膜の不十分を補い初期なじみを良くする。また、下地を溶かすので微小なバリなどもなくす効果がある。錆び止めにも有効である。

(2)耐久性を持たせるための処理：外周面の摩耗対策には一般的に高硬度（８００～１２００ＨＶ程度。リングの鋳鉄は２２０～２７０ＨＶ程度）の硬質クロムめっき[*14]が使われる。50μm程度の硬質クロムをつけることで耐久性は大幅に伸びる。図11[*15]は、クロムめっきと鋳鉄ピストンリング材の摩耗量の摩擦速度による変化である。クロムめっきの摩耗はかなり

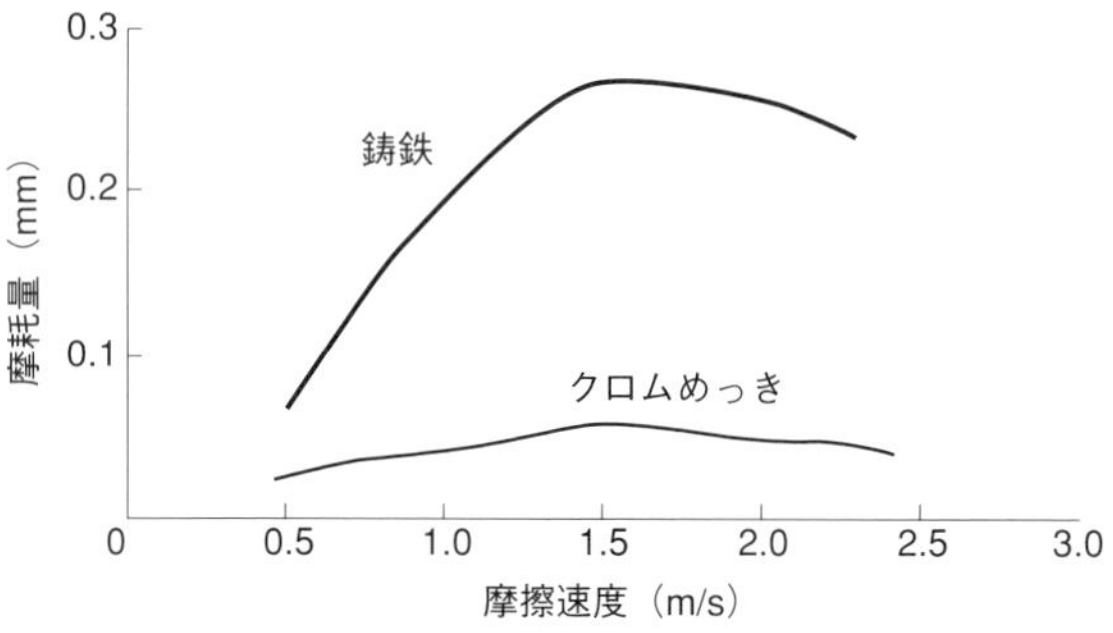

◀図11　摩耗量の摩擦速度による変化／試験機は、科研式摩耗試験機で接触荷重は50MPa、摩擦距離は10km。相手材は片状黒鉛鋳鉄で大気中乾燥状態の室温での試験。

少ない。

図12は硬質クロムめっきの電着（電気めっき）後の表面写真である。クロムめっきはクロムの水素化合物の形で電着される（硬質クロムめっきはクロム中に水素が入っているから硬い。純クロムはせいぜい130HV程度しかない）。電着後水素が表面に抜け金属クロムとなる。その際、収縮し、水の干上がった田のようにめっき層にクラック（図中、運河のようにつながった割れ）が入る。このクラックは、潤滑油の保油性を良くする。そのため、クラックの密度（図12の組織で、クラック密度は140本／㎝）を管理するめっき方法が開発されている。ポーラスクロムめっきといわれる保油性を改良したものである。めっき後、ワークを陰極にして逆電解しクラックを高密度にあらわにしたものである。

クロムめっきは低コストで有効ではあるが、六価クロムの排液処理が手間で設備の新設は嫌われる。そのため最近はPVDの一種CrN（TiNなどに比べ付着速度が速い）のイオンプレーティング（補講H参照）が多く使われる。ピストンリング溝の摩耗を避けるためフェース面だけにつけられる。

エンジンのアブレッシブ摩耗（摩耗粉が出て摩耗する）の原因としては、空気と共に吸い込まれたダスト、エンジン内部で発生する燃焼生成物、摩耗粉などが挙げられる。特にスチールをトップリングに使う場合はこれらに弱く、表面処理がないと使用に耐えない。耐スカッフ性を表3の表面処理について比較すると、PVD（CrNイオンプレーテング）、ガス窒化、硬質クロムめっきの順に下がる。ただし、この順は試験条件によっても異なる。これらはエンジンの耐久基準やコストなどをにらみながら選択される。

また、リングはシリンダボア壁と常時すべり摺動し、フリクションロスとなる。エンジン全体の熱収支を低下させるフリクションロスの内、これは30％程度を占める。フリクシ

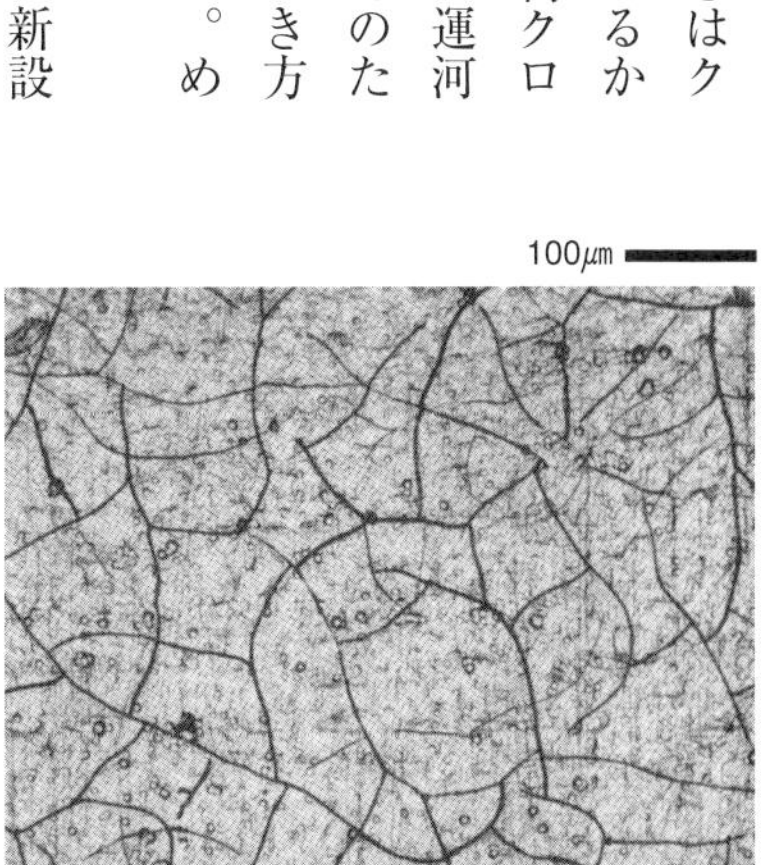

◀図12 硬質クロムめっきのクラック

ョンロスの他に大きいものとしては、クランクシャフトのベアリング部やコネクティングロッドのベアリング部などである。ロス低減のため、リングの張力を下げることが行われる。単に張力を下げると圧漏れしやすい。これにはシリンダの真円度向上が必要である。

ＤＬＣ（ダイアモンドライクカーボン）のような低摩擦係数（０・１以下）の表面処理も研究されている。ＤＬＣ膜は、ＰＶＤと類似のプラズマを利用した気相合成法で生成される。ダイヤモンドに類似した高硬度・電気絶縁性・赤外線透過性などを持つカーボン膜の総称である。ドリル、エンドミルなどの切削工具や、電子部品金型やICパッケージ金型に使われる。

エンジン出力を無理して出すと、最終的にはピストンやピストンリングに起きるトラブルとなって現われる。冷却が不十分なためエンジンの温度が高めでスカッフしやすいとか、2サイクルエンジンの潤滑油の混合比が不適切でリング溝にカーボンがつまりやすいといったことなどである。ピストン、ピストンリング、シリンダはセットで性能を出す。素材の選択以前に潤滑を考えた設計[*16]が肝要である。

参考文献と注

＊1「自動車用ピストンリング」自動車用ピストンリング編集委員会、山海堂、（１９９７）。ラムスボットムの発明以前のリングは全周をいくつかに分割したもので背後に置いたばねの力で押し出されるようになっていた。

＊2　小型の模型用エンジンなどではピストンリングは使用されていない。ボアが小さいため熱膨張によるピストン径の変化が小さい。そのため、ピストンとシリンダの隙間を小さくし、シール性を上げても焼付かないためである。

＊3　ピストンヘッドが受けた燃焼熱はリングを伝ってシリンダ壁に流れる。ヘッドの受けた熱の70％程度はリングが放熱するとされている。

＊4　矩形断面のリングの場合、各部の寸法を㎜で入れると、リングの部材にかかる応力f（MPa）は、$f=E\cdot T(L-C)/2.35/(D-T)^2$　また面圧P（MPa）は、$P=14.14E(L-C)/D/(D/T-1)^3$　ここでEはヤング率（MPa）。張力（N）は面圧と次のような関係がある。$W=P\cdot B\cdot D/200$。

＊5　2サイクルエンジンでは1本、4サイクルエンジンでは2本に本数を減らす試みがなされている。本数を減らすとエンジンの往復運動部分の慣性重量が減り、性能が上がるためである。十分な管理が行き届いた状態で使用され、使用時間が計算通りで耐久性があまり問題にならないレースエンジンなどでは、実際、このような構成になっている。20世紀初頭では、たいして高圧でもないエンジンに8本ものリングが使われていた。1本当たりのリングのシール性が悪かったことを示す。面圧の大きいところはならし運転によって次第にすり減って良い当たりが付くというものだった。

＊6　2サイクルエンジンでは爆発の頻度が4サイクルエンジンの2倍であるのみならず、リングがリング溝下面に向かっておしっきりになる。4サイクルエンジンでは排気行程の終わりに慣性力でリングは浮き上がりそこに潤滑油が入り込める。富塚清「内燃機関の歴史」三栄書房、（１９８７）、２４２。

＊7　３００℃1時間シリンダ内に保持したリングの拡張力の減退がＦＣで10％以下、ＦＣＤで7％以下とピストンリングのＪＩＳ Ｂ８０３２規定の中にある。

＊8「ピストンリング」海老原敬吉、上西甚蔵・監修、日刊工業新聞社、（１９５５）１３５。

＊9張博、明智清明、塙健三「球状黒鉛鋳鉄」アグネ、（１９８３）。

＊10　１９１５年頃から圧力リングとオイルリングの2種に使い分けすることが始まった。鋼製リングはまずオイルリングに１９３０年頃採用された。富塚清「内燃機関の歴史」三栄書房、（１９８７）。

＊11　この方法で作ったリングを熱成形リングという。かつては、鋳鉄リングの形状出しをしていた。

＊12　リングだけでなく、ピストンリング溝の摩耗も重要な問題である。対策としては、通常、硬質アルマイト処理（陽極酸化）が使われる。第2章参照。

＊13　鋼の冷間鍛造などで広く使われるボンデ被膜（リン酸Zn被膜に石鹸をしみこませたもの）も化成処理である。リン酸マンガンは商品名でパーカライジングとも呼ばれる。めっきと違い下地を溶解しながら表面につく。補講H参照。

＊14　クロムめっきには、硬さを上げ耐摩耗性をねらいとした硬質といわれるものの他に、外観の耐食性と光沢をねらった装飾クロムといわれるものがある。日頃目にするものはほとんど装飾クロムである。クロムめっき層に入ったクラックは下地の鉄までつながると、表面の水分が鉄まで侵入し錆びる。装飾目的では好ましくない。これを避けるため装飾目的では、下地に銅やニッケルの薄層をつけ、その上にクロムをつけることで耐食性を上げている。大陸などの砂塵の多いところで航空機エンジンのリング摩耗が多く、１９３０年代において硬質クロムめっきが使われるようになった。富塚清「内燃機関の歴史」三栄書房、（１９８７）２４５。

＊15　㈱リケン、ピストンリングとシールハンドブックによる。

＊16　古浜庄一「自動車エンジンのトライボロジ」ナツメ社、（１９７２）。

第4章

熱波の攻めにもひたすら丸く。

［シリンダ］

熱は逃がすが圧力逃がさず

図1[*1]にシリンダ、ピストン周りを模式的に描いた。ピストンは頭部に爆発圧力を受け往復運動する。その際、シリンダは、筒としてピストンの案内をするばかりでない。爆発力を受ける強度部材、燃焼熱をエンジン外へ逃がす伝熱部材の働きもする。シリンダおよびピストン周りの潤滑上の課題はエンジン性能そのものを左右する。これは単に潤滑油だけの問題ではなく、トライボロジー（摩擦・摩耗・潤滑を総合的に扱う）として扱われる技術領域である。図のハッチング部がトライボシステムとなる。

シリンダは、㎛台の高精度な真円度、円筒度を高熱のかかった状態で維持し、しかも潤滑性が必要である。図2にシリンダボアの変形を模式的に示した。変形はフーリエ解析を用いた次数解析により、2次から4次の変形に分類される。このうち4次はピストンリングが変形に追従できない。ピストンリングとシリンダボア間に隙間が生じシール性が低下する。そのため4次変形量の増大と共にオイル消費量も増加する。代表的なシリンダ壁の損傷としては、油膜の切れやすい上死点の摩耗、オイル消費やブローバイの増える往復運動方向の縦傷、極端な場合はピストンとの焼付き、などがある。根強い高出力小型軽量化の追求あるいは排ガスなどの環境問題の要求を受けて、シリンダへの熱負荷はますます厳しくなっている。複雑な要求機能は、1種類の素材を使うだけでは満たせない。そのため、長年の経験を基に複数の素材が組合わされた構造を取っている。

本章ではまず、モーターサイクルエンジンを紹介する。そして次に、自動車用エンジンを取り上げる。

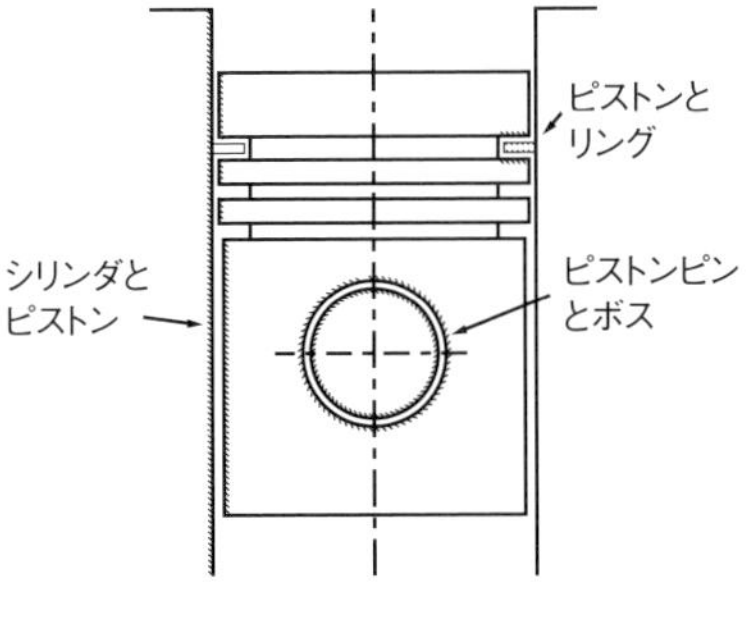

◀図1　シリンダ周りのトライボシステム／ピストンボスとピストンピン[*2]、ピストンリングとリング溝などもトライボロジーの扱う分野である。

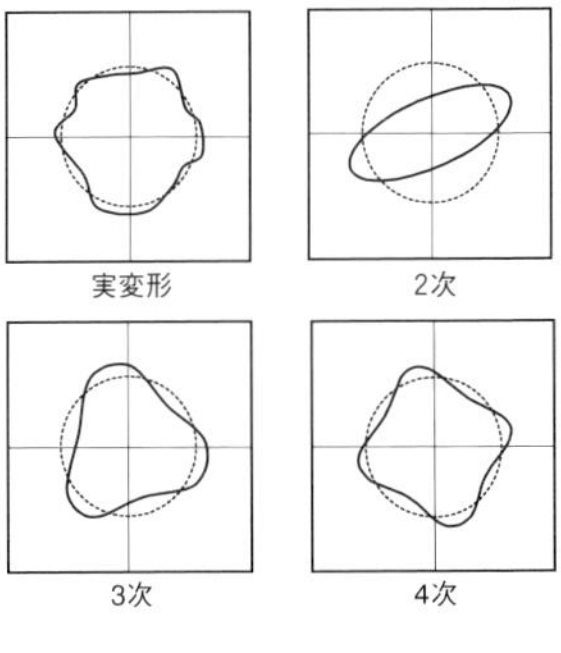

◀図2　シリンダ断面の変形／実際には縦方向にも変形する。変形量はシリンダヘッドの締め付けや実運転によっても変わる。実動状態を計測するのは容易ではない。

目的	要求される機能	手段	素材に求められる機能	選択される素材および材料技術
高出力を可能とするシリンダ	ピストンの案内外筒	運転時真円度円筒度確保	切削加工性良	ねずみ鋳鉄一体シリンダ ライナ圧入ダイカストシリンダ構造
		保油性上げる、耐久性を上げる	耐摩耗、耐焼付き	ホーニング加工 高リンねずみ鋳鉄
	ガス交換(2サイクル)	最適ボート形状	鋳物の作りやすさ	シェル型鋳物
	爆発圧を受ける	最適剛性と強度	軽量高強度	アルミニウム合金使用 T6熱処理
	発生燃焼熱を逃がす	熱伝達性向上	熱伝達性良	ライナ鋳ぐるみシリンダ構造 SiC分散Niめっき Alじか摺動

▲表1　シリンダに要求される機煤／ウォータージャケットには遮音の働きもある。

シリンダ構造	使用エンジン	製造方法	特徴
①鋳鉄一体	50ccクラスの小排気量	FC200鋳鉄シェルモールド	低コスト
②鋳鉄ライナ（鋳ぐるみ）	2サイクルスポーツ	高V鋳鉄シェルモールド（鋳鉄ライナ）＋AC4Bシェルモールド（シリンダブロック） →鋳ぐるみしブロックと一体化後T4、加工	冷却①より良い
③鋳鉄ライナ（圧入）	4サイクルスポーツ	高P鋳鉄シェルモールド（鋳鉄ライナ）＋ADC12ダイカスト（シリンダブロック）または＋AC4BシェルモールドT4（シリンダブロック） →単体ホーニングライナをブロックに圧入	熱間時真円度良い
④めっきシリンダ	2、4サイクルスポーツ	AC4Bシェルモールド（シリンダブロック）T6＋SiC分散ニッケルめっき →加工の終わったブロックにめっき後、シリンダ壁ホーニング	よく冷える。多気筒ではシリンダ間のピッチをつめられる

▲表2　モーターサイクルエンジンの代表的シリンダ構造／T4、T6はアルミニウムの熱処理。

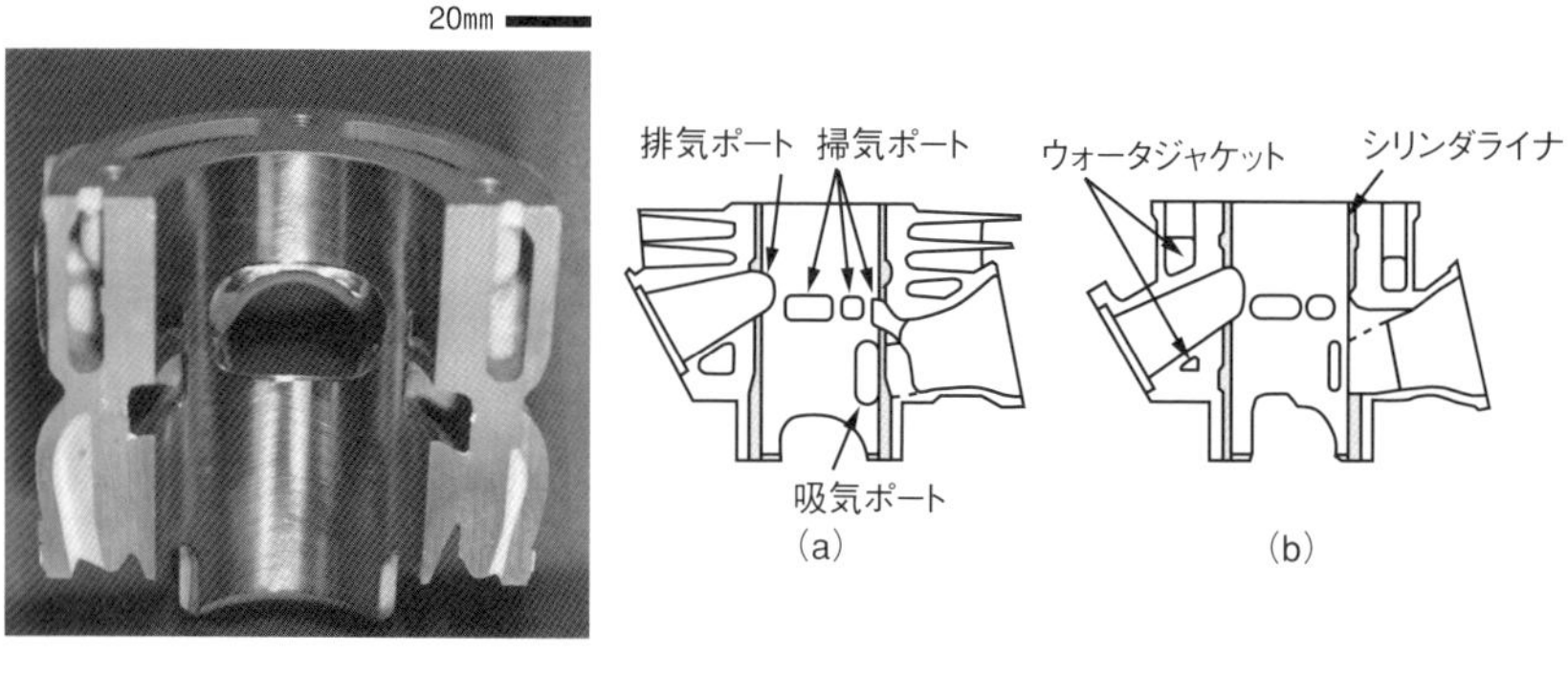

◀図3　2サイクルエンジンのシリンダ構造／(a)空冷。(b)水冷。

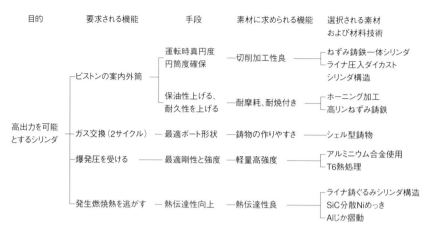

モーターサイクルエンジンのシリンダ機能と構造

代表的なシリンダ構造を図3に示す。2サイクルエンジン、4サイクルエンジンを含めシリンダの機能は、表1のように展開される。また、表2に各種構造とその製造方法[*3]および特徴を示した。モーターサイクルでは大別すると4種類の構造が使われている。2サイクルエンジンと4サイクルエンジンでは、構造[*4]がかなり異なっている。

2サイクルエンジンは、排ガス対策がむずかしいため現在では、小型のスクータや汎用エンジン、船外機などに新規に使われるだけである。しかし、市場にはまだ多く使われている。

モーターサイクル用2サイクルエンジンは、シニューレ掃気と呼ばれる反転掃気方式をとっている。図4は水冷シリンダブロックを半割りした断面の排気ポート側である(図3(b)の直角方向断面)。2サイクルエンジンでは、シリンダ壁に吸気、掃気、排気の各ポート(図3(a))を有し、ポート穴[*5]で燃焼ガスの交換をする。

図5は4サイクル空冷4気筒600㎤エンジンのシリンダである。冷却のためのフィンを外壁に有している。4サイクルエンジンのシリンダボアは単純な円筒形である。2、4にかかわらず高出力エンジンほど、発生する熱量が多く、冷却が要求される。空冷シリンダは冷却水のとりまわしがないので構造は簡単である。しかし、多気筒の場合ボア間に熱がたまりやすく、排熱がむずかしくなり、ボア壁の加熱のため焼きつきがおきやすい。ラジエターを使い熱管理の容易な水冷が、高出力エンジンでは常識である。表2に示した4種の構造は、エンジンに要求される冷却のレベルで使い分けられる。次に、これらの構造

▶図4　水冷2サイクルエンジン・シリンダの構造(SiC分散Niめっき品を半割したもの)

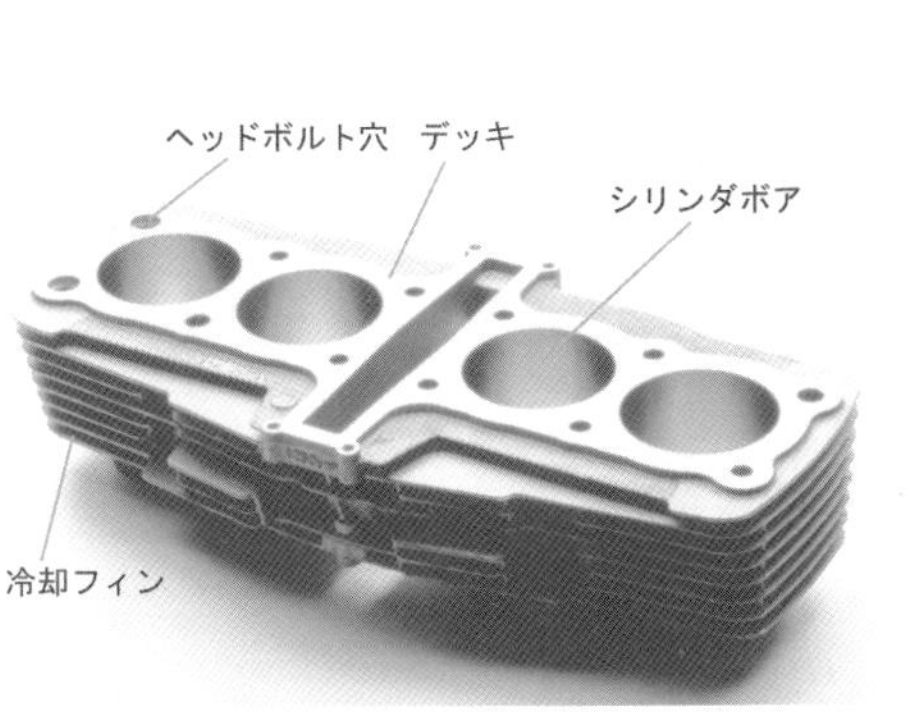

◀図5　空冷4気筒600㎤エンジンのシリンダ／SiC分散Niめっきシリンダ。

◀図6　鋳鉄シリンダの組織／(a)ＦＣ２００。(b)高Ｐ鋳鉄。生地はいずれもパーライト（セメンタイトとフェライトの層状をした混合組織：補講Ｄ参照）。ステダイトはリンの多い鋳鉄（０・３％以上）に特有な共晶物（リンの化合物（Fe_3P）とフェライト）である。

(a)

(b)

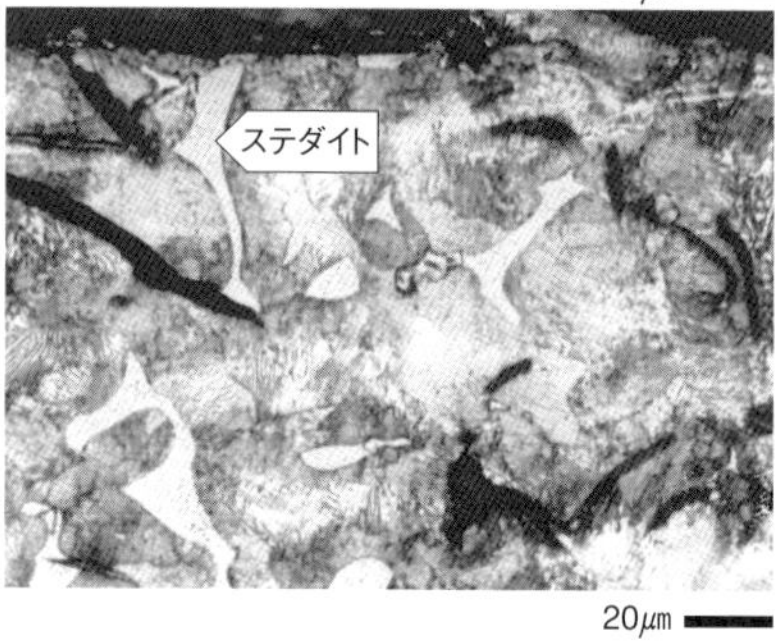

と使われる素材を解説する。

小型エンジンの技術としては、２サイクルの高出力エンジンが技術開発を牽引してきた歴史があること、またシリンダの材料技術は２サイクルも４サイクルも基本的に同じであることより、まず２サイクルの技術より始める。

鋳鉄ライナ鋳ぐるみ構造によって耐摩耗と冷却性能を確保

鋳鉄一体シリンダ：スポーツモデルにおいても初期には空冷が主流であった。冷却フィ

◀図7　２サイクルエンジンの空冷シリンダ断面。鋳鉄製シリンダライナの鋳ぐるまれた断面。

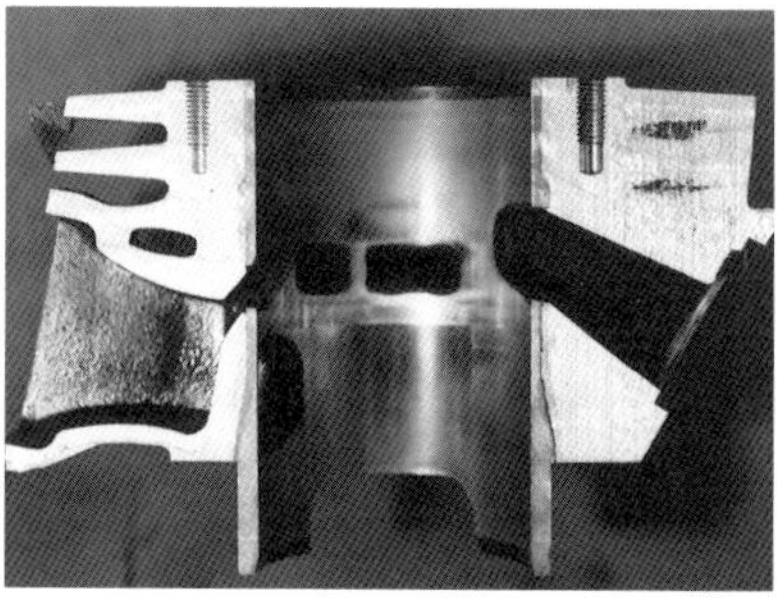

◀図8　(a)２サイクルエンジン用鋳鉄シリンダライナ。(b)砂中子（なかご）。シリンダの鋳物はガスの流れと冷却水の循環冷却効果を考えて３次元で設計される。３次元の複雑な通路はいずれも砂の中子（鋳物に中空部分を形成するための型）で鋳抜かれる。図のように鋳鉄製シリンダライナを入れた中子をまず成形し、それを主型（おもがた）にセットして鋳造する。鋳造後砂は崩壊させる。

(b)

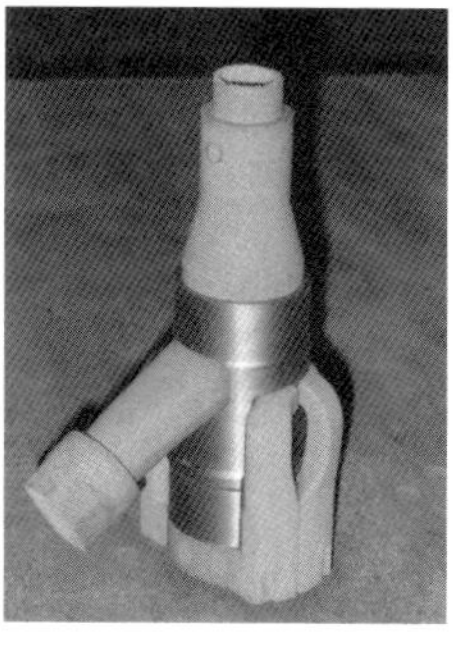

(a)

◀表3　シリンダ周りに使われる材料の化学成分（％）、ＦＣ２００は２００㎫の強度を持つ片状黒鉛鋳鉄を示すＪＩＳ記号。ただし、鋳物の肉厚で強度は変わ

ンをシリンダライナにくっつけた形の一体鋳造成形したもの（表2①）が使われた。材質はFC200相当（表3）のパーライト地ねずみ鋳鉄である（図6(a)）。軟らかいフェライトの生成はできる限り避ける必要がある。フェライトが多いとシリンダ壁（以下、ボア壁ともいう）に縦傷が出やすくなる。複雑なポート形状は、シェル型で鋳抜く。スクータなど出力の低いエンジンではコストも安く、多く用いられている。

鋳鉄ライナを鋳ぐるむ：鋳鉄は熱伝導率が低い（50W／（m・K）程度）。スポーツモデルでは、ブロック全体を鋳鉄で作ることはない。ピストン、ピストンリングとの摺動部を鋳鉄のライナとし、ブロック外側にアルミニウム（AC4Bの熱伝導率は150W／（m・K）程度）を用いた構造となっている。

アルミニウムは冷却性能をかせげ軽量化にもなるが、アルミニウム合金そのものは耐摩耗性が悪い。一般的には摺動面に直接は使えない。そのためこの部分だけ鋳鉄ライナを鋳ぐるん（アルミニウムの鋳物中にライナを包み込む）でいるのである（表2②、図3、図7）。耐熱強度、重量などを考慮して、シリンダブロック材には、AC4Bアルミニウム合金（表3）が使われる。アルミニウム合金の鋳物については、補講J参照。

鋳鉄ライナ（図8(a)）には、あらかじめポートが形成されている。肉が薄くポート間のリブの幅が狭いライナの鋳物は凝固時急冷され、チル（鋳鉄が急冷された時出る硬い炭化物：補講Cおよび第5章参照）が出やすい[*6]。チルを抑制しパーライト生地（補講C、D参照）に黒鉛のよく延びたのが最適組織である。表3の高V鋳鉄はVの添加によってこのような金属組織を可能にしている。

図8(b)にライナを砂中子にセットした状態を示す。この状態を主型にセットしアルミニウム中に鋳込む。アルミニウム中に単純に鋳ぐるもうとしても、鋳鉄ライナは湯のきらい

る。高V（バナジウム）鋳鉄、高P（リン）鋳鉄は合金鋳鉄の一種。補講D参照。AC4BおよびADC12はアルミニウム合金の鋳物である。補講J参照。

材　質	Si	Fe	Cu	Mn	Mg	Zn	Ni	Ti	Cr	Al	C	P	V
FC200	2	残り	—	0.8	—	—	—	—	—	—	3.2	—	—
高V鋳鉄	2	残り	—	0.8	—	—	—	—	—	—	3.2	—	0.3
高P鋳鉄	2	残り	—	0.8	—	—	—	—	—	—	3.2	0.3	0.3
AC4B	8	1	0.3	0.35	0.3	0.5	0.1	0.2	0.1	残り	—	—	—
ADC12	11	1.3	2	0.5	0.3	1.0	0.5	—	—	残り	—	—	—

（はじくこと）が出て密着性が悪い。そうなると燃焼熱がライナからアルミニウムに伝わらなくなり、製品としては不良となる。密着性を良くするため、鋳ぐるみ前のライナの予熱や湯回りしやすい鋳造方案の工夫がされる。またライナの表面に鋳放しで細かい凹凸をつけておき、凹凸の間に湯が浸入し密着性を上げる工夫などもある（後述）。

凝固後の冷却途中、アルミニウムの熱収縮は鋳鉄より大きいのでライナを締付ける力が発生する。この応力は冷却後も残る（残留応力）。アルミニウムのシリンダブロックが熱膨張した時でも残留応力のおかげでライナはゆるまない。

鋳鉄シリンダは、ピストンとの焼付きが生じても町の修理屋で再ホーニングし、サイズのやや大きいピストンと組合わせることで再び使える。サービス体制の十分でない東南アジアなどで使う時、実用上大切なことである。この点、後で述べるめっきシリンダはめっきが特殊で、簡単には再生できない。

空冷が主流だったモーターサイクルエンジンは、高出力化にともない、ブロック材質だけをアルミニウム合金に替えても十分な冷却が得られなくなった。シリンダ壁温が上昇し、ピストンシリンダ間の焼付きなどの潤滑不良によるトラブルが起きやすくなったのである。そのため水冷化が進められ、１９８０年代には、モーターサイクルエンジンの主流は水冷となった。

ホーニングによって精度を上げ潤滑油を保持する

ねずみ鋳鉄は、固体潤滑材の黒鉛を含む。含有黒鉛が片状（図６）の場合、片状黒鉛鋳鉄と言う。刃物の切れ味が良く切削精度が上げやすい。運転時には焼付きにくい優れた素

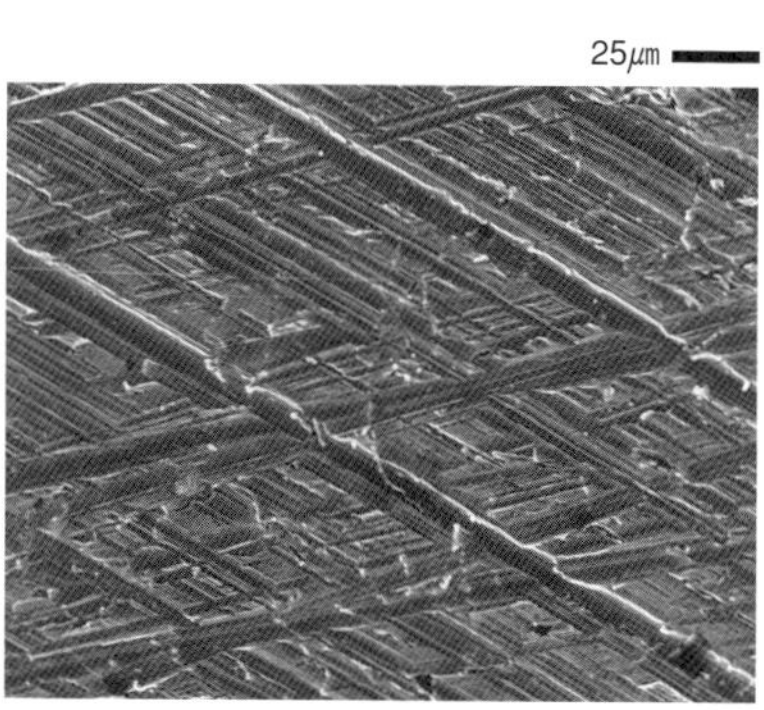

◀図９　シリンダのホーニング目／交差した目（クロスハッチ）が見える。

◀図10　ホーニング盤／右側上から下がっているのがホーニング砥石。下のシリンダはジグで固定してある。砥石は、前加工のボーリング穴にならって広がりながら切り込んで行く。砥石の選定にノウハウがある。

材である。長年の使用実績もある。この素材を活かしリングとの摺動時に流体潤滑を保持させるため、シリンダ壁はホーニングで仕上げられる。

図9はホーニング目の写真である。ホーニング加工はクロスハッチ模様を刻んでオイルポケットとし潤滑油を保持しやすくする。図10はホーニング加工を行うホーニング盤である。先端に拡張する砥石がついている。シリンダボアのボーリング加工後にホーニングは施される。シリンダの円筒形状の真円度、円筒度を上げる役割もある。砥石の切れ味によってクロスハッチ形状の出来が変わる。バリがなく黒鉛がきれいに出ているのが理想的な仕上がりである。面粗度により凹凸の管理を行う。ホーニング砥石を使い拡張圧を砥石に加えながら回転し、クロスハッチ状の切り込みを入れる。ホーニングによる返りバリを取り、同時に保油性を持たせる目的でリン酸マンガン（補講H参照）の化成被膜をつけることも行われる。初期なじみに効果がある。

ホーニング加工した表面の性状は、オイル消費や耐摩耗性に影響する。通常、砥石で1回で仕上げると図11[*7](a)の山型の形状になる。さらに山の先端部を削り取ると台形（図11(b)）となる。これをプラトー形状という。図の縦軸1目盛りは1μm、横軸は0・1mmである。

図12[*7]は自動車用4サイクル1・9Lエンジン実機運転後のオイル消費（FOC：最終オイル消費量）を比較したものである。山型形状とプラトー形状の2種類の比較である。図中、山型形状の低Ra＝0・12μm、中Ra＝0・4、高Ra＝0・62。プラトー形状の低Ra＝0・14、中Ra＝0・32、高Ra＝0・88である。4サイクルエンジンのオイルは減ったら入れる、ということはしない。ユーザーの立場では、オイル交換はできるだけしたくない。したがって消費量そのものが問題となる。図12の結果では低Raで山型形状ほどオイ

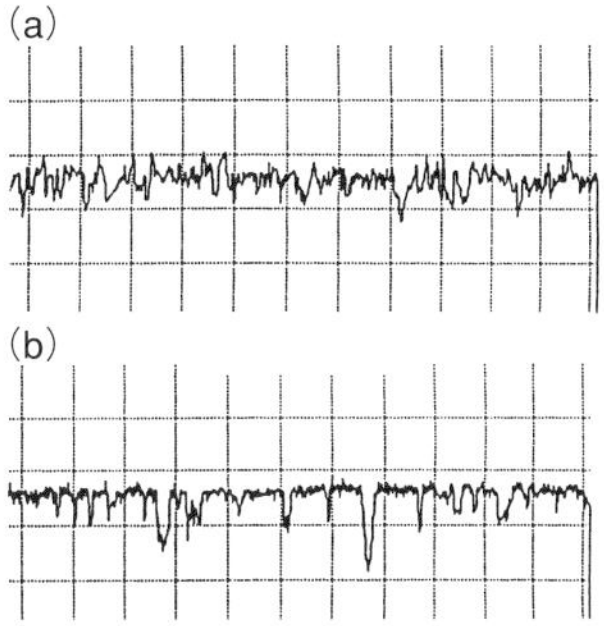

◀図11　ホーニング面／(a)山型。(b)プラトー型。

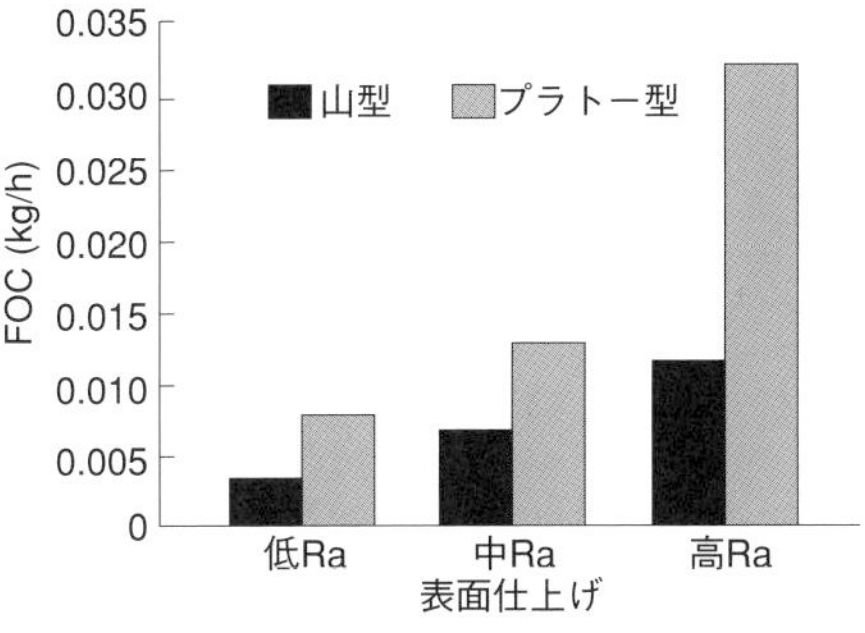

◀図12　オイル消費量のホーニング形状による差

ル消費は少ない。しかし、低Raでは耐スカッフ性が悪い。この点、プラトー形状は、シリンダ壁温度の高い場合、揮発損耗するオイルが多くなるが、表面の保油性が良く、耐スカッフ性は優れている。一方、2サイクルエンジンの場合、オイルは定常的に消費するので消費量そのものはあまり問題とならない。耐スカッフ性の要求される一部の2サイクルエンジンでは、プラトー形状が使われる。いずれにせよエンジンの要求に合わせ表面精度も調整される。

SiC分散ニッケルめっきによって冷却性能をさらに上げる

2サイクルエンジン・シリンダの排気ポート付近は高温となり油膜が切れやすい。また、多くのポートがあることから温度分布が不均一となり、熱変形がいびつに生じやすい[*8]。鋳鉄ライナを鋳ぐるんだシリンダでは熱膨張の異なる材料を組合わせているので、その影響を大きく受ける。いびつな変形は真円度円筒度を落とし、シリンダとピストン間の焼付きの原因となる。このようなエンジン向けにライナレス化（シリンダライナをやめる）し、熱伝達を良くすることで摺動面の温度を下げ、油膜切れが原因の焼付きを解決する試みがなされている。

硬質クロムめっき：これらの一つに、アルミニウム合金シリンダ壁に直接薄く硬質クロムめっきし使用する技術がある。図13は鋳鉄ライナ鋳ぐるみ空冷シリンダと、全く同じ形状のクロムめっきシリンダの運転時の温度[*9]を比較した例である。温度を測定した熱電対の位置が黒丸で示されている。ブロック断面の黒いハッチング部はシリンダライナの片側を示す。クロムめっきでは壁温が50℃ほど低い。また冷却フィン[*10]の先端温度が高くなってお

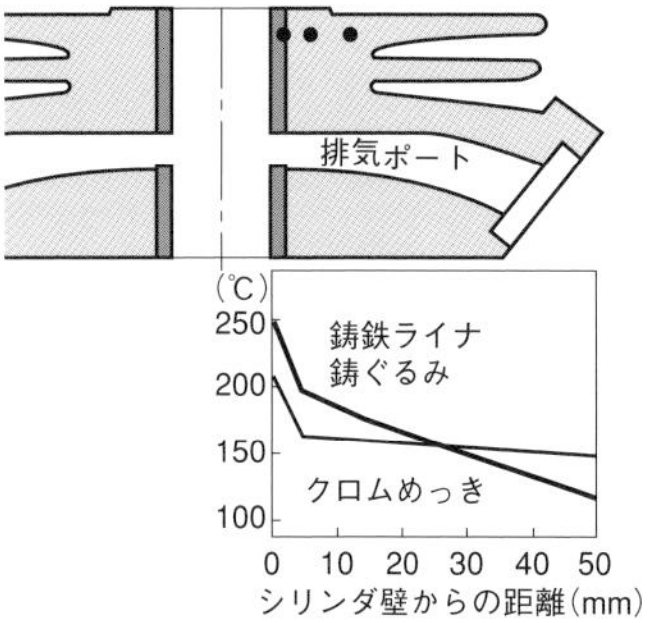

◀図13 シリンダ内の温度分布

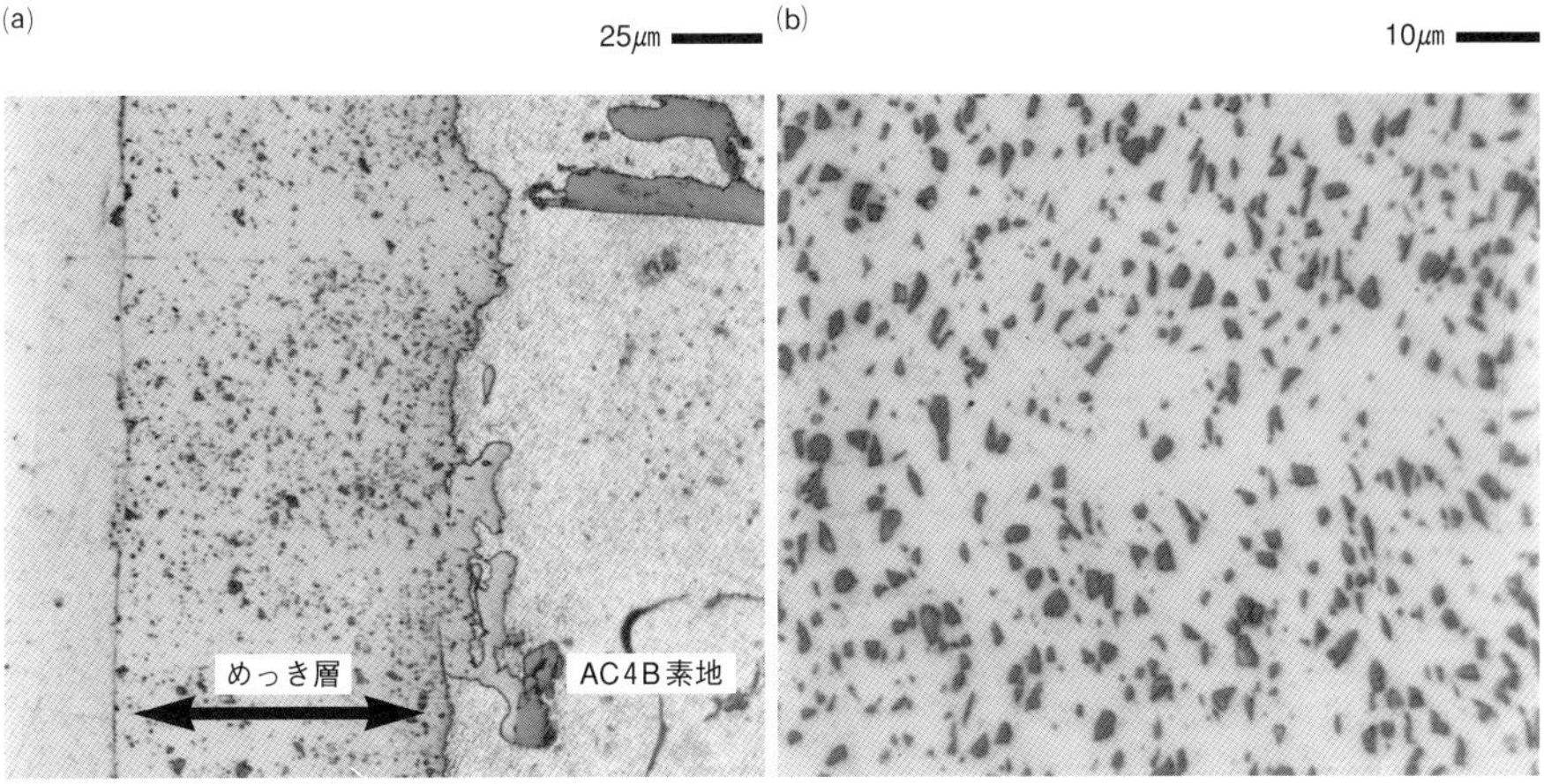

▲図 14　(a)SiC分散Niめっきの組織。(b)SiCの分散

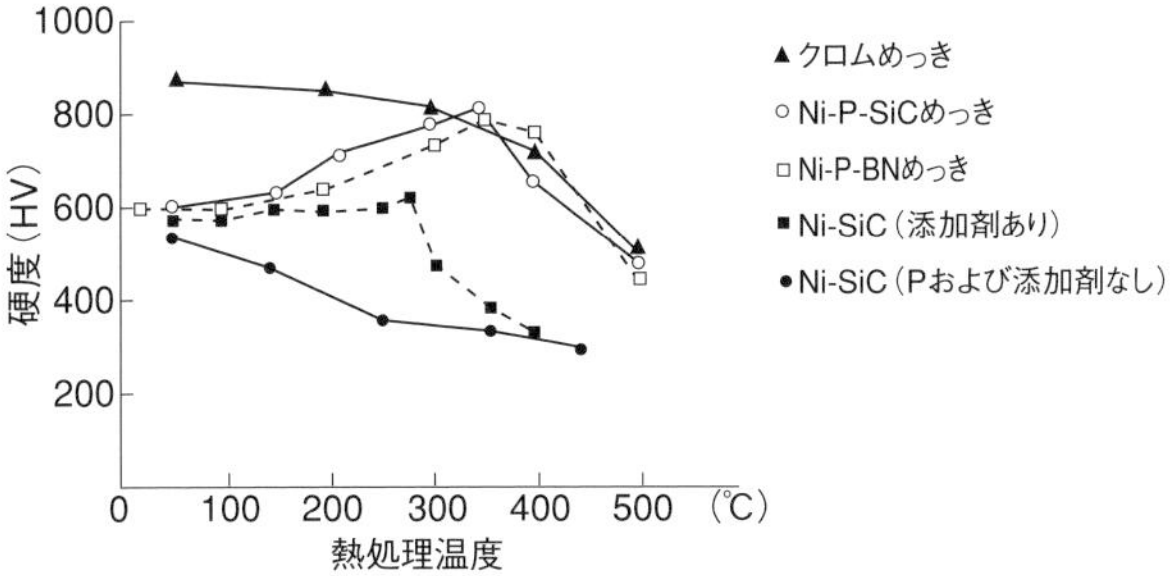

◀図15　各種めっきの加熱後の硬さ／BN（窒化ホウ素）添加のもの（Ni－P－BN）も表示（後述）。各温度で1時間保持。P添加材は300℃付近で最高硬さを示す。

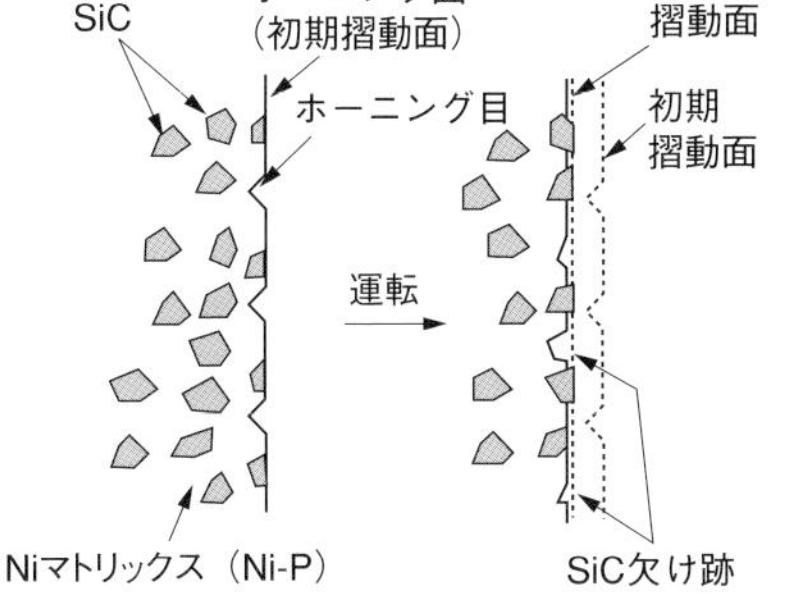

◀図16　SiC分散Niめっきの表面加工

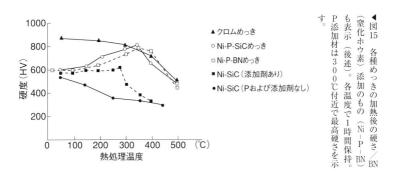

り、熱が逃げている効果が示されている。しかし、クロムめっきは耐スカッフ性がやや劣り、めっきの廃水処理の問題もある（後述）。これに代わって、SiC分散Niめっきが使われる。

粒子分散めっき：粒子分散めっきは、元々、ドイツのブラスベルク社が開発した技術である。ロータリーエンジンの非円形の燃焼室を形成するために1960年代に盛んに研究された。分散めっきは、ニッケルまたはニッケル合金マトリックスの中にセラミックス粒子や繊維を共析させ[*11][*12]機能性複合材料とすることができる。図14(a)はSiC粒子を分散させためっきを付けたシリンダ壁の断面組織である。めっき層の拡大写真（図14(b)）も示した。やや角張った2μm程度のSiC粒子が見られる。このNi膜にさらにPを添加することで時効硬化性（第2章参照）を持たせることができる。

図15[*13]に、硬質クロムとSiC分散Niめっき（Ni−SiC）の加熱後の硬さを比較した。硬質クロムおよびPなし品は単調に軟化する。硬質クロムはめっき上がりで非常に硬い。めっき層に含まれているクロム水素化合物の結晶格子ひずみによるためである。水素化合物は加熱と共に分解し軟化していく。これは、クロムめっきの耐スカッフ性の悪い一因である。一方、P添加めっきは使用中に硬くなり好都合である。

SiC分散Niめっき表面は、ダイヤモンド砥石でホーニングしオイルポケットを形成する。シリンダ壁のNiマトリックスはピストンリングの摺動で摩耗してもSiCが持ちこたえる。図16は、摺動による表面プロフィール変化である。右側が運転後である。摺動面にある硬い異物は流体潤滑を妨げ油膜ぎれを起こしやすい。そのためSiC粒子は約3μm以下の微細なものでなくてはならない。

図17にめっき工程を示す。アルミニウムは表面の酸化膜が強固でめっきをつけるのは難

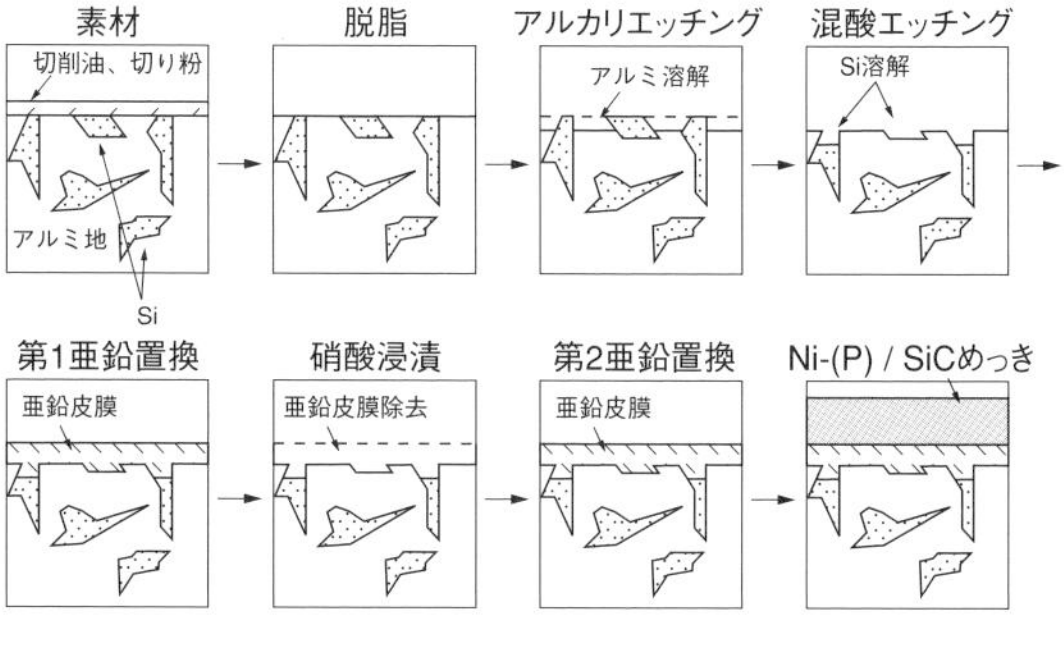

◀図17　アルミニウムシリンダへのSiC分散Niめっきの工程

しい。一般的には亜鉛置換といわれる処理をし、その上にめっき層がつけられる（後述）。SiC粒子は重い。めっき液中に懸濁させ均一なSiC分散を膜中に得るのが難しい。

4サイクルエンジンのシリンダ機能と構造

4サイクルエンジンのシリンダブロックにはＡＤＣ12ダイカスト品とＡＣ４Ｂ鋳造品の2種類が使われる（表2③）。水冷ではオープンデッキタイプ（ウォータジャケットがシリンダヘッドに向け大きく抜けている）の場合ダイカストで鋳造できる。図18は一例である。ウォータジャケットがダイカスト金型で鋳抜けるからである。クローズドデッキタイプ（図19）の場合は一般にシェル型と金型を組合わせて鋳造される。空冷では冷却フィンの湯まわり性を良くするため低圧鋳造（ＬＰ）が使われる。

4サイクルエンジンは、クランク室に入っている油をピストン頭部裏側とシリンダ壁にかけ冷却させる構造をとっている。そして、オイルリングの張力を上げて余分な油をかき落としている。[*3][*14] 2サイクルエンジンに比べ、シリンダ壁にかかるピストンリングの面圧が高い。リング張力の低い2サイクルエンジンと違いシリンダ壁の耐摩耗性が特に要求される。鋳鉄ライナが圧入あるいは鋳ぐるみされたタイプでは、Ｐを添加し硬さを上げたねずみ鋳鉄（表3）がライナに用いられる。図6(b)はこの高リン鋳鉄の組織である。Ｐは硬いステダイトとして析出している。ひょろひょろと奇妙な形をしているのは、ステダイトの凝固点が低く、最後に固まるためである。

◀図18　水冷4気筒SiC分散Niめっきシリンダ／4サイクルエンジン・オープンデッキ。ダイカスト製。

◀図19　水冷4気筒SiC分散Niめっきシリンダ／4サイクルエンジン・クローズドデッキタイプ。現在では鋳鉄ライナを用いたタイプは減り、めっきシリンダが大排気量モーターサイクルの主流である。

鋳鉄ライナを圧入した構造は運転時の熱でどのようにひずむか？

アルミニウムブロック中に鋳鉄のライナを鋳ぐるんだ構造[*15]は、温度上昇でアルミニウムが膨張してもライナがゆるまない。ライナ上部の外周温度は水冷で200℃、空冷で250℃程度である。2サイクルエンジンでは、ポート穴がライナ壁にあいており、シリンダブロック側の穴と合わせるのが難しいので圧入構造は、使われない。[*16] しかし、4サイクルエンジンでは、ポート穴をライナ壁にあける必要はない。ただのツバつき円筒のライナを圧入して使われることもある。[*17] 図20はシリンダブロックにライナが圧入された状態を示している。ただライナをはめ込んだだけでは、アルミニウムブロックが熱膨張した時、ライナはゆるむ。これを避けるため、締め代をつけて圧入される（鋳ぐるみのものも市場には出回っている）。

この場合、ライナはブロックに圧入後ホーニングするのではない。圧入前の状態で、外径研磨、内径ホーニングにより仕上げられ（単体ホーニング）圧入される。これは、温度上昇で圧縮応力が減りライナがスプリングバックした時でも真円形状が保たれるようにするためである。薄肉円筒であるライナの圧入前の外径R_0は、圧入後R_1になる。圧入の締め代（R_0-R_1）は、ライナが座屈変形せず温度が上がった時も充分な緊迫力が残るように決められる。通常、60φmm程度の直径のライナでは60μm程度である。

4サイクルエンジンの場合もめっきなどを使いライナレスとすると、冷却性能がさらに良くなる。しかし、構造上潤滑油が十分にシリンダ壁やピストンに行き渡る。そのため鋳鉄ライナを圧入あるいは鋳ぐるんだタイプのシリンダでも冷却は十分かせげる。むしろ4

◀図20　4サイクルエンジン圧入シリンダの構造

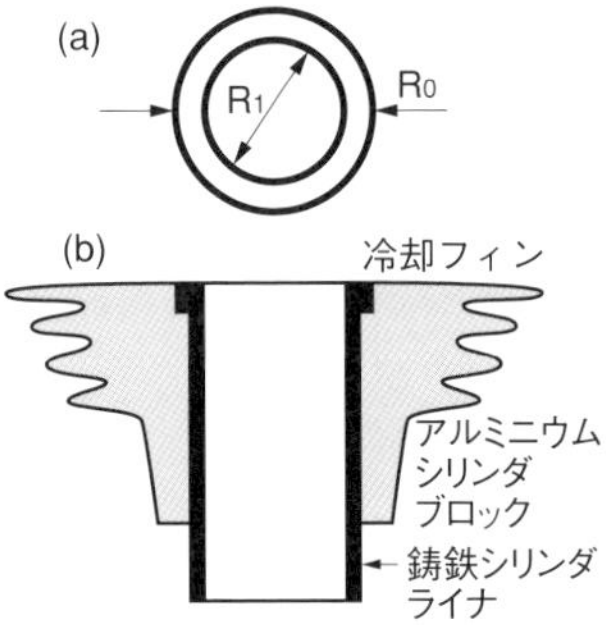

◀図21　表面にスパイク状凹凸をつけた鋳鉄ライナ／遠心鋳造で作られる。

サイクル多気筒エンジンの場合は、ライナレスとすることでシリンダボア間の距離を縮めて横幅をコンパクト化できる。

表面改質で高出力を得る

以上、モーターサイクルエンジン・シリンダの機能と構造について解説してきた。これら高出力化技術のニーズは、自動車エンジンのニーズと共通点が多い。ところで、最近までの4輪車はスポーツタイプエンジンおよびディーゼルエンジンの一部を除いて、FC200程度のブロックそのままに機械加工+ホーニングでシリンダ壁を仕上げるのが普通だった。表2の①と同じ仕様である。この鋳鉄一体タイプは量産車では長い実績がありコストも安かった。自動車エンジンは出力も低く、コストアップとなるアルミニウム化のニーズはスポーツタイプを除いて低かったのである。一方、モーターサイクルエンジンでは、シリンダを冷やし軽くすることのニーズが非常に強く、SiC分散Niめっきを始めアルミニウム鋳物に直接表面処理を組合わせたシリンダがすでに試みられている。これは軽量高出力のエンジンが特に強く求められて来た市場ニーズによる。ところが2000年代に入り、燃費の低減、エンジンの小型化、排気ガス対策などの理由で自動車メーカー各社ともアルミニウム化を進め、現在では60%程度がアルミニウム化されている。

現在市場に出ている自動車用アルミニウムシリンダブロックのほとんどはダイカスト+鋳鉄ライナ鋳ぐるみの構造を持つ。最近は熱伝導が悪い鋳鉄の欠点をカバーする技術が開発されている。

ダイカストのアルミは凝固冷却時、収縮しライナを締め付ける。そのためアルミブロッ

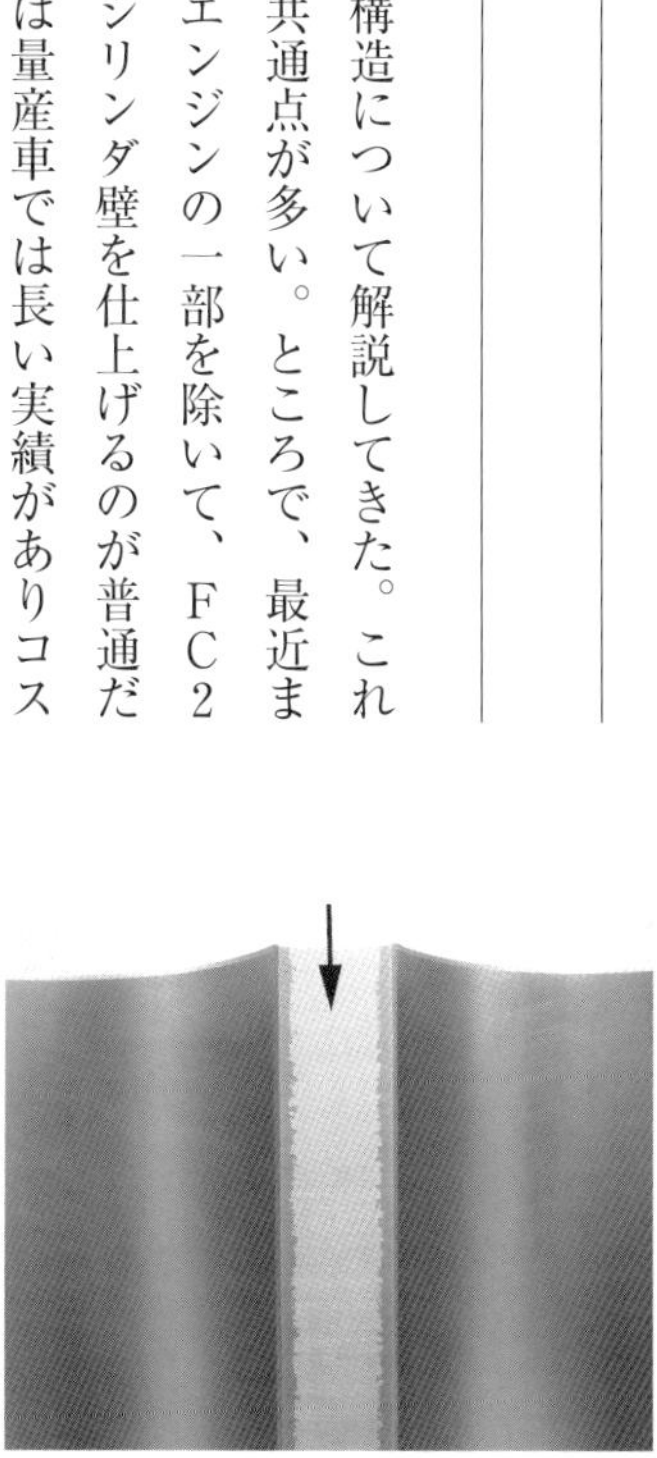

◀図22　ライナを鋳ぐるんだブロック／二つのボア中央で切断しボア間の部分のアルミ（矢印）を表示。

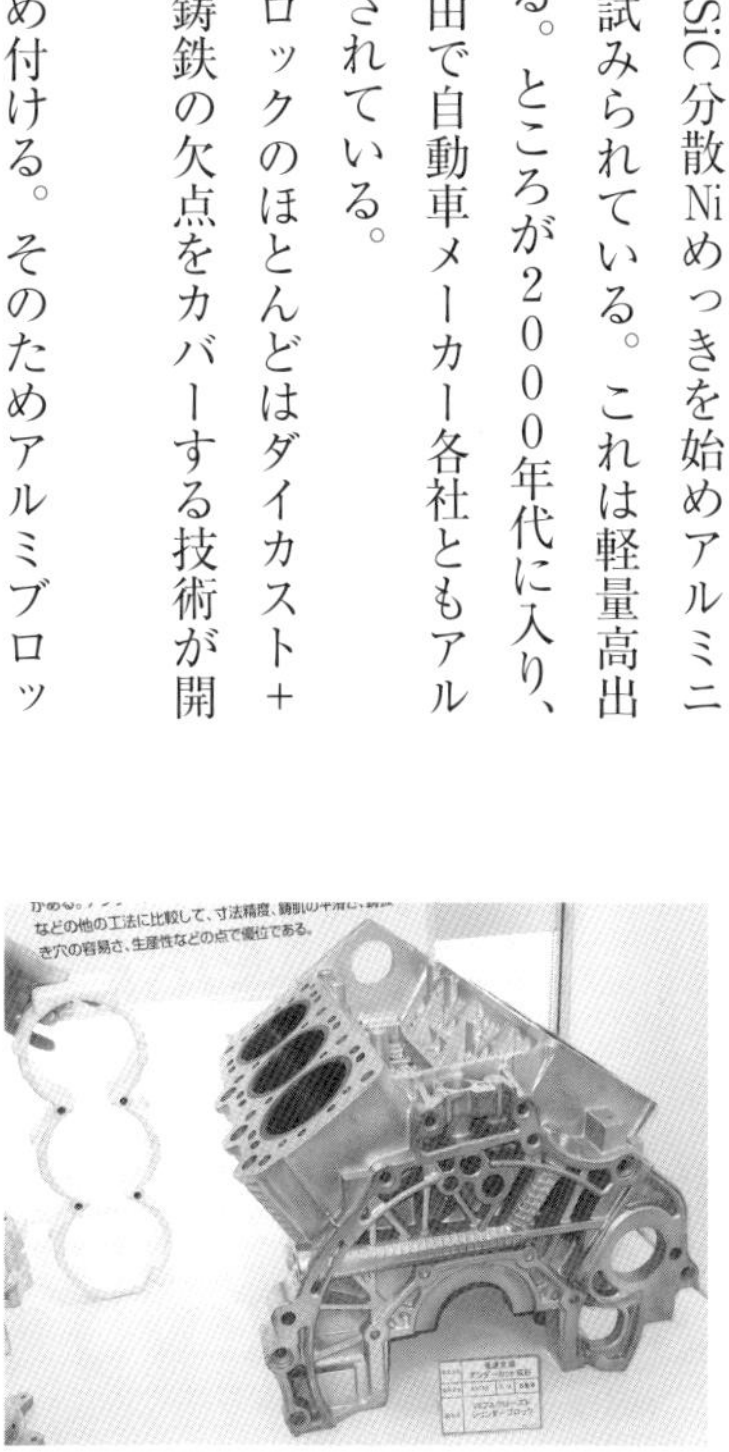

◀図23　ダイカストに中子を併用しクローズドデッキとしたV6ブロック

ク中にライナは保持される。しかしライナとアルミの間に空気が巻き込んだり、湯のきらいが出てエアーギャップができやすい。これを減らす工夫として、表面に微少な凹凸をつけた鋳鉄ライナ（図21）を準備し、これを鋳ぐるんでアンカー効果をもたせる。図22はブロックを切断したボア間の部分。ライナ表面の凹凸にアルミが入り込んでいる様子を示している。

また、鋳鉄ライナそのものはアルミ溶湯と非常になじみにくい。そのため鋳込む前にライナ表面にAl-Si合金の溶射膜をつけ、その膜を中間層としてダイカストのアルミと金属的に結合させる技術も実用化されている。

この他に、鋳鉄ライナをアルミブロックに装填する技術には、ウエットライナと呼ばれるタイプもある。ライナをウオータジャケット内にOリングを使って留め付け、ライナをブロック中に保持し、冷却水のシールをしている。ライナ外壁に直接水が当たり、よく冷える。市販車ではフェラーリなどが使っている。

以前はクローズドデッキの構造にはダイカストは使われず、もっぱらオープンデッキのものが製造されていた。[*18] しかし、最近、ダイカストに中子を併用しクローズドデッキとする技術も出てきた。図23はこの技術で作ったV6ブロックである。左の方に示されているのがセラミックコーティングしたシェル中子である。ダイカストの高生産性を生かしている。中子は一般的にシェル砂で作り、鋳造後壊して取り出す。強度が弱いとダイカストの溶湯射出時に中子が壊れる。かといってあまり強く作ると、後で取り出せなくなる。強度を適度に調整し中子を壊さないために、ダイカスト時の溶湯の注入を低速にしてあまり加圧しない技術が実用化されている。

高出力化あるいは希薄燃焼化によってエンジン温度が上昇したとしても、リッター換算

◀表4　シリンダ壁の表面処理

ボア表面形成方法	使用エンジン	方法	生産機種メーカー
(6) 高Si-Al合金じか摺動	自動車ガソリンエンジン 4サイクルモーターサイクル	A390鋳造→シリンダボア壁にエッチングまたはSi浮き出しホーニング	ポルシェ、BMW ベンツ、アウディ、ヤマハ
(7) 高Si-PM Al合金複合材	4サイクルモーターサイクル 自動車ガソリンエンジン	PMシリンダライナをダイカスト鋳ぐるみ	本田技研、ベンツ
(8) 繊維強化Al合金複合材	自動車ガソリンエンジン	シリンダボア壁にアルミナ＋炭素の短繊維プリフォームを低速充填鋳ぐるみ	本田技研

で100馬力程度のエンジンでは鋳鉄ライナを入れたタイプ（表2②）で十分であると考えられる。しかし前述したように多気筒エンジンの場合、アルミニウム鋳物中にライナを保持する構造でボアピッチをつめるには限界がある。多気筒のライナをつなぎ合わせた鋳物をあらかじめ作っておきブロックに鋳ぐるむサイアミーズタイプ[19]もあるが、この技術の制約限界以上にエンジンの幅を縮めコンパクト化するには、表面処理あるいは改質（補講H参照）によるシリンダ壁を使いたくなる。表4は、現在までに実用化されているシリンダの表面処理について比較した。表中の(1)、(2)は鋳鉄が対象である。その他はアルミニウムへの直接の表面処理ないし改質である。以下にその特徴を述べる。

(1)ディーゼルエンジンでは燃焼温度が高く、未燃の炭素がシリンダ壁に吹き付けられカーボンポリッシュを起こす。また、トラックエンジンなどは乗用車用に比べてケタ外れに走行距離が長い。そのため耐摩耗性が特に要求される。ステダイトの大量に分散したライナを鋳鉄ブロックにはめ込んで使ったり、ライナに窒化を追加する仕様が使われてきた。この他一部のライナには、防食と初期なじみ性との目的でリン酸マンガンの化成処理も使われている。ディーゼルでは筒内圧が高く、シリンダの変形を避けるため鋳鉄一体型が主流である。

(2)同じ目的をライナレスで達成するため、シリンダ壁にレーザ加熱で間欠的に焼きを入れ、耐摩耗性を上げた技術[20][21]も実用化されている。

(3)硬質クロムめっきシリンダは、オランダのバンデルホルストのポーラスクロムめっきの発明以降、1942年頃から使われ出した[22]。長い実績がある。クロムめっき後、逆電解すると溝あるいは細孔がめっき面に微細に分散する（表面の写真は第3章参照）。ポーラスクロムは潤滑油を保持し耐摩耗性を向上させる。航空機用レシプロエンジンでまず使われ

ボア表面形成方法	使用エンジン	方法	生産機種メーカー
(1) 窒化	ディーゼルエンジン	FCシリンダライナに塩浴窒化	多数
(2) レーザ焼入れ	ディーゼルエンジン	FCシリンダボア壁に間欠焼入れ	三菱自工
(3) 硬質Crめっき	2、4サイクルモーターサイクル自動車ガソリンエンジン	シリンダボア壁にポーラスCrめっき（めっき後逆電解）	多数
(4) セラミックス粒子分散Niめっき	2、4サイクルモーターサイクル自動車ガソリンエンジン	シリンダボア壁にSiCまたはBN粒子分散めっき	多数
(5) 溶射	自動車ガソリンエンジン、モーターサイクル	シリンダボア壁に炭素鋼の溶射膜	フォルクスワーゲン、日産、スズキ

た。自動車用としてはスポーツタイプ車ガソリンエンジンやモーターサイクルエンジンに使われて来たが、現在では減少している。相手のピストンに表面処理が不要でコストアップにならない。鋼管にクロムめっきしたディーゼルエンジン用のライナもある[*23]。クロムめっきは、次項のNiめっきに置き換わりつつあり、今後これを使った新機種は出てこないと思われる。

(4)セラミックス粒子を分散したNiめっき[*24][*25]がモーターサイクルでは多く使われる。初期にはSiC粒子のサイズや分散(4%程度の添加が一般的)の管理、あるいは下地との密着性に問題があったが、現在では、クロムめっきピストンリングとの組合わせでも十分なレベルまで改良されている。SiCはコストも安く広く使われているが、SiCの代わりに軟質の六方晶BNを分散したものも実用化[*26][*27]されている。SiCより摩擦係数が低い[*28]とされている。ピストン側に特別な表面処理は不要である。また密着性さえ確保できれば下地のアルミニウム鋳物組織の影響を受けにくいことも利点である。

めっきはシリンダ壁面にしか必要がない。そのため汎用の設備を使う場合、ブロックのめっき不要部分にマスキングし全体をめっき液中に沈めてめっきする(図24(a))。しかしモーターサイクルエンジンのようにブロックの小さい場合はまだしも、自動車用の多気筒ブロックはクランクケースも一体で大きく、大変な手間となる。そのためシリンダボア内のみに液を流し、壁のみにめっきをつける設備[*29]が実用化されている。また、通常の静止浴でのめっきは必要な厚み(通常、片側50から100μm程度つけ、表面が荒れるのでホーニングで20μm程度まで落とす)をつけるのに長い時間がかかり、コスト高となる。めっき面に対し液を高速で流し(図24(b))電流密度を上げ、短時間でめっきする高速めっき技術が開発[*30]されている。静止浴でのめっきの析出速度0.8~3.0μm/分に対して、10~40

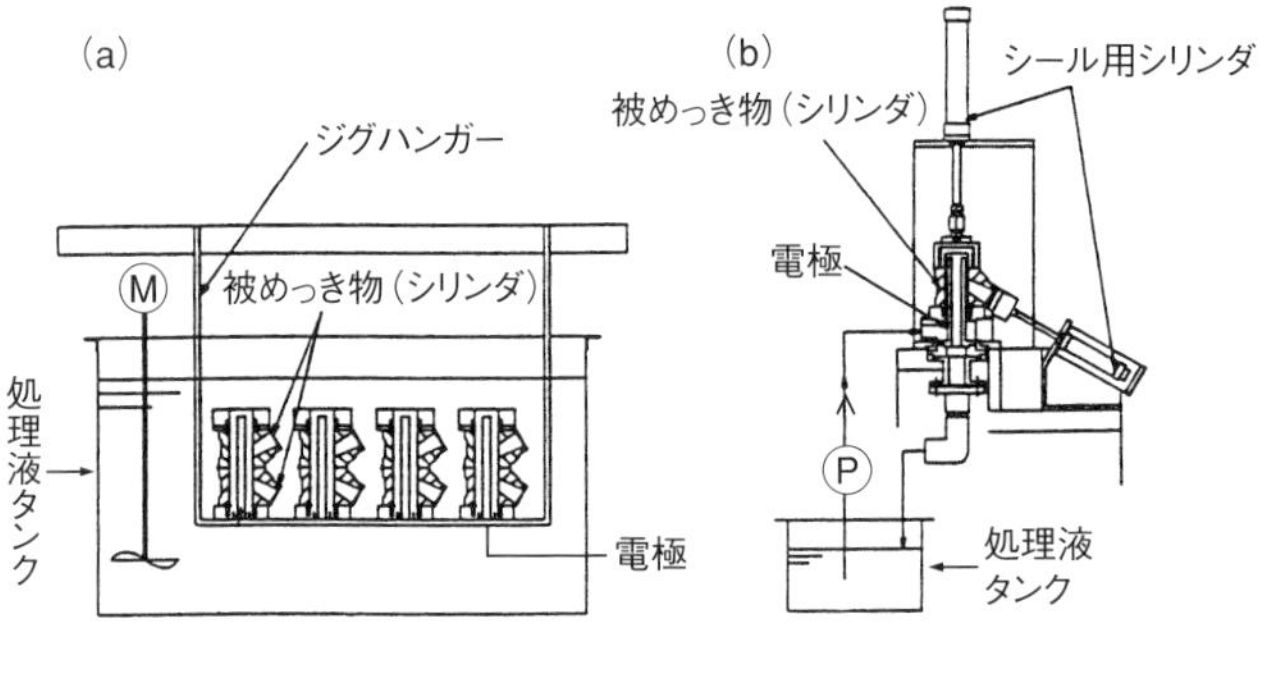

◀図24 (a)静止浴めっき。(b)高速めっき

μm／分程度の速度が得られる。

(5)川崎重工はＡＣ４Ｂ合金のシリンダブロックに高炭素鋼とMoを交互に線爆溶射し、シリンダ壁[*31]としたモーターサイクルエンジンを生産していた。Mo層が軟質なＡＣ４Ｂとの密着性を上げ、さらにリングの摺動する表面にもMo層ができており、一種の傾斜機能を持たせている。この場合もピストンに表面処理は不要である。その他、量的には多くないが、溶射されたアルミブロックは色々なメーカで売り出されている。溶射そのものは一般的な技術であるが、アルミに溶射し、しかもその表面が高速で摩擦されるという条件はかなり厳しい。鉄系粉末や線を使いプラズマ化してアルミボアに吹き付ける。この場合、問題は膜の密着性である。技術のポイントはアルミ側の表面状態の管理にある。微少な凹凸を機械的につけアンカー効果を持たせる技術が色々実用化されている。また、ブロックは一般的に鋳物を使う。巣などの鋳造欠陥や成分偏析など溶射に好ましくない下地は不適切である。そのため生産量は少ない。しかし、溶射技術はめっきより皮膜の性質を色々選択しやすい。トライボロジー的には将来性がある。

(6)アルミニウムブロックは通常ＡＣ４ＢあるいはＡＤＣ12の相当合金で鋳造する。これに対し、過共晶Al－Si合金Ａ３９０でブロック全体を鋳造し、次に、シリンダ壁のアルミニウムマトリックス（生地）のみを優先的に減らしてSiを浮き出させて摺動面としたものである。レイノルズメタル社の発明[*32]である。ＧＭはこの方法をシボレー・ベガに１９７１年初めて採用[*33][*34]した。その後、この流れをくんでポルシェ、ベンツ、アウディなどのドイツ車の大排気量エンジンに採用されている。低圧鋳造によるブロックが多いようである。図25は空冷のポルシェ９１１のシリンダ壁面の走査型電子顕微鏡写真である。50μm程度の初晶Siが分散し浮き上がっている。Siの分散した組織の管理がトライボロジー上、重要とさ

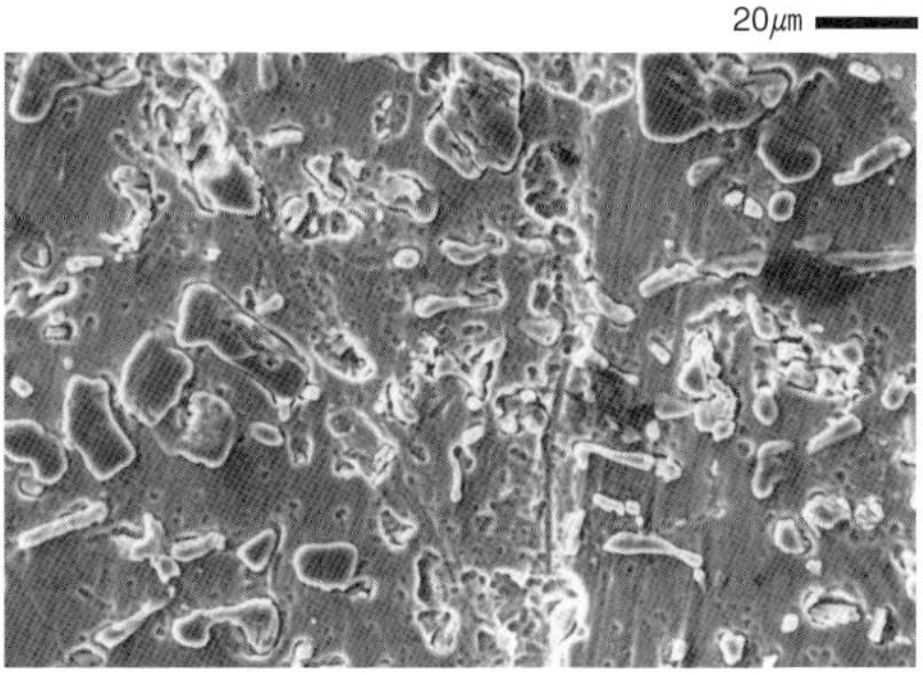

◀図25　Ａ３９０シリンダ壁表面。

れている。SiC分散めっきのSiC同様、Siがリングの面圧を受け耐摩耗を担う。

この場合ピストンが同じく高Siのアルミニウム合金で、同種材料の摺動する組合わせ[*35]となり、高出力エンジンでは焼付きやすい。そのためピストン側には、Cu＋Fe＋SnやCr＋Snの複層（最表面がSn）のめっきを採用している。これはコストアップとなる。

しかしながら、ブロックのアルミニウム鋳物が直接シリンダ壁になるというコンセプトは、鋳鉄ブロックと同様に極めて魅力的である。溶湯のまわりを良くするため低圧鋳造は金型の温度をやや高くする。そのため逆に凝固までの時間がかかることになり、鋳造のサイクルタイムが長くなる。サイクルタイムを短くし、薄肉・軽量のシリンダを作る技術がヤマハより実用化されている。Ａ３９０に近くSiを20％まで高めた合金を用い、金型内を真空に引く真空ダイカストを用いている。その結果、鋳造欠陥の低減やダイカストでも溶体化処理が可能になり時効硬化を追加することでシリンダに必要な高硬度を得ている。

マトリックスのアルミを選択的に減らし、初晶Siを浮き出す機械的なホーニングを行うことで図26のような表面とし、ボア壁の流体潤滑特性を得ている。図は流体潤滑によって形成された油膜がピストンリングを浮き上がらせる模式図である。潤滑油膜がSiの間に保持される。このような表面は、化学的なエッチングによっても形成されるが、ホーニングによっても可能である。図27はホーニング時の表面の変化を示す。まず、１工程目のファインボーリング状態では一応平らであるが、初晶Siは割れている。２工程目で割れを除き、完全に平らとする。最後の３工程目で軟質なアルミを選択的に除去する。これには軟質の砥石を使いアルミだけをそぎ取るようにしている。

また、このタイプには過共晶Siのアルミ合金ライナをマグネシウムダイカストで鋳ぐるみ軽量化を図ったのもある。ＢＭＷが市販している。図28はそのブロックである。マグネ

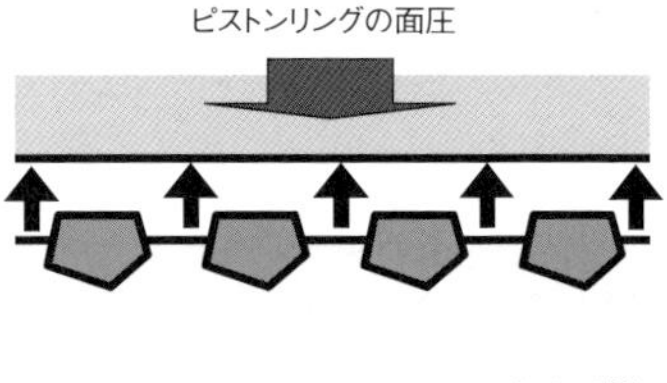

◀図26　流体潤滑によって形成された油膜がピストンリングを浮き上がらせる模式図

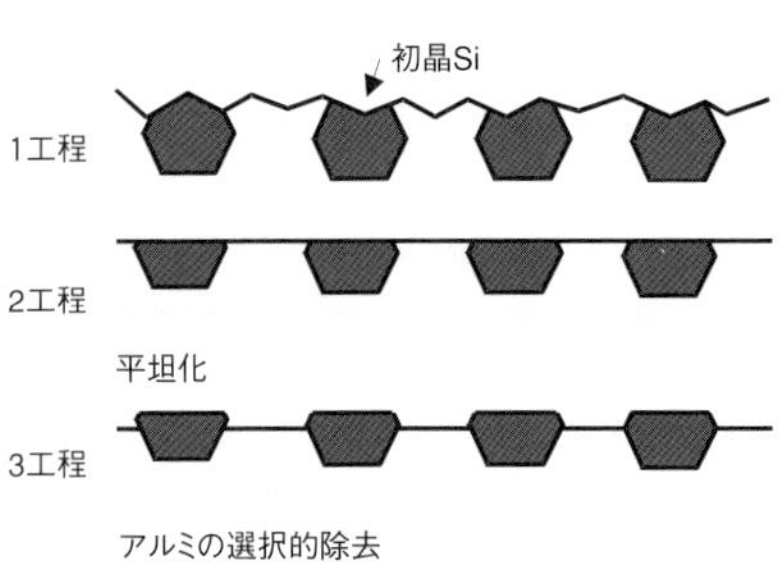

◀図27　ホーニング時の表面の変化

シウムは冷却水に対して耐食性が悪い。錆を避けるためウオータジャケットを含んだボア部分（図の矢印部）をサイアミーズの6気筒一体ライナとして作っておき（図29）、それを鋳ぐるんでいる。全体をマグネシウムで作るより20％程度軽いとしている。マグネシウムはアルミより軽いが、ブロック全体をマグネシウムで作るのは現状では信頼性に欠ける。剛性が低いことや適当な表面処理がない。

(7)本田技研は、急冷凝固粉末冶金（ＰＭ）アルミニウム合金のシリンダ[*36,*37]を搭載したモーターサイクルエンジンを市販している。図30にライナの製造工程を示す。

Al－17％Si－5Fe－3・5Cu－1Mg－0・5Mnの急冷凝固粉末冶金合金をベースにAl_2O_3や黒鉛などを複合添加した押出し材でライナを作り、ダイカストで鋳ぐるんでシリンダとしている。耐摩耗性を上げるため過共晶Siとしている。鋳鉄なみの耐摩耗性が得られたとしている。ピストン側にはSnめっきの代りに固体潤滑剤のコーティングを施している。ライナを鋳ぐるむ構造上、多気筒に使うとなるとボアピッチはつめられない。

ダイムラー・ベンツ社も乗用車エンジンに急冷凝固粉末冶金合金シリンダライナを採用している。ダイカストで鋳ぐるんでいる。前述(6)の管理の煩雑さを避けたコスト低減策と考えられる。

(8)本田技研の北米仕様プレリュード（１９９０年）に採用[*38]になったタイプである。アルミナ繊維とカーボン繊維の複合材のプリフォームをＡＤＣ12中に鋳ぐるみ、ＭＭＣ（金属基複合材料）として摺動面とした[*39,*40]ものである。鋳鉄ライナと同程度の耐摩耗性が得られるとしている。ピストン側にはFeめっきしている。低速中圧鋳造法で作る。

以上述べたアルミニウムの表面処理技術は、いずれもそれなりのシーズとしてのポテンシャルを持っている。微細なクラックを表面に導入して保油性を上げるポーラスクロムに

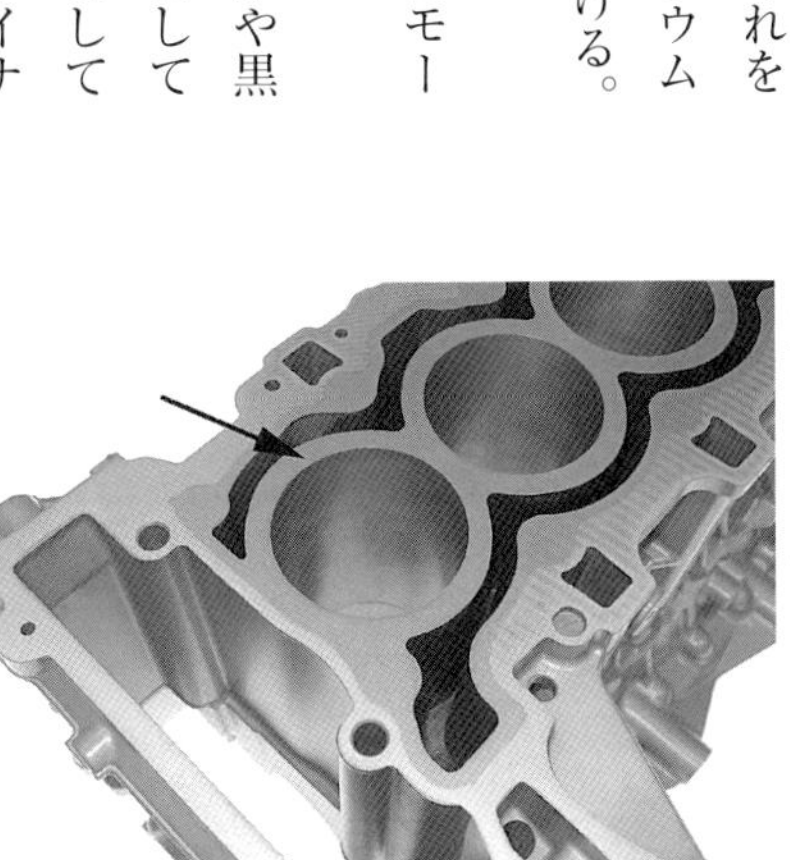

◀図28　直列6気筒マグネシウム・ダイカスト・シリンダブロック

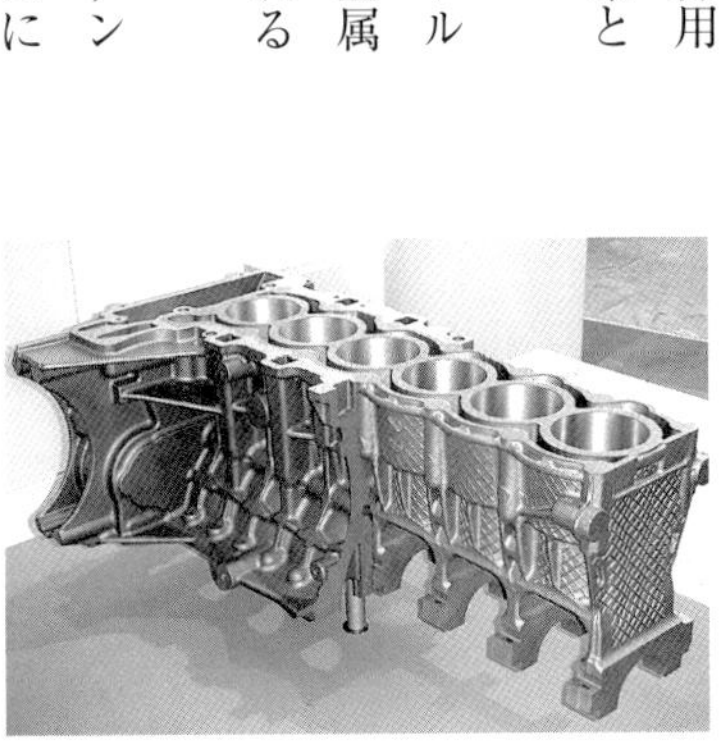

◀図29　鋳込み前の過共晶Siのアルミ合金サイアミーズライナ

対し、溶射や分散めっきなどは全く異なったアプローチである。シリンダ壁を構成するには、いくつかの方法が原理的に可能なことを示唆している。この他アルミニウム表面に厚い硬化被膜をつける一般的方法については文献[*41]にまとめられている。参照されたい。図31にシリンダブロックの型式をまとめておいた。しかしながら、エンジンシリンダに表面処理を使いこなしていくには、硬さや摩擦係数といった表面処理の課題を解決するだけではすまない。表面処理の活かせる、特に冷却や変形を考えたブロック全体の設計技術。表面処理の乗る表面の巣やミクロ組織にかかわるブロックのアルミニウム鋳物の鋳造技術。リング、ピストンとの相性の良い組合わせの選定。機械加工の精度確保。これらの連携の取れた検討と、ノウハウの蓄積の上に成り立つものであることはいうまでもない。

高出力エンジンは発生熱量が多く、充分な冷却なしには潤滑不良による焼付きや、部材の劣化などのトラブルが多発する。適度な冷却が必要である。4輪車のアルミニウム化に対しては鋳鉄ライナを鋳ぐるむタイプが主流であると考えられる。

個別に公表されている摩耗試験のデータは紹介しなかった。しかし、紹介した複合構造あるいは表面処理は、いずれも相手材のピストン材あるいはリング材との摩耗試験が行われている。摩耗試験は実機に近いように様々に工夫されているが、試験の結果と実機は必ずしも対応しないことを、この分野に携わっていてしばしば経験する。現状、各メーカーとも市販車に搭載するには、実機の耐久テストが絶対的な評価基準となっている。しかし、実機のエンジンテストは膨大な金がかかるので、摩耗試験でまずスクリーニングし、実機テストしている。

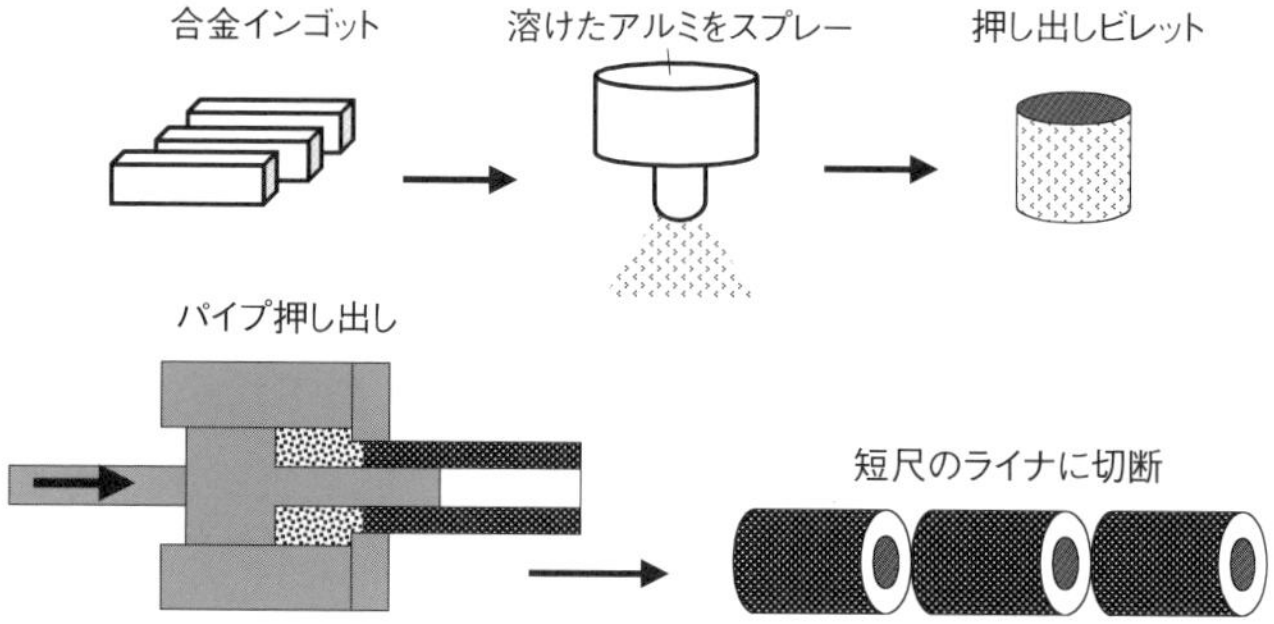

◀図30 PMアルミライナの製造工程

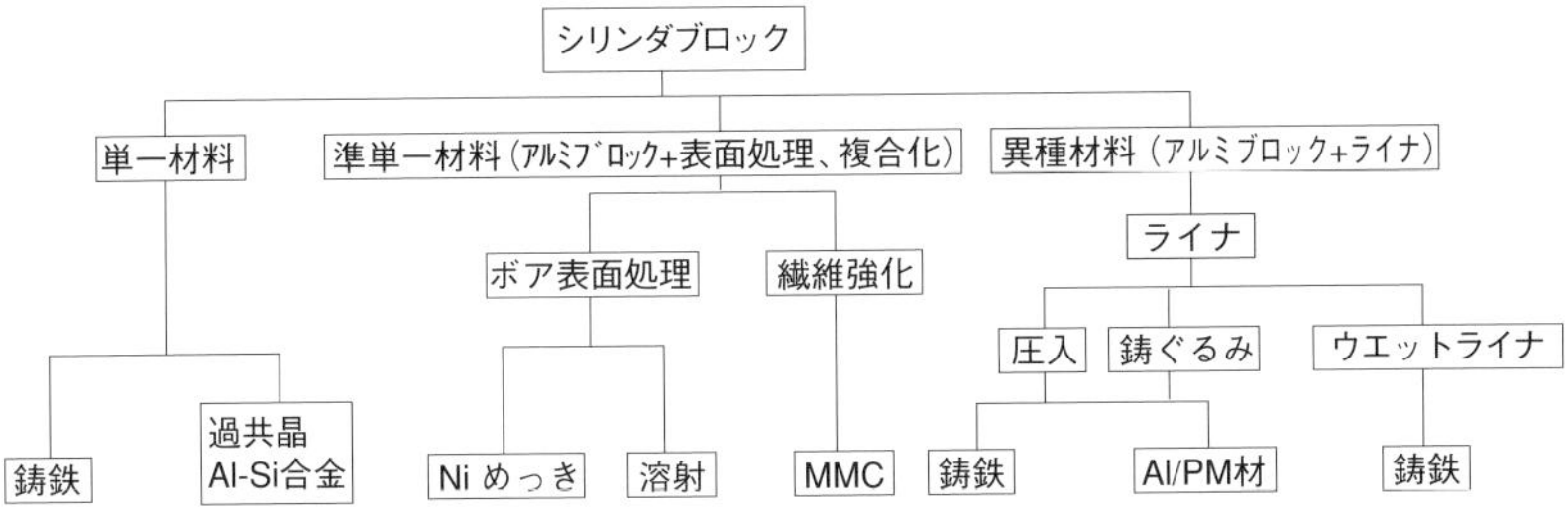

◀図31　シリンダブロックの型式と材料／一番下の列はボア壁の材料である。MMCは金属基複合材料。

参考文献と注

＊1 K. Maier: VDI Berichte、866 (1990) 99.

＊2 H.Yamagata and J. Sato: Proceedings of ISME YOKOHAMA '95, (1995) 168.

＊3 2サイクルエンジンのシリンダには、吸気・排気・掃気の各ポートとそれにつながるガスの通路が通っている。水冷の場合はさらに冷却水の通路も加わる。シリンダの鋳物はガスの流れと冷却水の循環冷却効果を考えて3次元で設計される。3次元の複雑な通路をイメージするのはなかなか容易ではない。鋳物を作るのも大変むずかしい。通路はいずれも砂の中子（鋳物に中空部分を形成するための型）で鋳抜かれる。この中子の入れ方がむずかしい。一方、4サイクルエンジンの場合シリンダブロックのアルミニウム鋳物は簡単である。むしろガスの通路と冷却の通路を合わせ持つシリンダヘッドの鋳物が難しい。

　鋳物は中空の部品を作れるのが特徴である。重力鋳造には中子は使えるが、ダイカストの中子使用は一般的でない。

＊4「モータサイクル」ヤマハ発動機モータサイクル編集委員会編著、山海堂、（1991）。

＊5 ポートは、エンジンの性能向上につれその数と形状が変化してきた。十分な新気の吸入と効率の良い掃気流を作るため、掃気通路の拡大のみならず多くのポートが増やされた。かつては吸気、掃気、排気は3個であったが現在では7個もある。掃気効率や充填効率を高め高出力を出すには、新気が最適なタイミングで吹き出し、最適な角度で上昇反転する必要がある。通路抵抗を少なくするため、排気ポートもできるだけ幅を広げる傾向にある。鋳物は作りにくい。

＊6 チルは硬いため加工精度が上げられない。ポート穴のたくさんあいた薄肉のシリンダライナは、鋳造が難しく、不良が出やすい。次は、鋳鉄管にピアス加工をしてライナとした例である。小池俊勝、山縣裕「塑性と加工」31（1990）474。

＊7 S.H. Hill, T. C. Kantola, J.R. Brown and J.C. Hamelink. SAE 950938.

＊8 白鷺貞夫「内燃機関」14（1975）11。

＊9 ピストン頭部の受けた熱は、新しい混合気によって冷却される。またピストンリングを伝わってシリンダ壁にも逃がされる。さらに4サイクルエンジンではピストン頭部は裏から油で冷やされる。しかし2サイクルエンジンでは構造上この冷却はない。2サイクルエンジンは1回転毎に爆発し、出力が高い代わりにピストンの受ける熱も多くなる。現行の市販モーターサイクルエンジンのピストン温度は4サイクルエンジンで300℃程度、2サイクルエンジンではこれより50℃程度高い。一方、自動車では250℃程度、ターボエンジンで270℃程度である。山縣裕「ヤマハ技術会技報」18（1994）23。

＊10 シリンダフィンのピッチが細かくなると鋳造がむずかしくなる。アルミニウム板を鋳込む方法が第二次大戦中の中島飛行機のエンジン「さかえ」に使われた。金型に減圧し薄く背の高いフィンを鋳出す方法（ブルーノ・タウト法）も用いられた。富塚清「内燃機関の歴史」三栄書房、（1987）118。

＊11 榎本英彦、古川直治、松村宗順「複合めっき」日刊工業新聞社、（1986）。

＊12 林秀考「表面技術」45（1994）1250。

＊13 鮒谷清司「金属」65（1995）295。

＊14 4サイクルエンジンのピストンリングは、運転中にリング溝の中でぐるぐる回転する。一方、2サイクルエンジンのピストンリングは、回転させるとポートに引っかかる。回転しないようにしてある。

＊15・第一次世界大戦中、フランスの戦闘機エンジンのイスパノ・スイザ180PS型は、初めてアルミニウム製の4気筒一体構造に鋼製ライナを入れた構造を取った（1916年）。それまでは全鋼製で各気筒が独立した構造だった。富塚清「内燃機関の歴史」三栄書房、（1987）85。

＊16 ポート形状の比較的単純な船外機エンジンなどでは、2サイクルエンジンでもライナが圧入される。

＊17 ブロックは普通のねずみ鋳鉄で作り、耐摩耗性を上げたライナを入れたものがある。ライナには硬化元素P、Bなどを添加してある。ブロック全体を耐摩耗鋳鉄で作るのは、むずかしいのと、むだである。ブロック、ライナとも鋳鉄で熱膨張は同じなので、強度の圧入はされずルーズに入れられている。トラックなどの大型高速ディーゼルエンジンに用いられている。

＊18 クローズドデッキはシリンダボアが薄肉の時、剛性が維持され、スタッドボルトを締めたとき変形しにくい。一方、オープンデッキはシリンダボアの上半分がデッキから分離され、ブロックから浮いている。そのためシリンダボアの剛性は低くボルトを締めた時、変形しやすいように思える。しかし、どちらかと言えばブロック下部の変形の影響はオープンデッキの方が受けにくい。よく設計されたオープンデッキはクローズドデッキよりボア変形が少ない。

＊19 NIKKEI MECHANICAL, 465 (1995) 12.

＊20 山本英継、日向哲、松井利治、桜田徹「自動車技術会学術講演会前刷集」934（1993）89。

＊21 S. Matsuo, H. Yamamoto, T. Hyuga, T. Matsui and T. Sakaradu: Proc. Int. Sympo. Automotive Technol.

Autumn. (1994) 183.
*22 積山茂夫「航空大学校研究報告」R32（1980）1。アルミニウムシリンダのポーラスクロムめっきは、クライドラー社のモペッドの2サイクル50㎤エンジンに1950年頃初めて採用された。富塚清「内燃機関の歴史」三栄書房、（1987）、157。
*23 田上茂「内燃機関」29（1990）49。
*24 K. Maier: Oberflache, 32 (1991) 18.
*25 K. Funatani, K. Kurosawa, P.A. Fabiyi and M.F. Puz: SAE 940852.
*26 S. Ishimori, S. Otsuka, M. Takama: Proc. 71st. American Electroplater's Soc., (1984) 0-5.
*27 小長井信寿、高間政善、寺田晴夫、広瀬護「内燃機関」33（1994）14。
*28 村松仁、石森茂「自動車用アルミニウム表面処理研究会誌」14（1996）17。
*29 V. W. Emde, G. Mielsch and A. Rutka: Galvanotech., 86 (1995) 383.
*30 磯部正章、池ヶ谷裕彦「自動車技術」48（1994）89。
*31 福永寛喜、伊藤晋、伊吟清孝、松本博之「日本溶射協会誌」11（1974）193。
*32 J.L. Jorstad: Trans. AFS., 79 (1971) 85.
*33 E.G. Jacobsen: SAE 830006.
*34 J.L. Jorstad: SAE 830010.
*35 小型の4サイクルエンジン発電機などでは、ダイカストの打ち放しのシリンダに表面処理を特にしていないピストンを組み合わせて使っている実績がある。ただし、このタイプのエンジンは出力が低い。
*36 NIKKEI MATERIALS & TECHNOLOGY, 142 (1994) 10.
*37 小屋栄太郎、萩原好敏、鈴木達夫、三浦静止、真田誠、津野宏、柳田国男「Honda R&D Technical Review」6（1994）126。
*38「自動車工学」40（1992）38。
*39 M. Ebisawa and T.Hara：SAE 910835.
*40 K. Shibata and H. Ushio, Tribology International, 27 (1994) 39.
*41「アルミニウム合金の表面厚膜硬化技術」JRCM㈶金属系材料研究開発センター編、日刊工業新聞社、（1995）。

第5章

甲羅はかたいが身はやわらかい。

［カムシャフト］

バルブをそっと開閉し、強いこすりにもへらない

2サイクルエンジンは、シリンダにあいたポートをピストンの運動で開閉し、ガス交換を行う。一方4サイクルエンジンは独立して設けたバルブ開閉機構によりガス交換を行う。4サイクルエンジンの性能は、バルブ機構によって決まるといっても過言ではない。バルブの開閉機構は、動弁系といわれ複雑なメカとなっている。図1に模式図を示す。表1は主要な部品とその材料である。ほとんどは高炭素の鉄の合金である。

動弁系は、動弁機構およびカムシャフト駆動機構よりなる。動弁機構は回転運動をバルブの往復運動に換えるカムシャフトなどからなる。カムにより押されたバルブリフタを介して燃焼室内に突き出たバルブは、バルブスプリングの反発力によってもどる。カムシャフトの位置と数により、SOHC(Single Overhead Camshaft)およびDOHC[*1](Double Overhead Camshaft)の2種類がある。図1はDOHC型で、1気筒4バルブ(吸気バルブ2個、排気バルブ2個)のものである。カムシャフト駆動機構は、クランクシャフトの回転をチェーンやベルトにより伝え、カムシャフトを駆動回転する。図1ではサイレントチェーンで駆動している。

図2にカムシャフトを示す。カムシャフトは、クランクシャフトに同期して、2分の1の回転速度で回転する。カム形状は吸気および排気バルブのリフト量を決める。エンジン(クランクシャフト)の回転数が1万2000rpmであるとすると、カムシャフトは、6000rpmで回り、バルブは1分間に6000回往復運動する。高速回転は運動部分を軽く作らないと達成できない。また高速回転のためにはバルブスプリングの張力を強くす

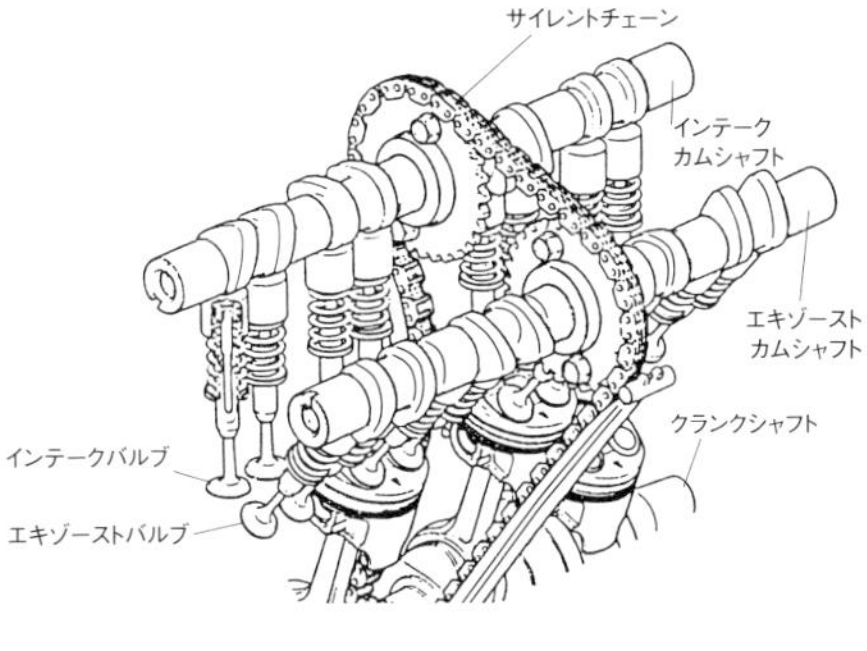

◀図1　動弁系分解図

50㎜

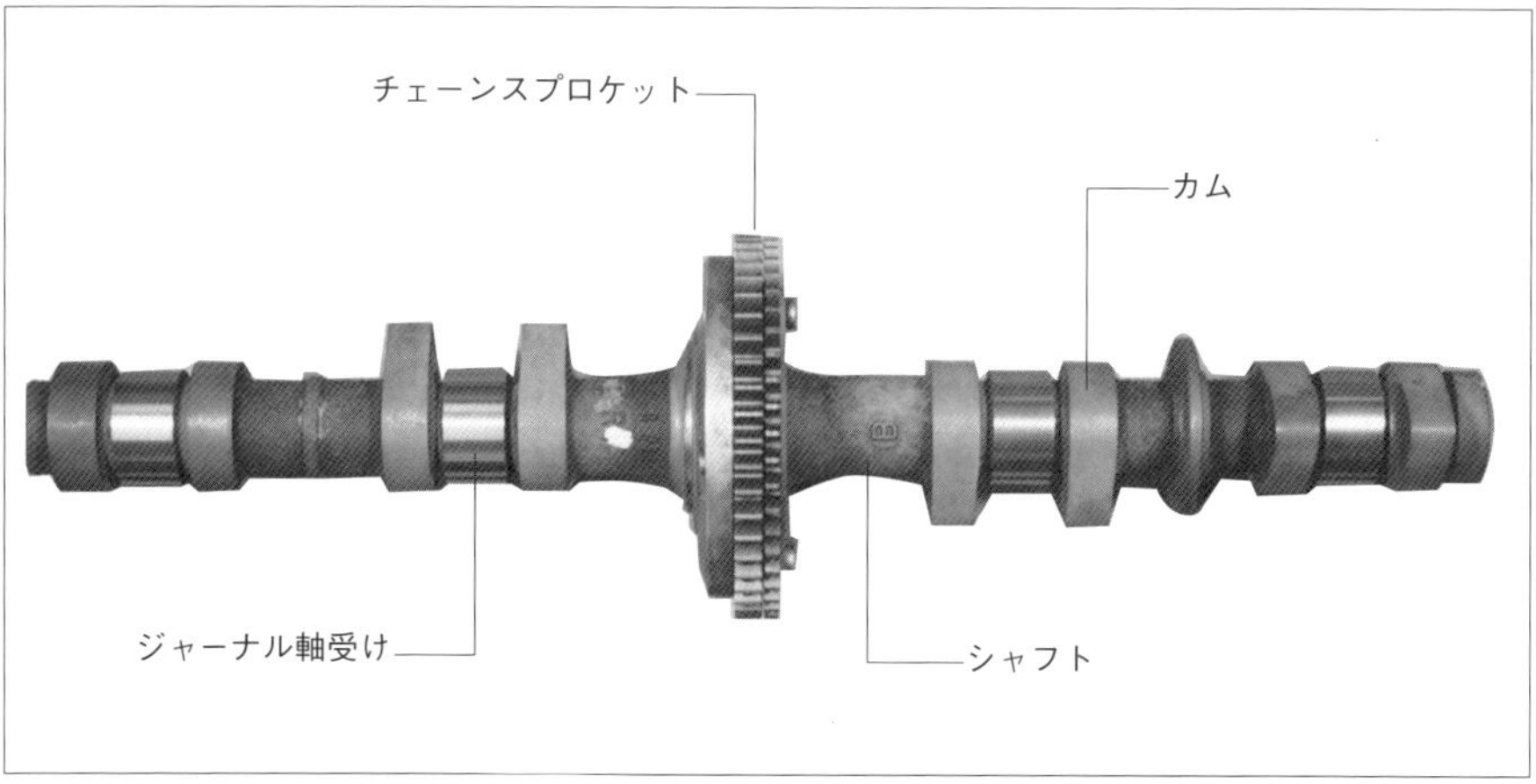

▲図2　カムシャフト外観／中央のスプロケットは取付けたもの。カムは回転運動を往復運動に変換する。バルブとカムは結合されているわけではなく、バルブスプリングで押しつけられているだけである。バルブはそれ自身の慣性質量を持っておりカムの曲面形状が適切でなければ、カム形状に追随して動いてくれない。特に高速回転の時、このようなことが起きやすい。

部品名	材料
カムシャフト	チル鋳鉄、ハードナブル鋳鉄、SCM420鍛造（浸炭焼入れ）
バルブリフタ	SKD11冷間鍛造（焼入れ）
バルブロッカアーム	SCM420鍛造（浸炭焼入れ）＋Crめっきまたは ＋耐摩耗焼結合金チップ（ろう付け）
インテークバルブ	マルテンサイト系耐熱鋼 SUH3鍛造
エキゾーストバルブ	オーテスナイト系耐熱鋼 SUH35（かさ部）鍛造 +SUH1または3摩擦溶接、フェース面ステライト盛り金
インテークバルブシート	鉄系耐熱耐摩耗焼結合金（シリンダヘッドに圧入）
エキゾーストバルブシート	鉄系耐熱耐摩耗焼結合金（シリンダヘッドに圧入）
バルブスプリング	Si-Cr鋼オイルテンパー線（ショットピーニング）

◀表1　各種動弁系部品に使用される素材／ロッカアームには耐摩耗焼結合金チップをアルミニウムダイカストに鋳ぐるんだものもある。

る必要がある。バルブスプリングの力に抗してバルブを開くため、その反発力を受けるカム面には高面圧がかかる。

カム部には潤滑油が供給される。しかし、相手のバルブリフタ（DOHCタイプではバルブリフタとカムの間にパッドあるいはシムという10円玉のような薄板をかませることもある。パッドも耐摩耗性のある硬い材料で作られる）とは線接触になる。バルブリフタは平面でカムは曲面である。両者の接触部は平面同士の当たりではなく線である。両方に耐摩耗性が要求される。

バルブリフタの代わりにバルブロッカアームが用いられることもある。第1章の図1はロッカアームを用いたDOHCエンジンである。この場合もカムの当たる面には耐摩耗性が要求される。

カムとバルブリフタの接触状態とそのトライボロジー

カムシャフトのカムの機能を考える。カムとバルブリフタの接触・潤滑状況を支配する要素を連関図にまとめた[*2]（図3）。カムシャフトは回転運動しているので摺動面の油膜は形成されやすい。しかし、高回転時のバルブの追随性を良くするためバルブスプリングの反発力はかなり高く取ってある。スプリングの反力は1kNというオーダーで、カム面のヘルツ応力[*3]にすると1GPaにもなる。応力的には非常に厳しい。高回転になるとバルブリフタの慣性でヘルツ応力は減少する。むしろアイドリング状態の方が厳しい。いろんな要因の不具合は結局、右端の摺動部の摩耗現象として現れる。これには摩擦状態がきく。

図4は、DOHCタイプのバルブリフタのパッド側に現れたフレーキングの例である。

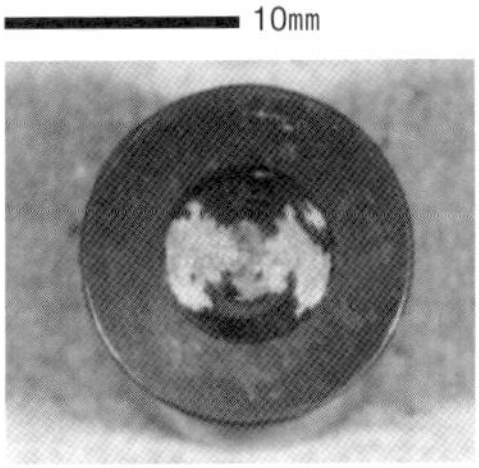

◀図4　バルブリフタ側（カムの相手材）に現れたフレーキングの例。フレーク状に面がはがれることをいう。

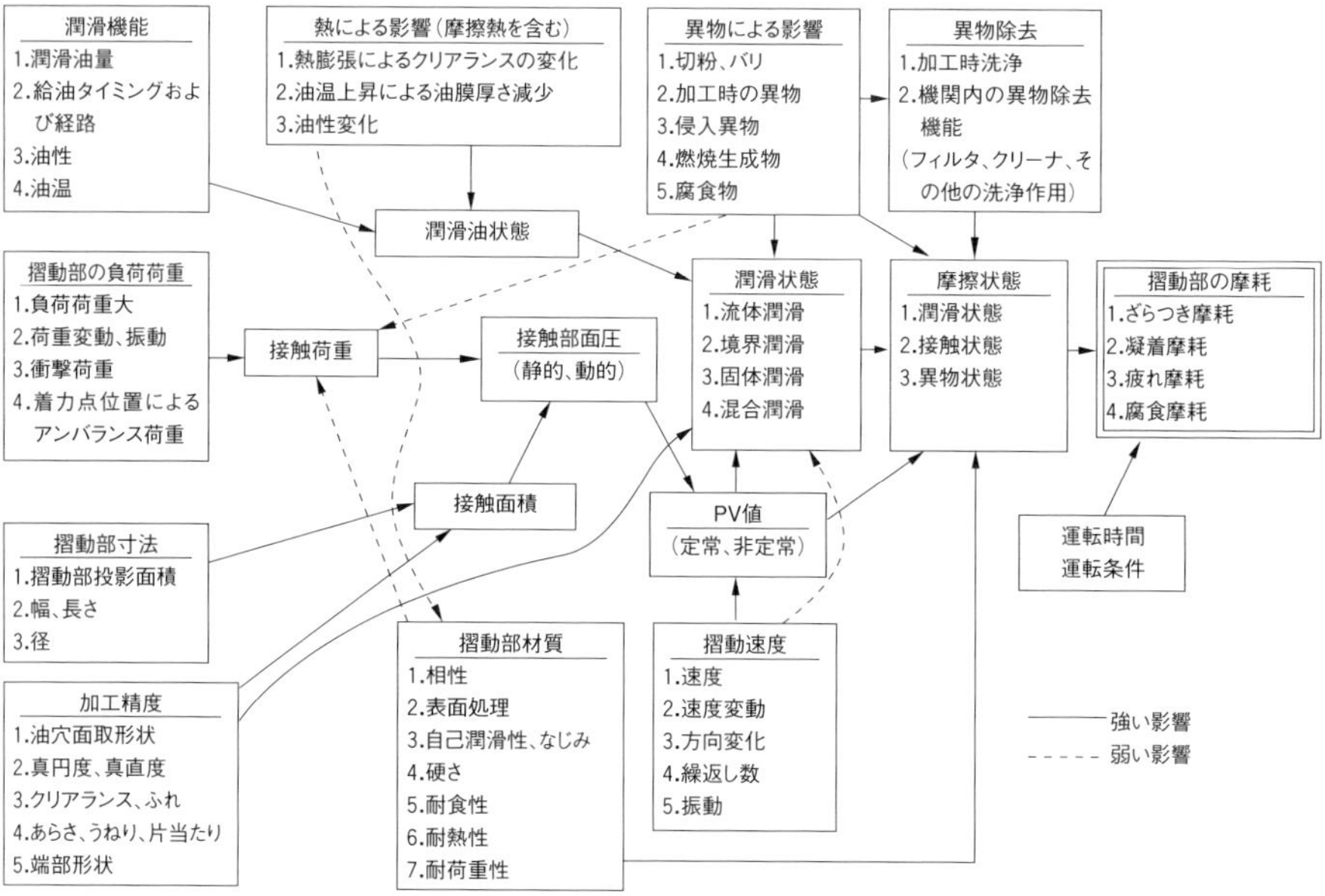

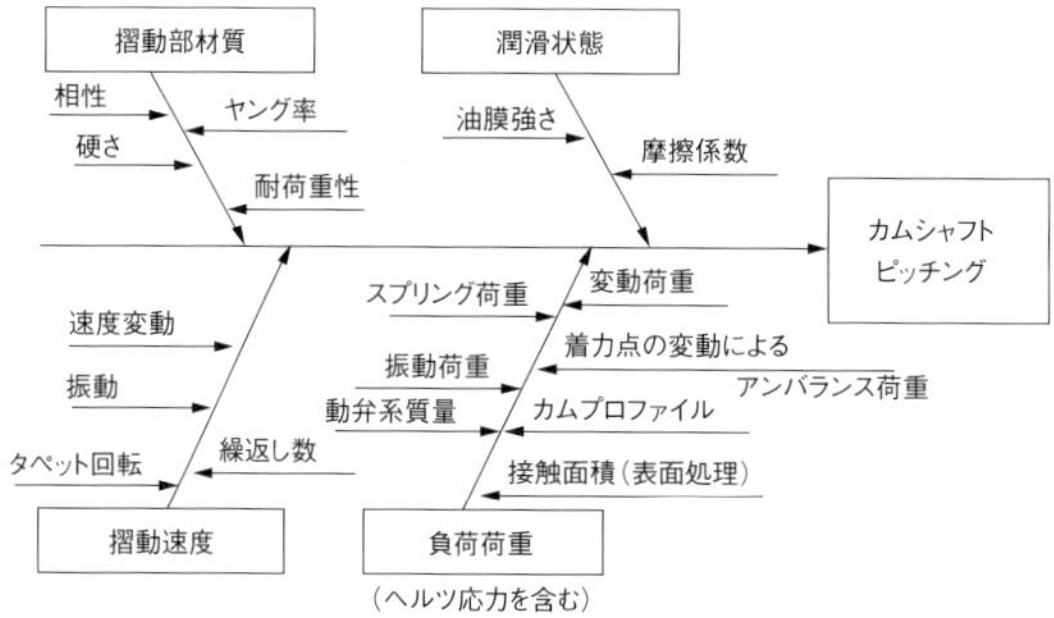

▲図5 ピッチングの発生原因／タペットは、OHVエンジンの場合のカムの相手。

▲図3 カム・バルブリフタ摺動部のトライボロジー／供給される潤滑油の状態と設計で決まるPV値は潤滑状態を決める。PV値とは、接触面にかかる局部的な圧力（P）と相対滑り速度（V）の積である。摩擦状態の厳しさを評価する目安である。大きいと厳しいが切れる時は別である。

種類	カム部	軸部	工法	特徴
①チルカム	チル	片状あるいは球状黒鉛鋳鉄	チラーを用いた砂型鋳造	最も出回っている。一体のため硬さ管理むずかしい
②再溶融	チル	片状あるいは球状黒鉛鋳鉄	鋳物作製後、カム部表面のみ再溶融	カムの両端の部分は硬度上がりにくい
③焼入れ	マルテンサイト	調質あるいは焼ならし	カム部のみ高周波あるいは炎焼入れ	炭素鋼鍛造、ハードナブル鋳鉄いずれも可
④浸炭	マルテンサイト	ソルバイト	鍛造品(SCM420など)に浸炭焼入れ	軸部分を薄肉高強度にできる
⑤結合	耐摩耗焼結合金 マルテンサイト	鋼管	カムと軸をろう付け、拡散接合、機械的結合など	素材の組合せが自由に選べる

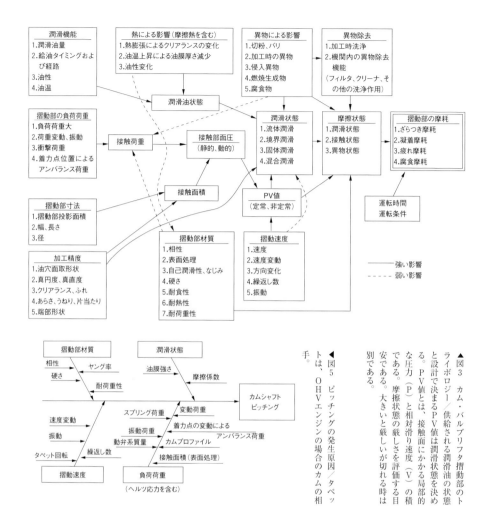

高面圧特有の摩耗形態である。ヘルツ応力は面の直下で最大になりその部分から疲労クラックが発生する（第9章参照）。表面がボコッとはく離し欠ける損傷である。

通常の摩耗の他に、特に面圧が高い時に発生する面の損傷形態としては、フレーキングや小穴のあいたピッチングという疲労現象がある。原因は類似である。図5[*2]はピッチングに至る原因をまとめた特性要因図である。摺動部の温度が上がると潤滑油の粘度が下がり、潤滑状態は悪くなる。このような時、金属同士が直接接触することもある。高面圧特有の摩耗はカム側にも相手側にもいずれにも生じる可能性がある。したがって、素材の組合わせの選定が重要である。

カムシャフトはカムだけではない。シャフトの機能も必要である。カムシャフトを回す回転力がクランクシャフトからチェーンあるいはタイミングベルトで伝えられる。カムシャフトの軸にはねじりトルクが働く。またジャーナル軸受け部（図2）に潤滑油を供給するため軸部の長手方向全長に潤滑油を通す通し穴が要求される。図6はジャーナル軸受け部で切断した断面。軸中央に穴があけられている。

チルにより耐摩耗性を向上する

硬いカム部とねじりに強い軸が一体となっていることが要求される。表2に各種カムシャフト構造を示す。現在、鋳鉄のチルカムシャフト（表2①）が広く用いられている。これは、鋳鉄の凝固特性を巧妙に活かしカム部は硬く、軸部は軟らかくしたカムシャフトである。図2はチルカムシャフトである。図7に製造工程を示した。次に製法を解説する。Fe-C系の状態図になじみのない読者は補講C、Dを見てから以下を読んで欲しい。

▶表2　各種カムシャフト構造／相手材として、SOHCのロッカアームタイプでは硬質クロムめっきおよび炭化物の分散した耐摩耗焼結合金チップ、DOHCのパッドタイプではSKD11に窒化したものなどが用いられる。

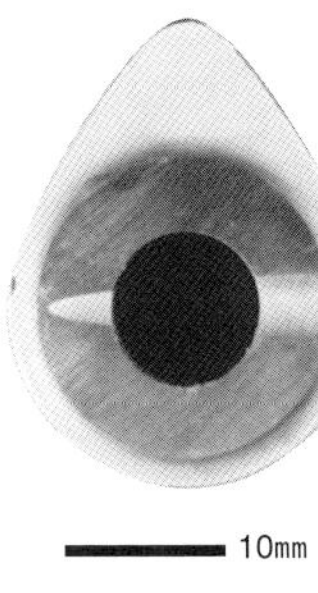

◀図6　カムシャフト断面／中央の穴の左右がへこんだようになっているのは、ジャーナル軸受けに給油する穴。切断時、縦割りになった片側。

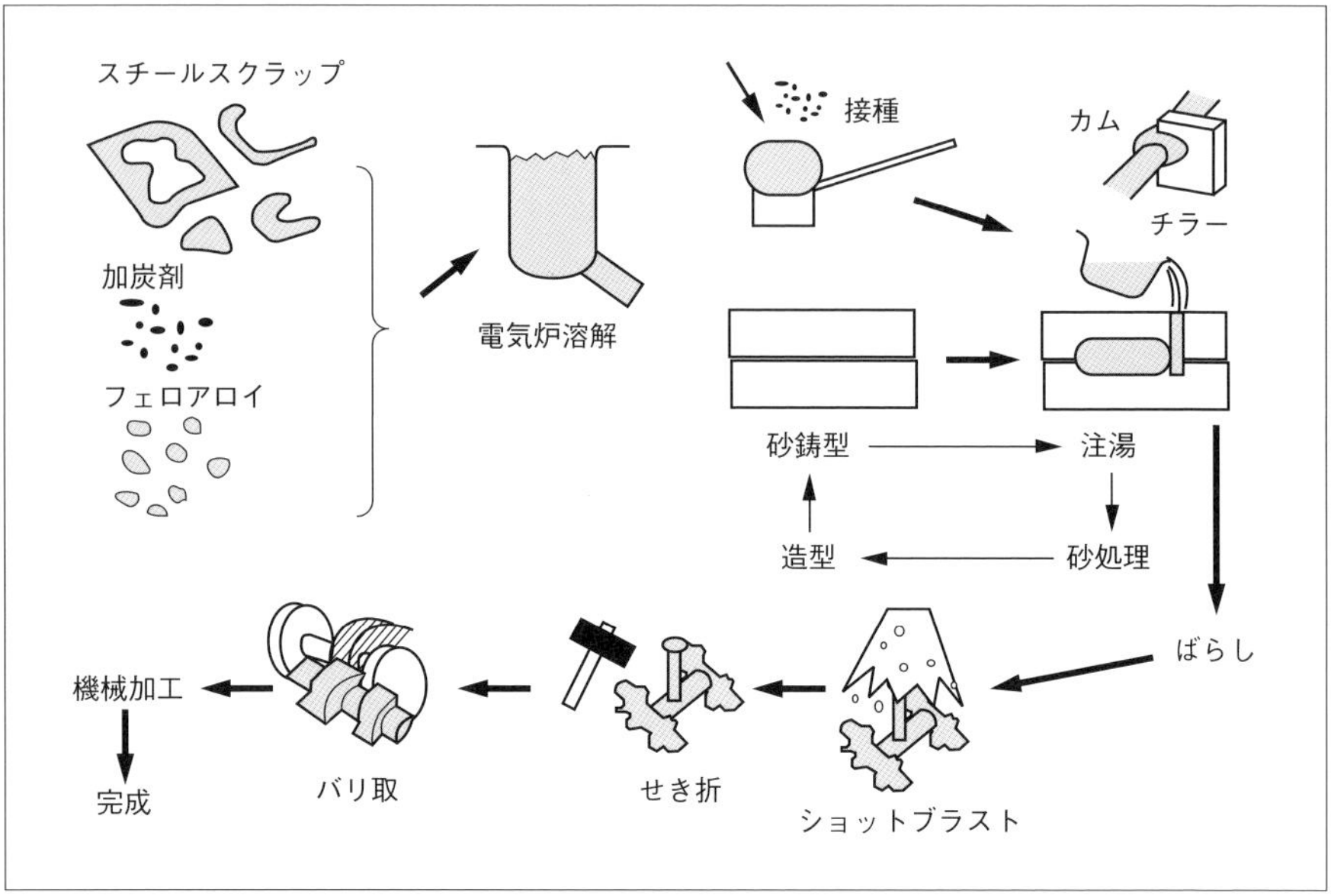

▲図7

材質	C	Si	Mn	Cr	Mo	Ni	Fe
高Cr鋳鉄	3.2	2	0.8	0.8	0.2	0.2	残り
バードナブル鋳鉄	3.2	2	0.8	1.2	0.6	0.6	残り

▲表3

▲図7　カムシャフト鋳造工程／まず、スクラップ、加炭材（炭素の粉）、フェロアロイ（鉄と合金元素の化合物。Fe-Si合金、Fe-Cr合金など）などを電気炉で溶かす。それを、とりべに取り型に注ぐ。型は砂型で、チルさせたいカム部にはチラーが挿入されている。注湯後、固まったタイミングを見て砂型を壊し、カムシャフトを取り出す。壊した砂は再びバインダーを混ぜ、再利用される。砂型はバインダーと適度な水分を混ぜて作る。注湯時に壊れず、凝固後には壊れやすいという微妙なバランスを旨としている。素材のカムシャフトはショットブラスト（細かい鋼球を表面に噴射あるいは打ちつける）で砂を完全に落とし、余分な湯道（湯が流れて来た部分。せきともいう。完成品では不要。もどして再溶解される）をたたいて折る。グラインダでバリを取って機械加工に向けられる。リサイクルもきいて、極めて合理的な生産技術である。

▲表3　カムシャフト素材成分（%）／チル鋳鉄はカム部の微細炭化物によって耐摩耗性に優れる。ハードナブル鋳鉄は表面に焼入れし炭化物とマルテンサイト組織にしている。この他に使われる焼結材は要求面圧に応じた成分の調整が可能である。Cr、Fe複合炭化物の分散したマルテンサイト組織である。

鉄に入れる炭素を4・3%に向かって徐々に増やしていく。4・3%入れると融点は最も低くなり1154℃（1427K：共晶点）まで固まらないようになる（補講図C1参照）。湯をとりべ（溶けた鋳鉄を入れておく、ひしゃくのようなもの。断熱するため耐火材が内張りしてある）に取り、型に1個ずつ注ぐのが、鋳物の基本的な作り方である。とりべに入れた湯がすぐ固まると注ぐ時間がない。固まらないと、とりべに長い時間置いておくことができる。鋳物を作る上で有利である。

砂型のような冷却が遅い条件では固まる時、片状の黒鉛を晶出する（図8(a)）。炭素が黒鉛の形で晶出すると膨張する。このため鋳型の転写性が良く、軸の部分はこれでよい。一方、カムはこれでは硬さが足りない。好都合なことに冷却速度が速いと黒鉛は晶出されず、硬いセメンタイトを晶出する。図8(b)は急冷された組織で、セメンタイト（Fe_3C）の形で晶出している。このセメンタイトに富んだ組織を通称、チルという。

理屈を材料科学的に解説する。鉄は炭素と結合してセメンタイトを形成するが、この相は準安定で、長時間加熱すると平衡状態の鉄と黒鉛に分解する。黒鉛は鉄生地中で核発生しにくいため、凝固速度が速い時、炭素はすべてセメンタイトとなる。詳細は補講C参照。

カム部に硬いチルを出させるため急冷する必要がある。砂型の中にあらかじめチラー（冷し金）を置いて、カムの所だけ急冷凝固させる。図7中、右上にチラーとカムの位置関係を示した。チラーの部分以外は砂型である。チラーは注湯前に砂型中に置いておく。チラーの部分は金型で鋳造していることになる。

図9はカム部の断面のマクロ組織を示す。中央部には見られないが、周辺には組織の方向性が見られる。凝固時に熱が逃げ、内向きに指向性凝固（熱が奪われる反対方向に凝固が進行し、結晶が柱のように伸びる）するためである。柱のような結晶を柱状晶という。

(a)
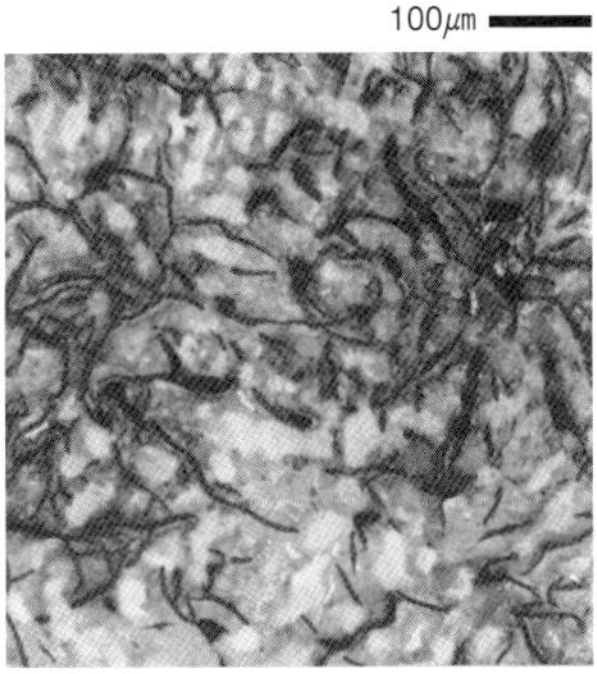

(b)
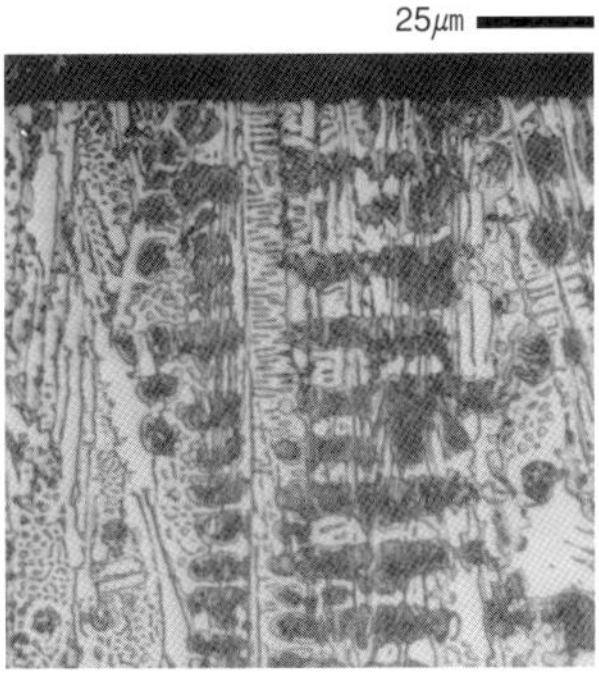

◀図8　(a)軸部片状黒鉛組織。(b)カム部チル組織。チルは、セメンタイト（(b)の白色部）とパーライト（灰色部）の混じった組織である。オーステナイトとセメンタイトが共晶凝固で同時に出現し、オーステナイトの部分は冷却と共にパーライトに変態した結果である。この共晶凝固をレーデブライト共晶という。

図8(b)のミクロ組織は縦方向の柱状になっている。凝固時の結晶形成については第2章参照。

図10はカム部断面の硬さ分布である。中心より外へ、3方向に沿って測定した結果を示す。外周部のカムの凸部付近は50HRC程度の十分な硬さを持つのに対し、軸部は25程度と軟らかい。それぞれの部分の組織は図8(b)と図8(a)に対応する。

黒鉛の部分的に混じった不良チルを入れるのはたやすい。しかし高硬度のチルを安定して入れるのは難しい。実際上、準安定凝固を確実に起こさせチル部を所定の硬さ(45HRC程度)に維持し、かつカム以外の軸部にはチルが絶対起きないようにしたい。起きると高価なガンドリルが折れる(後述)。それにはヒートシンク(熱吸収体)としての最適チラー形状の他に、次のようなポイントがある。

図7で注湯前にとりべで接種という処理[*4]を行っている。接種剤は、チルして欲しくない部分のチル化を防ぎ、析出する黒鉛の形態(補講D参照)を調整する働きがある。Fe-Si合金粉、Ca-Si合金粉、それらに希土類の混じったものなどが接種剤として実用されている。しかし困ったことに、接種後の時間の経過につれて接種の効果は薄れる。フェーディングという。そのため、注湯までの時間と温度の管理が厳密に行わなければならない。そこに苦労がある。

チルを入れるのは管理が大変である。鋳鉄は凝固時急冷されるとチル化する。そこで鋳物は片状黒鉛組織に作っておき、後でカムの表面層だけを溶かして急冷凝固させ、チルを入れる方法も最近実用されている。再溶融カムと呼ばれている(表2②)。鋳造とチル化の工程を分けることになる。手間がかかるが、管理はしやすくなる。TIG(タングステン・イナート・ガス)溶接のトーチなどの高エネルギーが瞬時に集中できるものが熱源と

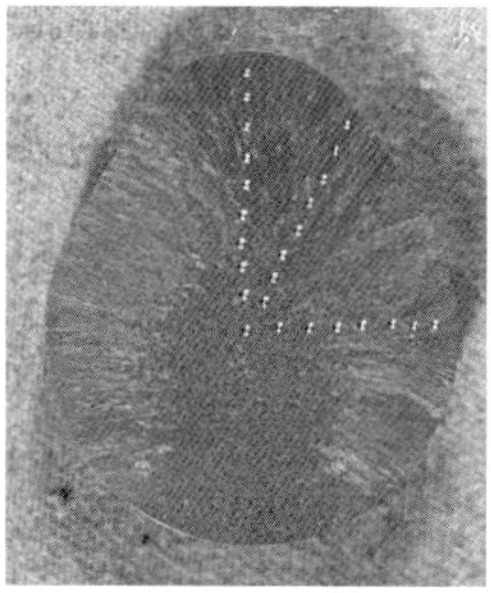

◀図9　カム部断面マクロ組織／打点は硬度測定時についたものである。

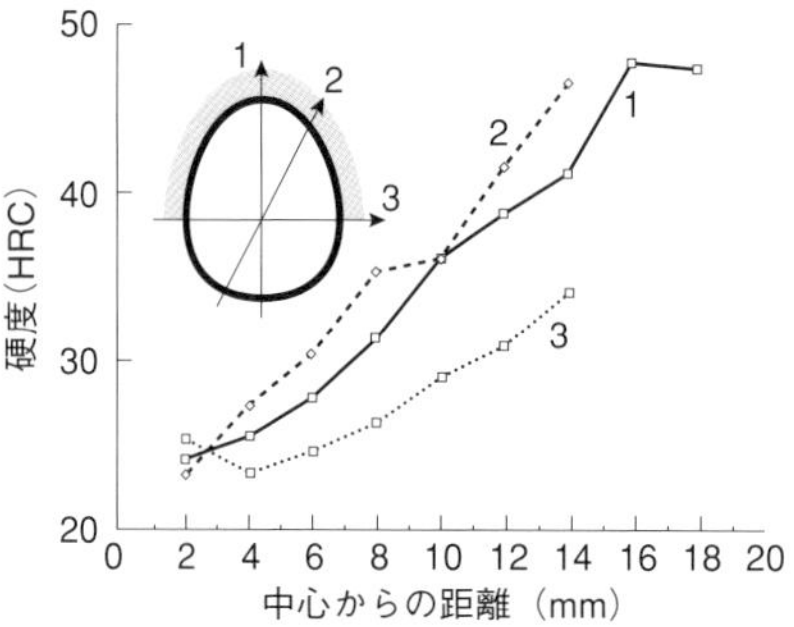

◀図10　カム部断面硬さ分布／表面はチラーにより十分急冷される。50HRCに近い高硬度である。チラーが接するのはカムの網掛けの部分だけである。

して使われる。ゆっくり溶かしていたのでは、中まで溶けてしまうからである。

鋳鉄の成分を溶解炉前で迅速に分析する

自動車会社では、車体をプレスしたくずなどのスチールスクラップが、大量に出る。これを加炭剤（炭素）、合金成分用のフェロアロイとともに電気炉[*5]で溶解し、成分調整後注湯する（図7）。成分の調整は溶解炉の前で簡単にすばやく行いたい。

溶湯中の酸素量が多いと鋳物は弱くなる。溶湯の酸素を取るためCとSiが使われる。CとSi[*6]は、酸素と結びつきCO_2およびSiO_2となる。この脱酸素の作用に加え、CとSiの合計量は、金属組織（黒鉛の分布や炭化物の分散形態など）に多大な影響を与える。CとSi合計量はCE（炭素当量）値として管理される。

CやSiはCO_2やSiO_2となって燃えてしまう。入れた分だけ溶湯中には残らず目減りする。そのため成分中のCとSiの量は、注湯前、炉前で迅速に知る必要がある。初晶の晶出する温度は、凝固潜熱による停滞として冷却曲線に現れる。図11にこれを示す。水が凍る時0℃で氷と水が共存し、温度が停滞するのと同じ現象である。食塩などが入っていると凝固点はもっと低温に移る。これと同じで成分が変わると鋳鉄溶湯の凝固点が変わる。凝固開始温度はC%+Si%・$\frac{1}{3}$に比例していることが分かっている。この温度を知ることによってCとSiの量を迅速に知ることができる。CEメーターと呼ばれる機器がこれである。

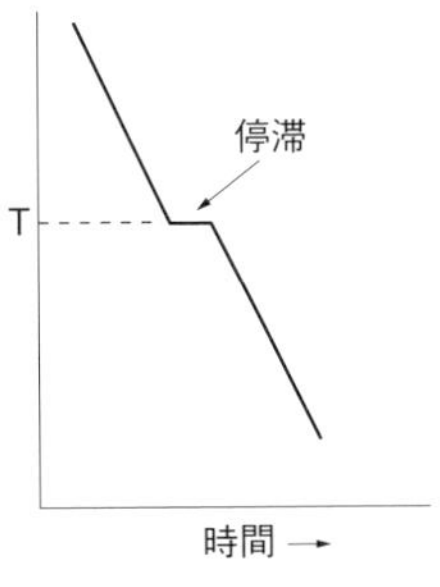

◀図11　冷却曲線

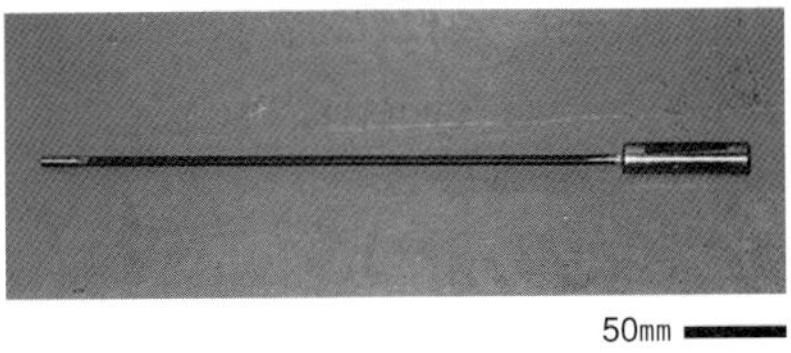

◀図12　ガンドリル／右端はグリップである。

ガンドリルで長い穴を中心にあける

軸の中心部には、全長にわたって長い通し穴（図6）が必要である。油を通すためと軽量化である。この長穴加工にはガンドリル（図12）という、元々、銃身に穴をあけるために開発されたドリルが用いられる。ガンドリルはパイプの先端に刃物の付いた形状をしている。先端から切削油が噴き出す。品質管理に失敗し中心部にチルを出さない限り、ガンドリルによって見事に長穴が開けられる。またガンドリル穴あけのかわりに鋳造時に中子で穴をあける技術もある。図13に示す。

性能に直接関係する複雑な形状を持つカムは、ならい研削盤によって仕上げられる。マスタカムにならって研削する。チルが硬いため少しずつ研削するのである。加工仕上げ後、ガス軟窒化やリン酸マンガン処理などの表面処理もしばしば組合わされる。相手材との初期なじみ性を良くする。

鋳鉄のカムシャフトにはこの他、カムの表面に焼入れし、炭化物とマルテンサイトの混合組織にしたものもある（表2③）靭性があるためチルカムよりピッチングに強いとされている。ハードナブル鋳鉄といわれる鋳鉄が用いられる。52HRC程度の硬さが出る。

複合構造で特性をさらに洗練されたものにする

一部には、クロムモリブデン鋼の熱間鍛造品に浸炭焼入れしたものもある（表2④）DOHCタイプなどでバルブの数を増やした時、バルブ間のピッチが短くなる。結果的にカ

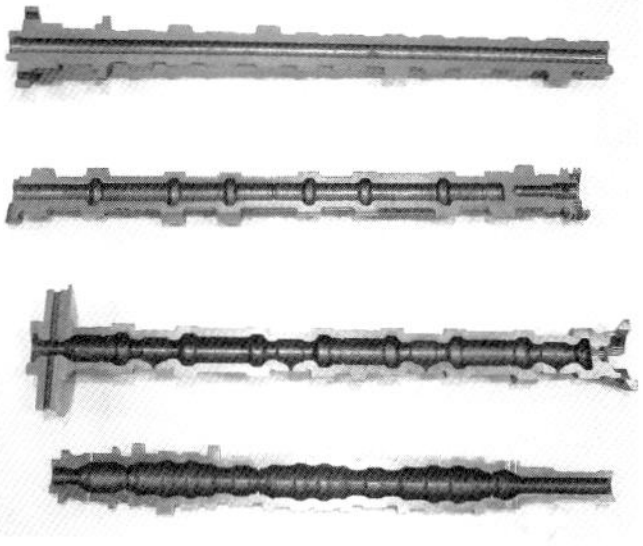

◀図13　軸の穴を鋳抜いたカムシャフトの断面／カムの内側も肉を盗んで軽量にしてある。一番上はガンドリル加工。

(c)

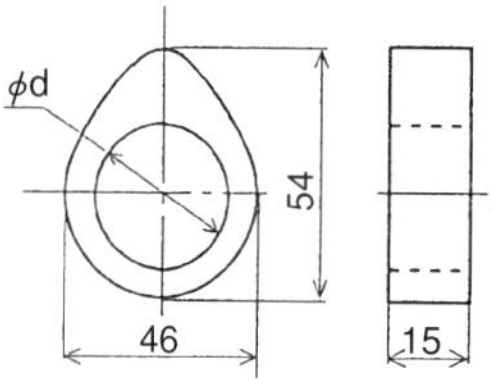

◀図14　組立式カムシャフトの部材
(a)鋼製パイプ。(b)ローレット加工形状。(c)カム。寸法は代表例。

ムの相対間隔が縮まる。このような時チル硬化させるカムは、チルを入れにくくなるためである。

また、軸部分の軽量化をねらってカム部を耐摩耗焼結合金[*7]や高炭素鋼（高周波焼入れ）で作り鋼管軸と接合したものも実用化されている（表2⑤）。ガンドリルでの中空穴あけ加工は不要である。焼結の場合のカムは1個ずつ成形焼結される。ばらつきが少なくなり、成分調整や硬さの管理なども自由に行え、好都合である。組立の加工工数が増えるが、削って捨ててしまう部分も減り、うまくやればコストダウンが可能である。現在、ろう付け、拡散接合（金属の表面を清浄にしくっつけて加熱すると、相互に拡散が起こりくっつくことを利用）あるいは機械的な接合（接合法一般については補講I参照）を行ったものが出回っている。

機械的な接合の一種であるシェービング接合[*8]を紹介する。図14はこれに使う部材である。あらかじめ鋼製パイプの表面にローレット加工で凹凸（図14ⓑ）をつけておき、次にカム（図14ⓒ）の穴にパイプをつっこむ。カム穴内径（ϕd）にパイプの凹凸溝がシェービングされる形でかみ込む。このようにして多数のカムを機械的に結合したカムシャフトができる。

機械的結合としては、この他にハイドロフォーミングと呼ばれる液圧加工も使われる。図15はこの方法で作ったカムシャフトである。図16のような金型にカムとパイプを装填し一度にとめつける。シャフト部のパイプの内部に水圧をかけて膨らましカムをとめつける。

図17にカム用に考えられる4種の材料のピッチングに対する抵抗を比較しておく。このデータは実際のカムシャフトを使った摩耗試験による。図より焼結合金が最も高い接触圧力に耐えられることがわかる。

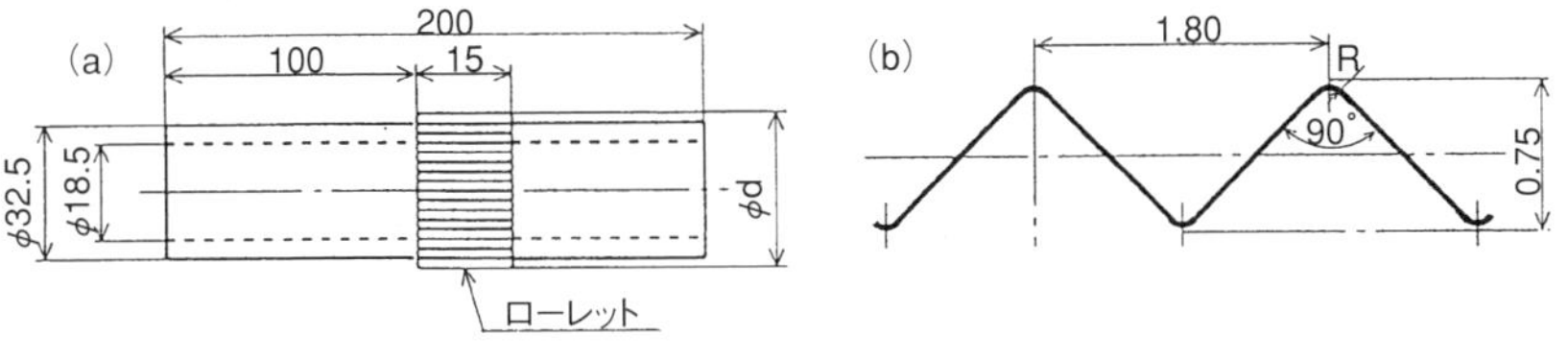

ＢＭＷのバルブトロニックのような可変バルブタイミング・リフトを採用するエンジンが増えてきた。性能を犠牲にせず燃費を減らすため、動弁系の機構は電子制御を組み合わせますます複雑になって来ている。また同時に小型化を図るため高い信頼性が求められる。そのため組立て複合構造のカムシャフトも増える傾向にある。

バルブトレインの摩擦係数を減らすためにロッカーアームにローラベアリングを使うことが一般的になってきた。図18はＤＯＨＣエンジンのものである。第１章の図１もローラロッカアームを使っている。図のロッカーアームは板金プレスでケースが作られている。この他に精密鋳造や焼結によっても類似形状のものが生産されている。ローラを使うことでカムシャフトのドライブトルクは１／３になるとされている。しかし、このタイプはカムに線あたりの高いヘルツ応力を与える。

ローラは軸受け鋼で作られる。こういったローラの相手のカムには耐ピッチング性の高い焼結合金を使うことが多い。焼結合金は成分調整が自由でローラに最適な材質を選びやすい。Fe−0.9%C−4.5Cr−5.0Mo−3.0Cu−2.0V−6.0W−0.2Si−0.4Mnのような硬い炭化物が大量に析出する成分が選ばれる。

図14(c)のようなカムを焼結で作るには図19のような焼結の製造過程を使う。各々の成分の粉は別々に作られる。その成分を目的の量配合し混ぜる。次にその粉を金型に入れて圧縮し、カムの形状にする。この成形品は圧粉体とかグリーンコンパクトとよばれる。そのままでは密度が低く使用に耐えないが、その後、焼結炉で焼くことによって密度が上がり高強度の焼結品となる。粉として配合された各成分は、焼結中にCrC, WC, Fe_3Cなどの硬い炭化物になって分散される。

チルカムシャフトは、鋳鉄の準安定凝固を巧妙に使った部品である。コストも安いので、

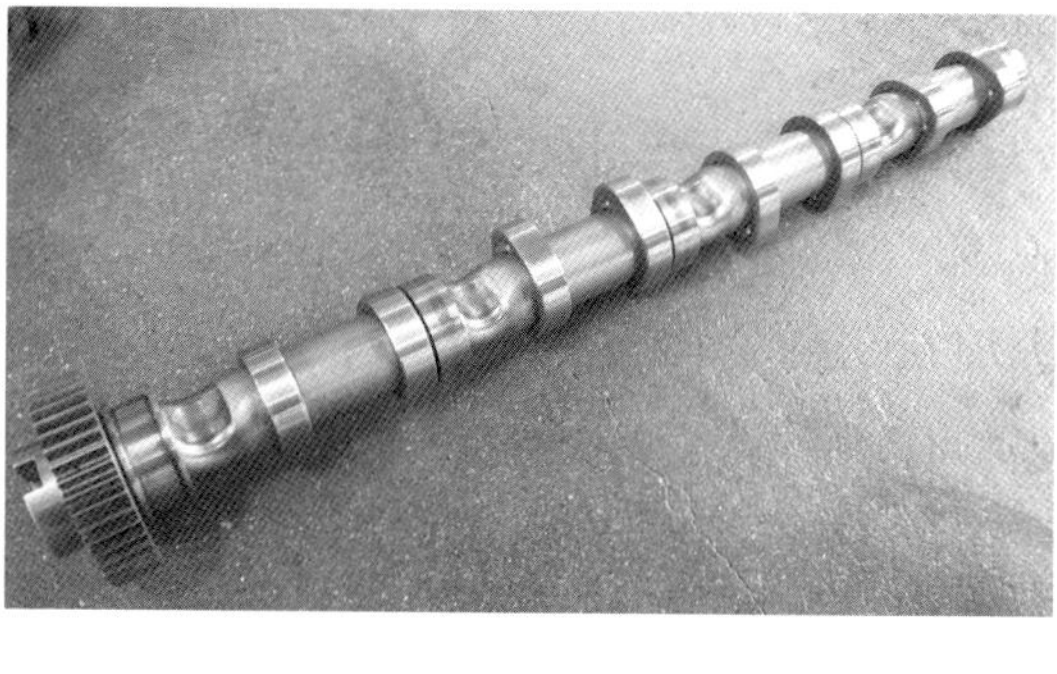

◀図15　ハイドロフォーミングによるカムシャフト／左端はドライブスプロケットである。

大量に使用されている。鋳鉄鋳物は、優れた素材であるが、強度部材としては、組織中の黒鉛の部分が材料中で切り欠きとなる。そのため高強度を求められる部材は鍛鋼に置き換わり、軽量化を求められる部材は、アルミニウムに代わった。現在では、カムシャフトやシリンダライナのように、機能材料としての性質を買われているといっても過言ではない。

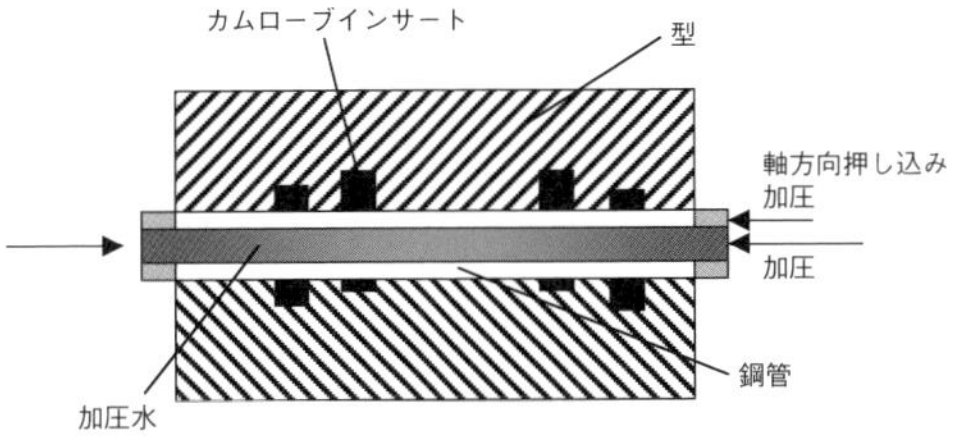

◀図16　ハイドロフォーミングによるカムシャフトの組み立て／パイプ内部から水で加圧してパイプを膨らましカムを固定。パイプの軸方向に圧縮しパイプをすべり込ませ、パイプ壁が薄くなるのを防ぐ。

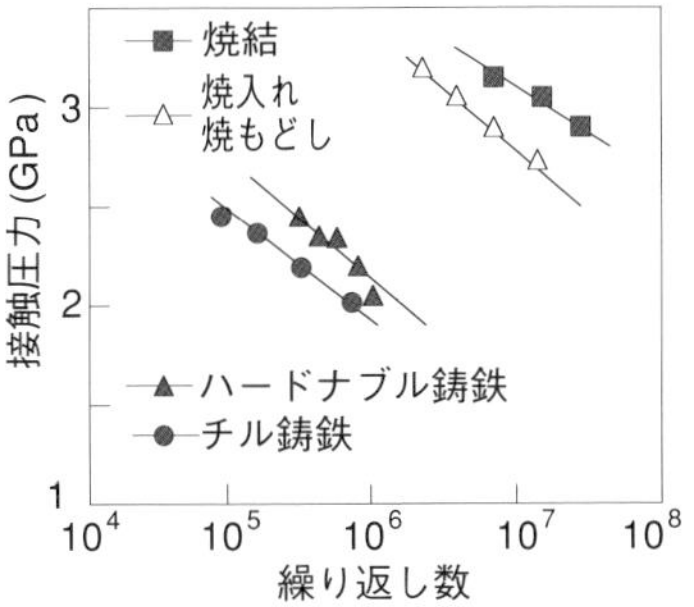

◀図17　接触圧力と繰り返し回数の関係／カム・タペット試験機による。カムの相手材はJIS-SUJ2のローラである。線は疲労によってピッチングの起こる限界を示す。

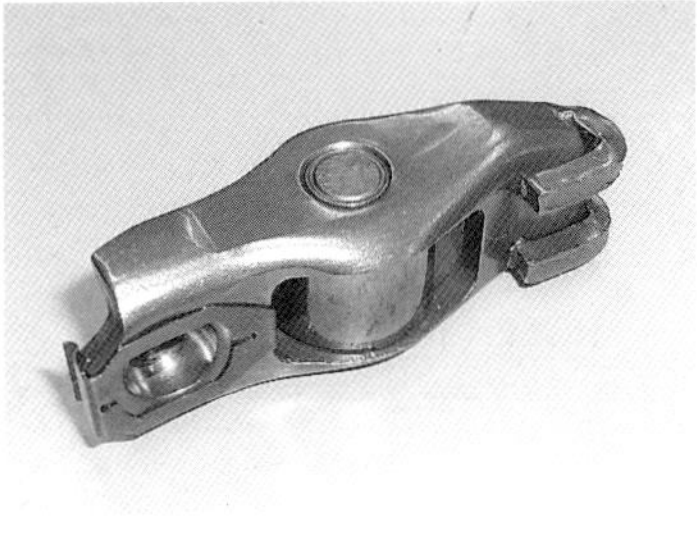

◀図18　中央にローラを装填した板金製ロッカーアーム

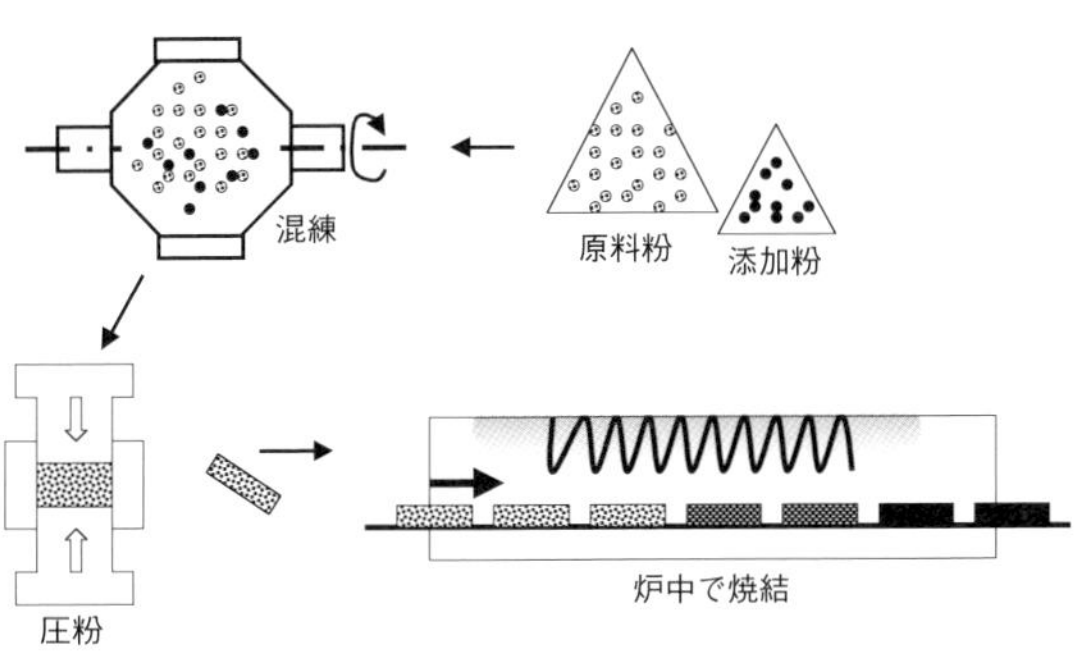

◀図19　焼結部品製造工程

参考文献と注

＊1　DOHCとかターボとかはいずれも第一次大戦時の古い技術である。ターボ過給、ガソリン噴射、高オクタンガソリン、排気バルブ冷却法、メタノールおよび水の噴射は同時期に航空エンジン用に盛んに研究された。航空用大馬力はターボジェットその他のタービン方式に譲った。富塚清「内燃機関の歴史」三栄書房、(1987) 249。

＊2　星満、小林正志「機械設計」24 (1980) 56。

＊3　例えば、平底のやかんをテーブルの上に置く。テーブルとは平面同士の接触となり、やかんの重量はテーブル面に分散される。平面と平面が接触すると荷重は分散され、接触面の面圧はやかんの重さを面積で割った値になる。しかし、球面と平面が接触するときには、幾何学的には接触部は点になる。砲丸投げの重い玉を机に置くような場合である。このような時荷重は点に局所的にかかるため極めて大きな面圧となる（実際には部材が弾性変形するため小円で接触することになる）。この局所的な応力をヘルツ応力という。部材にかかる局所的応力は、接触部の弾性変形を考慮して計算する。球面同士とか平面と球面とか、いろんな組合わせで計算式が導き出されている。ヘルツは計算した人の名である。

＊4　高Siアルミニウム合金のSiを微細化するためにも、溶湯に接種という処理を行なった（第2章参照）。

＊5　電気炉がなかった頃、たいていの鋳物はキューポラを用いて溶解していた。キューポラでは、純鉄の融点に近い1400℃程度の高温を得るのはむずかしい。そのため、スチールスクラップの使用はできないので、製鉄所より出銑される鋳物銑が使われる。また、成分の調整も電気炉ほど簡単ではない。ただし、電気代の高い日本では、電気のコストに振り回されなくて済むため、現在もこれを用いて操業しているところがある。日本国内では電気代が高くつくため、アルミニウムの電解精錬は、操業をやめてしまった。

＊6　現在、世間で使われている鋳鉄はFe-Si-C系のものである。しかし、これと違いSiをAlに置換した形のFe-Al-C系でも、鋳鉄は作れる。酸化物のため鋳造性は悪いが、片状黒鉛でも300MPa以上の強度の出る鋳物が作れる。C. Defranq et al.: Proceedings of 40th Int. Foundary Conference. Moscow. 3(1973) 129.

＊7　焼結合金は機械的に粉を配合する。平衡状態図に左右されずいろいろなものが作り出せる。耐摩耗材としては、CrとFeの複合炭化物を大量に分散させた高硬度のもの（60HRC程度）が使われている。次章で解説するバルブシートも耐摩耗をねらった鉄系焼結合金である。

＊8　江上保吉、中村義勝、平岡武、町田輝史「塑性と加工」36 (1997) 941。

第6章

漏らさず、流れにさおささず。

［バルブとバルブシート］

よどみなくガスを出し入れする

動弁系のカムシャフト、バルブ、バルブスプリングは一体となって運動する。４サイクルエンジンの性能を決める心臓部分である。

バルブには、吸気バルブと排気バルブがある。図１に排気バルブを示す。吸気も類似形状である。きのこ形をしたポペットバルブ[*1][*2]が一般に使われる。図２にバルブ各部の名称を示す。バルブステムエンドのコッタ溝には、バルブスプリングを保持するリテーナをバルブに固着するためのコッタ（図では省略）がはさみ込まれる。

図３に各部品の位置と動きを示した。カムより与えられた往復運動変位は、バルブリフタを介して、バルブに伝えられる。バルブスプリングは、バルブをバルブシートに密着させて気密を保つとともに、燃焼室に突き出したバルブを元の位置に戻す。バルブとバルブシート間のシールには、燃焼ガス圧も利用される。カムシャフト１回転で、図に示したバルブリフト量をバルブに与える。バルブは、筒状のバルブガイドによって案内され、バルブスプリングの伸縮による回転力で少しずつ回転する。

基本的には各シリンダあたり吸、排気各々1個ずつでよいが、最近は1気筒あたり、4バルブのエンジンが多い。1個ずつが軽くなり、吸入ガス量も増やせるからである。4バルブエンジンでは吸気バルブ2個、排気バルブ2個とし、吸入効率を上げている。吸気バルブは、吸入効率に大きな影響を持つ。排気バルブよりかさ径を大きくし、かさ部からバルブステムにかけての首は混合気の流れやすい曲面形状にしてある。

表１にバルブに要求される機能をまとめた。吸、排気バルブとも高温下で２０００ｍ／

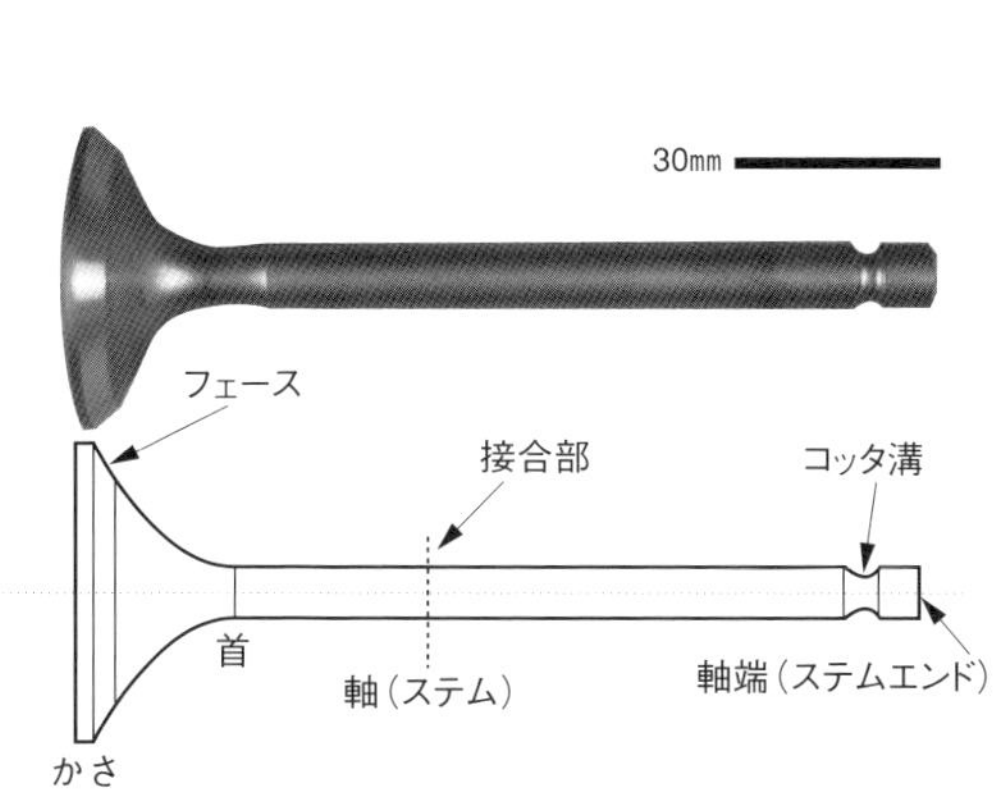

◀図1　排気バルブ（上）
◀図2　バルブ各部名称。かさから首にかけての形状は、ガス流れの良いように工夫されている。

目的	要求される機能	手段	素材に求められる機能	選択される素材および材料技術
高速回転を可能とするバルブ	ポートを開きガスを導き、ポートを閉じガスを密閉する	軽い	密度低い	窒化珪素セラミックス
		座屈に耐える	剛性高い	鉄系材料
		フェース摩耗に耐える	高硬度	ステライトを盛り金
		高温腐食に耐える	耐食性が良い	SUHの使用
		軸端摩耗に耐える	高硬度	焼きの入る軸材料と摩擦圧接で接合
		変形しない	高温強度高い	耐熱鋼 Ni基超耐熱材料
	高速で往復運動しバルブガイドとの摩擦を下げる	軸耐摩耗性	耐摩耗の表面処理を組合わす	焼入れ焼もどし クロムめっき 窒化
		バルブガイドとのクリアランスを適正に保つ	機械加工精度を上げる	研削加工
	ガス流れの良い精密な形状	ニアネットシェイプ成形	成形性良	アップセット鍛造

▲表1　バルブ機能

バルブ材	材料	C	Si	Mn	Ni	Cr	Mo	Fe		硬さ	熱処理
マルテンサイト系耐熱鋼	SUH3	0.4	2.0	0.6	0.6	11.0	1.0	残り		HRC30	焼入れ焼もどし
オーステナイト系耐熱鋼	SUH35	0.5	0.3	9.0	4.0	21.0	—	残り	N:0.5	HRC35	溶体化・時効
Co基耐熱合金	ｽﾃﾗｲﾄNo.6	1.2	1.1	0.5	3.0	28.0	1.0	3.0	残りCo	HRC57	溶体化・時効

▲表2

▲表2　バルブ材成分（%）／Crは緻密な酸化膜を表面に形成し、高温での酸化を妨げる。またCrは大量に入れても基材をもろくしない。高温で使用される耐熱鋼には必ず入れてある。

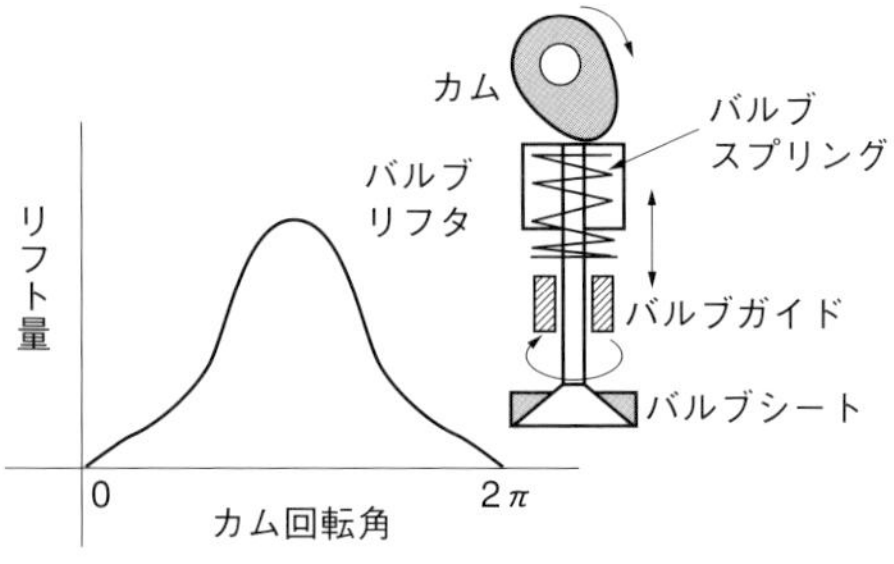

◀図3　動弁系略図とバルブリフト量／リフト量はカムによって与えられるバルブの軸方向の移動量。

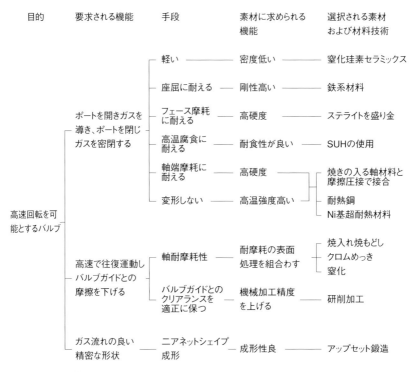

s^2もの加速度を受ける。エンジンの高速回転を可能とするためには、できるだけ軽量に作る必要がある。

図4(a)に吸気、図4(b)に排気バルブの温度分布[*3]の例を示す。吸気バルブは燃焼熱により400℃程度になる。また、排気バルブのかさ部は、650℃以上、ものによっては850℃にもなる。燃焼ガスの流れる排気バルブの方が、温度は高い。

耐熱鋼の利用

バルブの材料は、特殊なものを除きほとんどが耐熱鋼である。赤熱状態で使われるためボロボロになっては困る。さびにくさ（耐酸化、耐硫黄腐食）と強度を改善したステンレス鋼である。表2に、バルブ材料の成分を示す。

吸気バルブは400℃程度になるが、鉄系材料にとっては、比較的低温での使用である。SUH3などのマルテンサイト系耐熱鋼が使われる。一方、排気バルブのかさ部は850℃にもなる。SUH35などのオーステナイト系耐熱鋼が使われる。

耐熱鋼は、フェライト系、マルテンサイト系、オーステナイト系に分類できる。このうちフェライト系は高温強度が低いのでバルブには使われない[*4]。

マルテンサイト系耐熱鋼の合金設計の考え方：マルテンサイト系は、硬いマルテンサイト組織により耐摩耗、高温強度を高めたものである[C]。SUH3は、Cr、Mo、Siを合金化することで耐酸化性を高めている。緻密なCr_2O_3、SiO_2、Al_2O_3の酸化膜が表面に形成される。コストが安い。図5(a)に組織を示す。0・4%程度のCを含有する。焼入れ（1000℃保持から油冷）焼もどし（750℃でもどし、急冷[*5]）して使う。合金元素の濃度を高めに

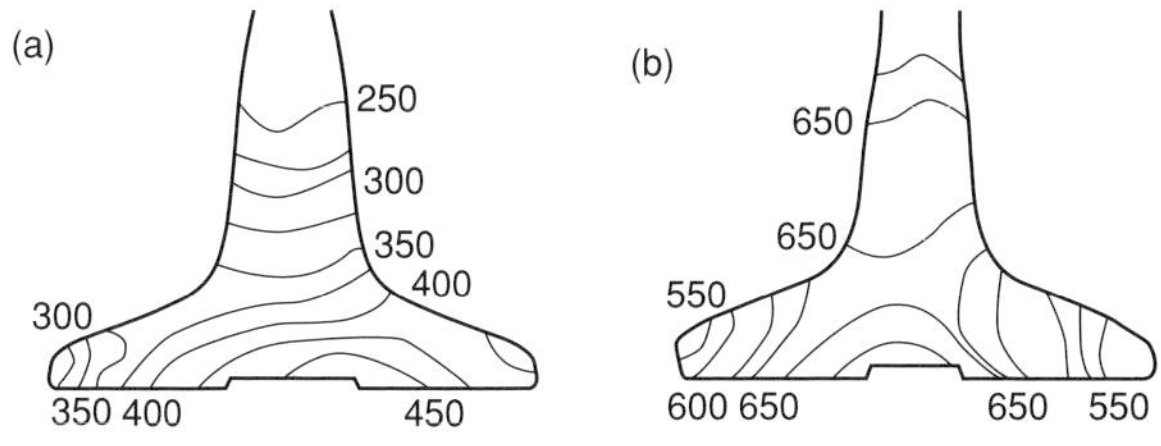

◀図4　空冷200㎤エンジンのバルブ使用時の温度分布／(a)吸気バルブ（30φ㎜）。(b)排気バルブ（26φ㎜）。単位℃。

してある。こうすることで焼もどし温度が高くなる。高い焼もどし温度でいったん保持し安定な金属組織にしておけば、それより低い温度で使っても変化が少ない。

オーステナイト系耐熱鋼の合金設計の考え方：図5(b)は、SUH35の組織である。SUH35はCr、Niを大量に入れ（表2）オーステナイト地とし、そこに炭窒化物を微細に析出させ、高温強度を上げてある。NiやCrを大量に入れると、723℃で起きていたA_1変態（オーステナイトからフェライトやパーライトが出る：補講C参照）が起きなくなり、室温でもオーステナイトのままである。状態図の形が変わり、低温から高温までオーステナイトのまま結晶構造が変わらない。結晶構造の変化が起きる材料の場合、使用温度付近で温度が上下すると変態・逆変態によって組織は不安定化する。したがってこれを基材にすると極めて安定で変化しない。

オーステナイト系耐熱鋼は、通常、合金元素、特にCを十分固溶させると高温で使用中に炭化物が微細に析出し、クリープ抵抗が高まる。1100℃で溶体化処理（固溶体とする熱処理：固溶化熱処理ともいう）後急冷し、[*5] 750℃で時効硬化して使われる。

図6に強度の温度依存性を示す。600℃までの低温域ではマルテンサイト系SUH3が、オーステナイト系のSUH35と同等かやや強い。しかし、600℃以上は、SUH35の方が優れている。

オーステナイト系耐熱鋼が600℃以上で強い秘密は、結晶構造の変化が起きないことや析出する炭化物が微細なことだけによるのではない。オーステナイトそのものがFCC構造をしており、元素の拡散する速度そのものが遅く[*6]、高温強度が高いのである。600℃以下ではマルテンサイトが硬い。この低温強度を重視したマルテンサイト系のものと、600℃以上の強度を重視したオーステナイト系のものが使い分けられる。これが耐熱鋼

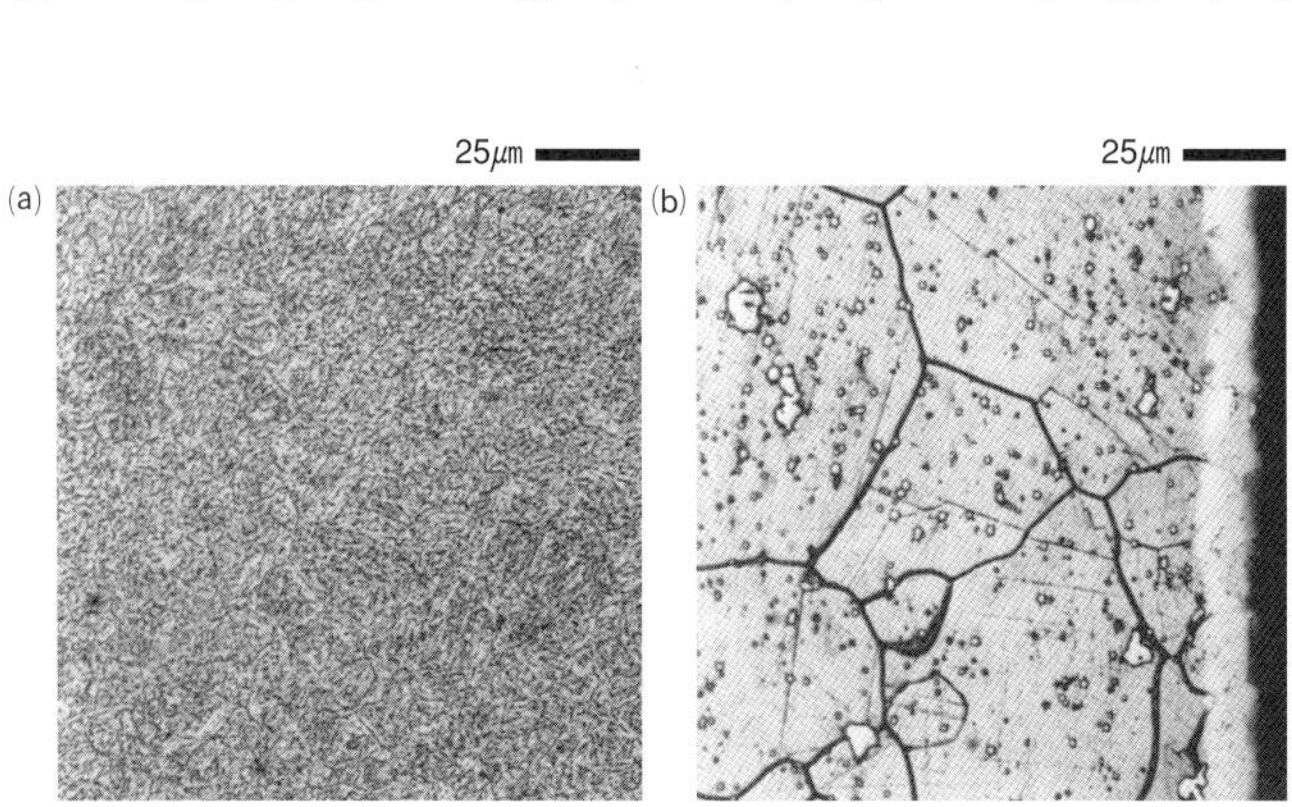

◀図5　バルブ材の組織／(a)SUH3。焼もどした際に析出した炭化物が分散するマルテンサイト組織である。(b)SUH35。直線的なオーステナイト結晶粒界がはっきりと見られ、結晶粒内には、大きい晶出炭化物も見られる。(b)はバルブ表面近くの組織を見たものである。耐摩耗性を向上させるためにつけた20μm程度の窒化層が右端に見られる。

の使い分けである。

摩擦圧接を用いて2種類の棒をつなぎ適材適所を図る

オーステナイト系の鋼は、高温での強度に優れている。しかし、マルテンサイト系のようには焼入れしても硬くない。窒化（詳細は第8章参照）以外硬くする方法がない。そのため軸および軸端の耐摩耗性が欲しい場合、かさはオーステナイト系、軸はマルテンサイト系とした接合バルブが多用される。適材適所である。接合には、摩擦圧接（溶接）が使われる。

図7に接合部の組織写真を示す。摩擦圧接[*7]は、2部材をこすり合わせることで摩擦発熱を起こし、くっつける（図8）。

旧ソ連のチューディコフは、1954年、旋盤を改造した機械で金属丸棒の圧接に成功した。それ以来、発展してきた技術である。固相状態での接合方法なので、マクロ的には、接合部に合金相が形成されない。そのため、溶け込みを作る溶接方法では接合が不可能なもの同士（例えばもろい化合物が生成する鉄とアルミニウム）や、浸炭焼入した棒とステンレス棒のような異種材料間の接合が可能である。溶かすと凝固時にチルが生じ接合できない鋳鉄同士の安定した接合なども可能である。難点は、形状的な制約で、棒材の突き合わせのような接合しかできないことである。

バルブのかさ部とステムの接合の場合、異材の接合となる。溶け込みを作る普通の溶接方法では、高炭素の材料は溶接後に焼きが入り、割れる。また、溶接できても強度は保証できない。この点、摩擦圧接は、歩留まりもよく、高生産性でコストも安い。ただし、曲

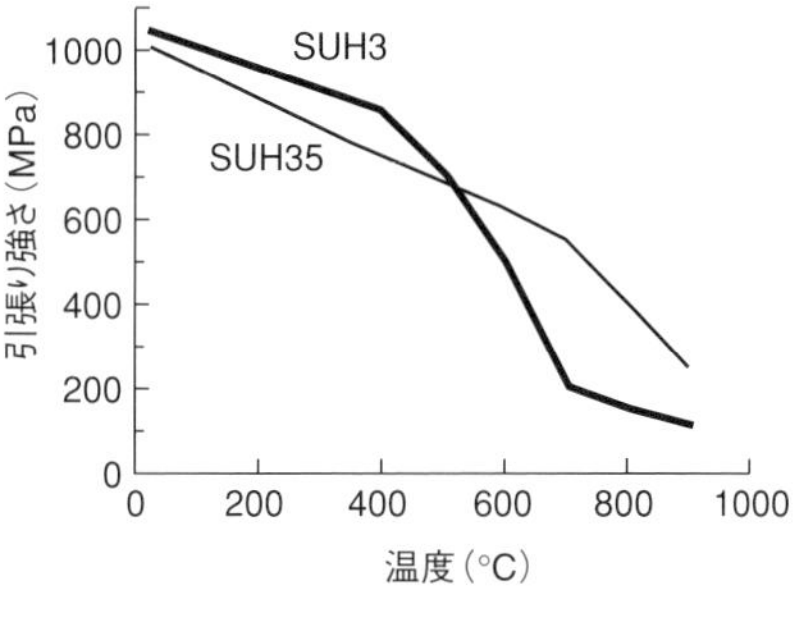

◀図6　バルブ材SUH3とSUH35の高温強度／600℃以下ではマルテンサイト系SUH3の方が強い。

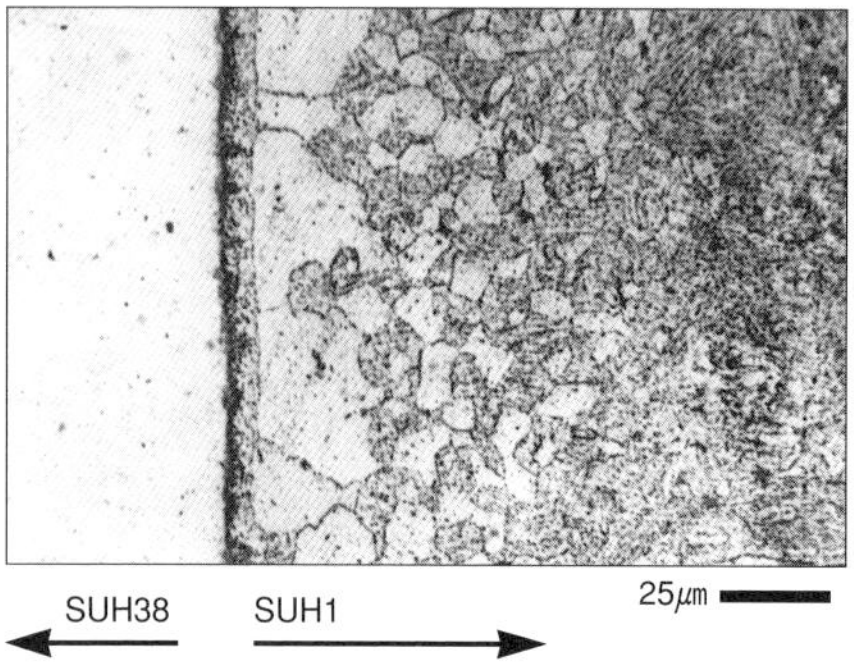

▲図7

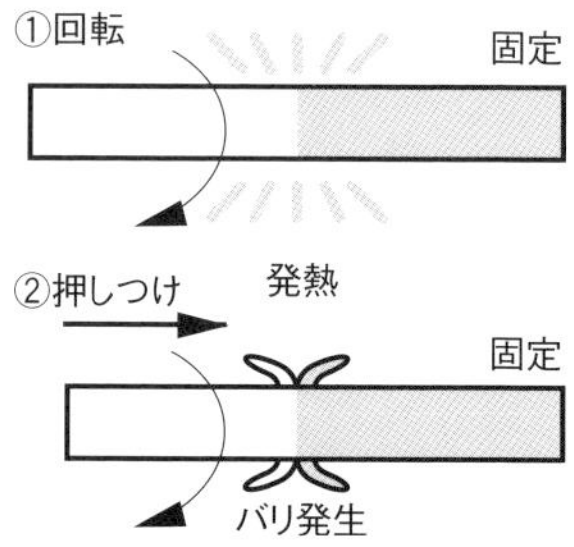

▲図8

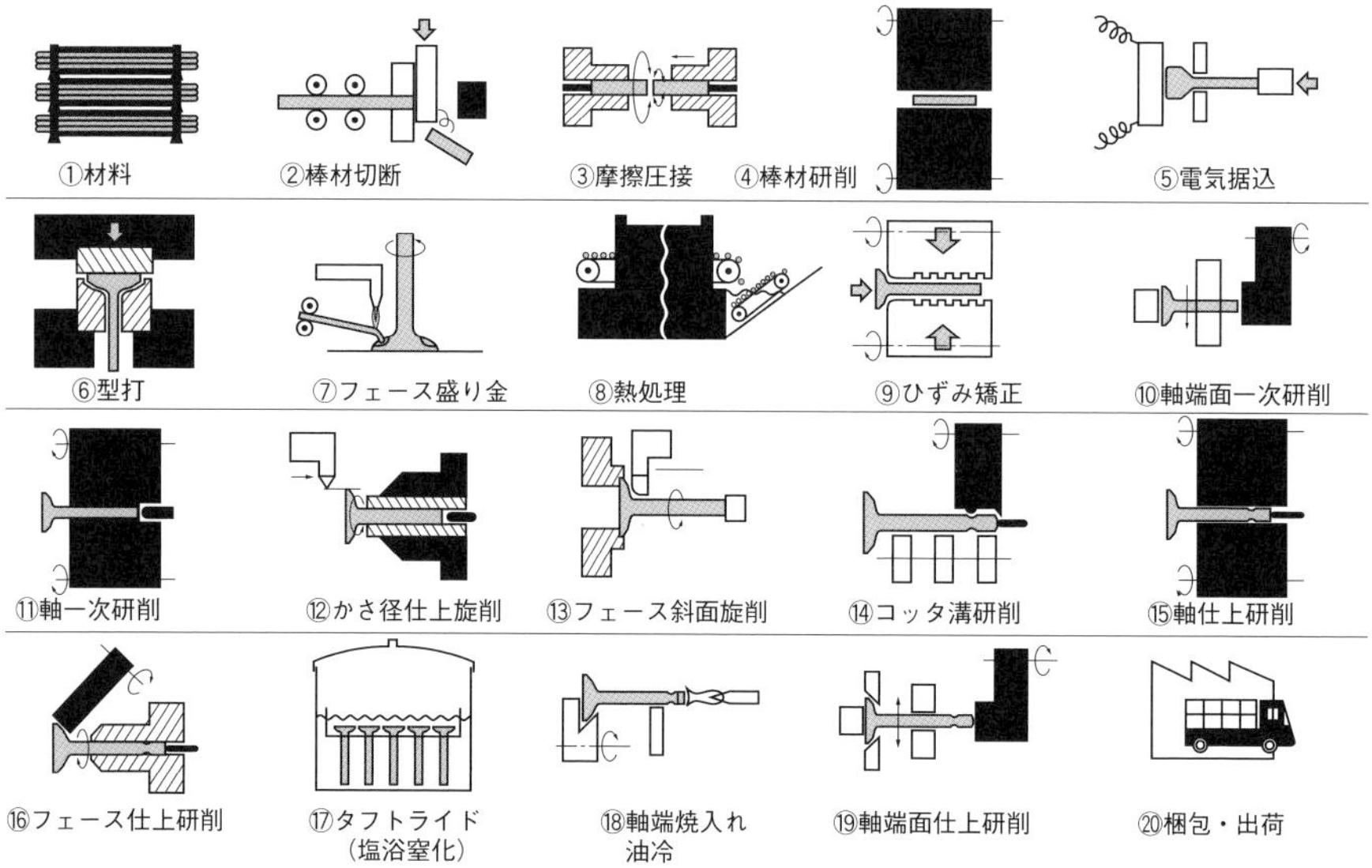

▲図9

▲図７　摩擦圧接接合部／オーステナイト系ＳＵＨ38とマルテンサイト系ＳＵＨ１の例である。接合後の溶体化熱処理（固溶化熱処理）は行っていない。接合部近くのＳＵＨ１側に摩擦圧接時の熱影響を受けフェライトの発生が見られる。固溶化熱処理と時効を完全に行うとこのフェライトは消える。

▲図８　摩擦圧接模式図／固体状態で接合させる。溶けないことが特徴である。①左側の棒を右側の固定した棒に押しあてながら回転させることで摩擦発熱させ、②軟化したところで押しつける。表面の酸化膜は、押しつけ時にバリとなって外に排出され、接合面は結果的に清浄になる。バリは後で削取る。

▲図９　バルブ生産工程／工程⑤の代わりに、太い丸棒素材（バルブフェイス素材の径）よりステムを細く押し出し、⑤と同じ形状にして成形されることも多い。径の太い棒の方が安いからである。

げに対してやや弱い。接合部分はバルブガイドから出ないようにして使われる。

エンジンには、このほかにさまざまな接合、締結方法が使われている。補講Ⅰにまとめておいた。

図9[*8]にバルブの製造工程を示す。切断した棒材（②）は摩擦圧接される（③）。バルブのかさ部は細いステムに対して径が大きく違う。そのため、かさ部は、抵抗加熱を使い線材からアップセット鍛造（電気据込み⑤：ジュール熱を使い一端のみ部分的に赤熱しそこを、膨らませる）で一端を膨らませ成形される。歩留まりがよい。膨らませた素材は、型打ち（⑥）によりかさ部の形状を出す。次にフェースの盛り金（⑦）が行われる。

ステライト合金を盛り金し、高温での耐摩耗性を改善する

バルブは、常時回転しバルブシートとすり合わされるようになっている（図3）。燃焼で生成したカーボンが詰まるとポートが閉まらずガスが漏れる。これを防ぐこととバルブフェースの偏摩耗を防止するためである。特に燃焼ガスが通る排気バルブの方はガソリンも来ず油の潤滑もないため、バルブ材だけでは耐摩耗性が足りない。そのため、バルブフェースには高温で特に硬いCo（コバルト）基耐熱合金ステライトNo.6が盛り金される（図9の⑦）。

盛り金はプラズマ溶接機[*9]やガス溶接機を用いて行われる。ステライトNo.6は粉の形で供給され、少しずつ溶かして盛り金する。図10(a)にかさ部の断面を示す。かさ部の全周に肉盛してある。図10(b)にステライトの組織を示す。鋳造組織の樹枝状晶が見られる。

ステライトの成分を表2に示した。Co基の耐熱合金は、FeやNi基に比べ優れた耐熱性を

持っているが、Coのコストの高いのが難点である。そのため、必要なところへわずかに使われる。バルブステムの端のバルブリフタとあたる面〔図2右端：軸端（バルブ・ステムエンド）〕の耐摩耗性を上げるため盛り金されることもある。図9⑱の軸端焼入れの代わりである。ステライトのコストダウンとしてFe－1.8%C－12Mn－20Ni－20Cr－10MoのようなCoを使用しない材料も使われる。

バルブステムは運転時バルブガイドとこすり合わされる。耐摩耗性をさらに向上させるためタフトライド（塩浴軟窒化。図9の⑰。タフトライドは商品名）や硬質クロムめっきなどの表面硬化処理がされる。タフトライドは、クロムの多い耐熱鋼の窒化に向いている。ガス軟窒化より窒化むらが出にくい（補講H参照）。

Ni基超耐熱合金バルブ

ステライトは、盛り金の手間も含めてコスト高である。そこで、ステライトをやめることのできるバルブ合金の開発もなされている。

インコネル751[*10]やナイモニック80AなどのNi基超耐熱合金である。主に高出力エンジン排気バルブ用である。成分を表3に示す。Ni基超耐熱合金は析出強化で強度を上げている（補講G参照）。整合析出物Ni_3（AlTi）が時効によって出た時強度が上がる。オーステナイト系の鋼よりさらに高温強度は高い。Ni基超耐熱合金はオーステナイト鋼と同じＦＣＣ構造である。ＦＣＣ構造の高温強度が高いことは前述した。

Ni基超耐熱合金はフェース面の強度は高いが、軸や軸端の耐摩耗性が十分でない。オーステナイト系耐熱鋼と同様である。さらにNi基超耐熱合金は窒化もできない。そのためマ

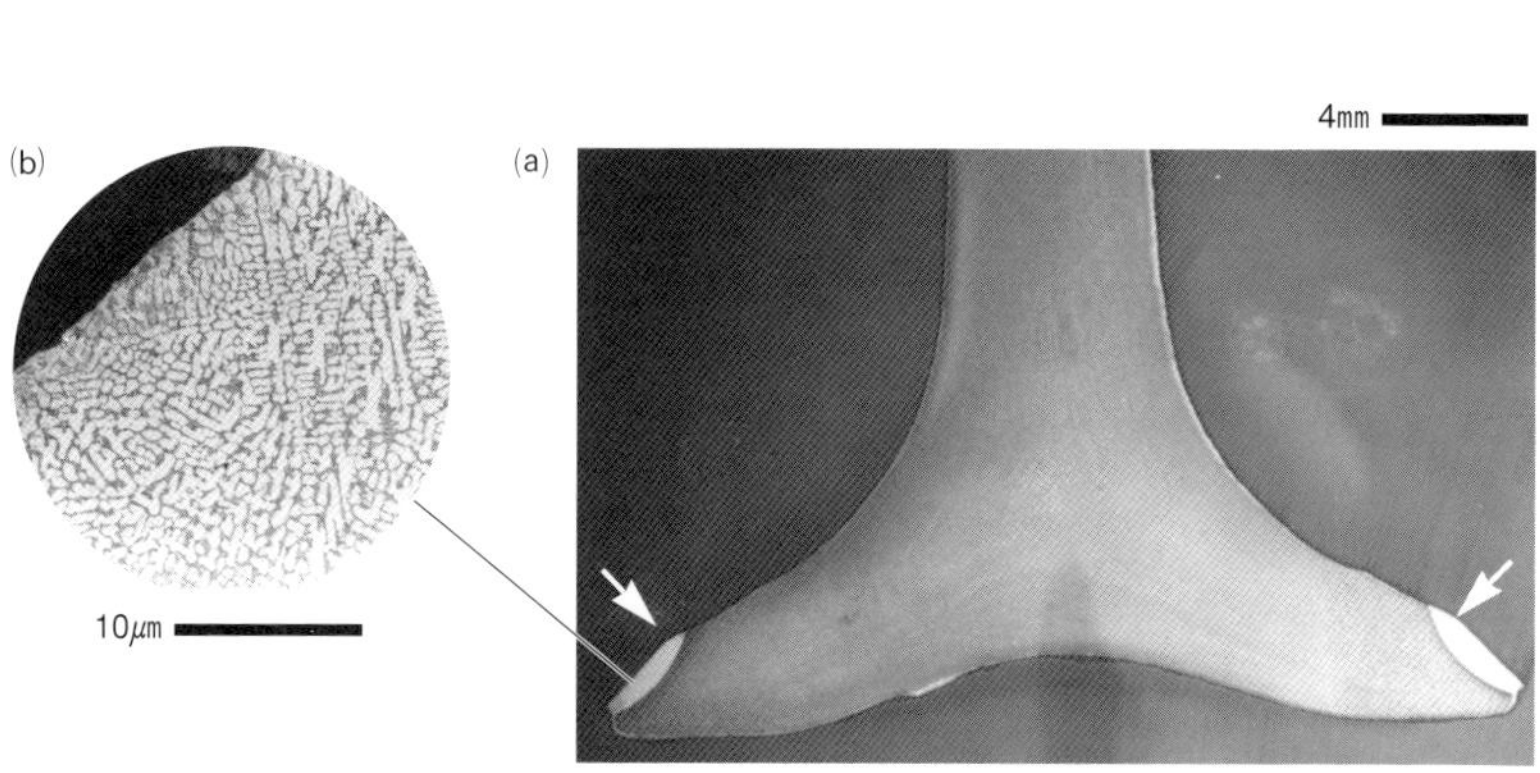

◀図10 (a)かさ部のステライト盛り金（矢印部）。(b)ステライト組織

ルテンサイト系の鋼を摩擦圧接して使われる。ただし、このNiバルブは最近の原料高で採用が止まっている。

チタンバルブ

吸気のチタンバルブは、温度が上がらないのでレースなどでもよく使われていた。吸気バルブは通常Ti－6％Al－4V合金で作られる。一方、温度の上がる排気バルブには耐久性の点で問題があり使われていなかった。しかし、トヨタ自動車は1998年にチタンの排気バルブを自動車エンジンに初めて採用した。合金はTi－6％Al－4Sn－4Zr－1Nb－1Mo－0.2Si－0.3Oで5％のTiB粒子を含んだ複合材料である。鉄系のバルブに比べ40％軽いとしている。これによってバルブスプリングを弱くでき、16％スプリングが軽くなり、10％回転数が上がり、摩擦ロスが20％減ったとしている。

TiH_2、TiB_2、Al－25％Sn－25Zr－6Nb－6Mo－1.2Siの粉末を型で固め圧粉体とする。次にこの圧粉体を炉で焼くと燃焼合成と呼ばれる発熱反応が起き、焼結が進む。そしてTiB粒子が形成される。この焼結品を加熱して押し出し、棒の形にする。棒は最終的にバルブ形状に鍛造される。棒に押し出すプロセスは、4章で述べたPMシリンダライナの製造工程と類似である。

このチタンバルブの発売後、このような複雑な工程を経ない通常の鋳造・押し出し材をバルブに使おうとする検討も進んだ。たとえば、Ti－6％Al－2Sn－4Zr－2Mo－1Si合金などがある。この材料はジェットエンジンのコンプレッサーに使われていた材料である。バルブかさ部分の耐熱性を上げるため、かさ部分はアシキュラー組織としステム部分は等軸組

◀表3　Ni基バルブ材成分（%）／Ni基超耐熱材料にはさらに強いものもあるが鋳造用合金で、鍛造はできない。

Ni基超耐熱材	C	Si	Mn	Ni	Cr	Co	Ti	Al	Fe	Nb+Ta	硬さ
インコネル751	0.1	0.5	1	残り	15	—	2.5	1	7	1	HRC38
ナイモニック80A	0.1	1	1	残り	20	2	2.5	1.7	5	—	HRC32

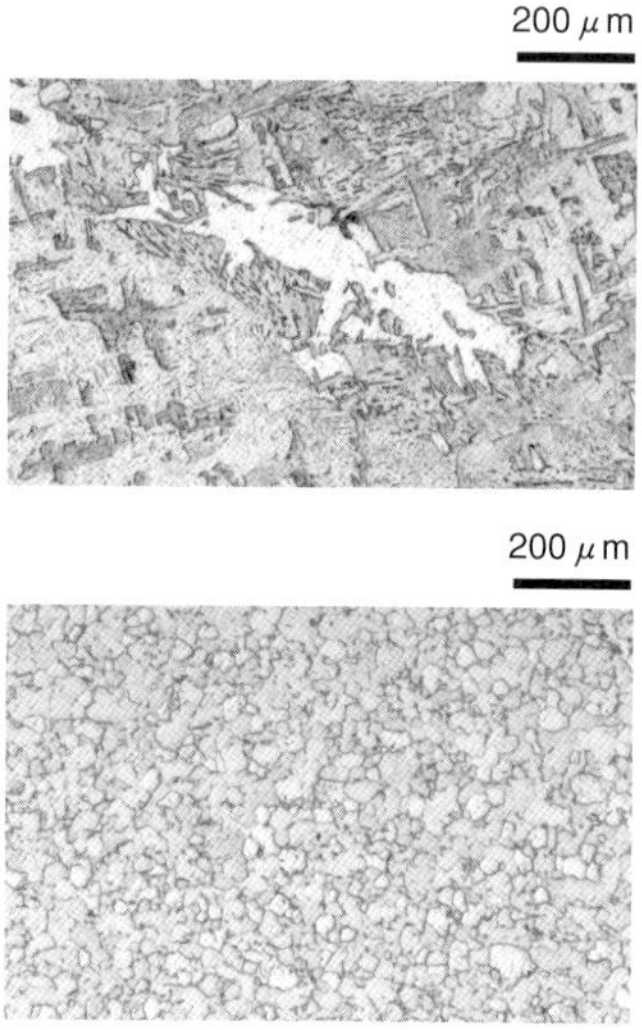

▲図11　チタンバルブの組織／(a)かさ部のアシキュラー組織。(b)ステム部の等軸組織

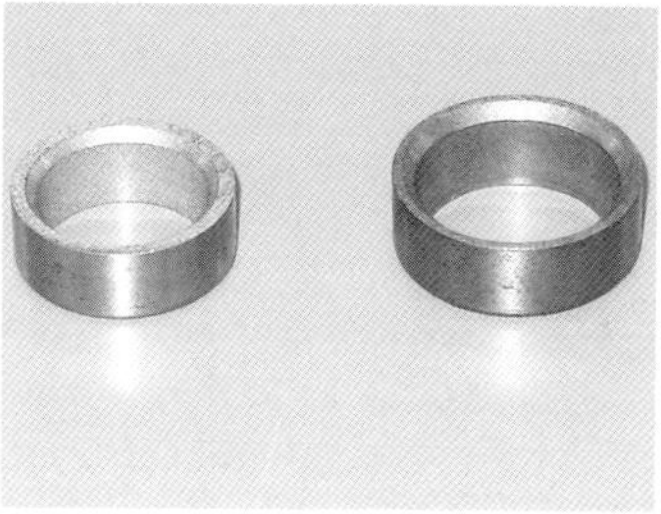
▲図12　シリンダヘッドに圧入前のバルブシートインサート吸気(左)排気(右)。一般的に焼結で作られる。成分的には金属の酸化物および硫化物は固体潤滑作用を持つ。

織としてある。図11に示した。同じ材料でも金属組織を変えることで違った強度特性を得ている。

アシキュラー組織は600℃以上で等軸組織より強い。バルブの形状出しアップセット（電気据え込み：図9の工程⑤）時、かさ部分だけβトランザス温度（995℃）以上で鍛造することでアシキュラー組織は作られる。

これらのチタンバルブはモータサイクルのスポーツモデルに多く使われている。高回転エンジンが求められるためである。

バルブのお相手バルブシート

バルブシートの重要な特性は、フェース面と当たる部分の高温下での摩耗である。バルブシートはリング状（図12および第1章図1参照）で、アルミのシリンダヘッドに圧入す

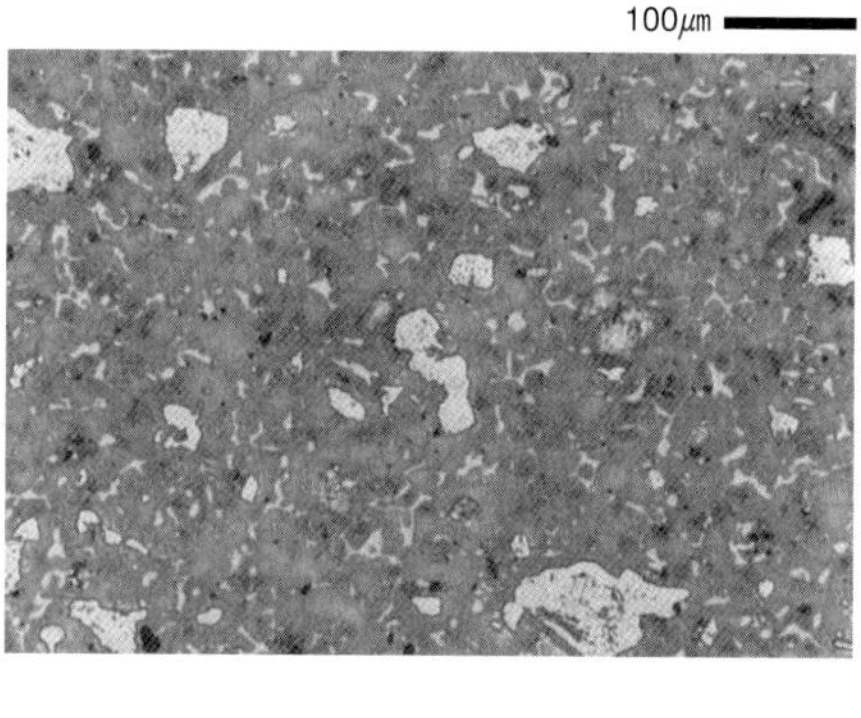

◀図13　バルブシート材組織／30㎛ほどの大きいW、V、Crなどの炭化物（1700HV程度）が分散している。生地はソルバイト組織（300HV程度）。含浸したCuが間に分散している。

る。そのため熱はヘッドのアルミ鋳物側に逃げ、バルブに比べ温度は低い。かつて有鉛ガソリンが無鉛に替わった時にバルブシート材は盛んに研究された。

表4にバルブシート材の成分を示す。吸気と排気の代表的な成分を示す。図13はバルブシート材の組織である。排気の方が高温となり摩耗もきつい。炭化物の分散量を多くできる高合金のものが使われる。Feを基材とした焼結材にNi、Co、W（タングステン）などを合金化し、さらに固体潤滑性を期待してCuなどを含浸したものが使われる。以前は、鋳鉄なども使われたが、今はほとんど焼結品である。

バルブは未燃の炭素が付着するとシートとの間で圧漏れを起こす。炭素がフェースにくっつかないようにバルブは回転させるようにできている。このような摩擦やバルブそのものがシートに着座する時の圧力、燃焼温度あるいは燃料の種類などによって摩耗しやすさが変わる。これらの条件に合わせて材料は選択される。焼結品は材料の配合がやりやすい。

バルブの方が摩耗すると欠けたりして危険である。一般にバルブシートの方が摩耗するように設計される。

排気バルブ、排気管、ターボチャージャーの排気タービン、触媒を保持するハニカム、ブレーキディスクなどはいずれも最高使用温度が９００℃に近い。このうち常時赤熱される排気バルブ、排気タービン、ハニカムは、鉄系耐熱合金、ニッケル基超耐熱材料、セラミックスなどの競合する部品である。

排気バルブシートは新気も通らず潤滑が期待できない。ブレーキパッドやクラッチの摩擦板などとともに複合材料が最も活かされるトライボロジー分野である。

◀表4　バルブシート材成分（%）

バルブシート材	C	Ni	Cr	Mo	Cu	W	Co	S	Fe	硬さ	熱処理
排気用	1.5	4.0	6.0	6.0	1.0	1.0	8	0.2	残り	HRB100	焼入れ焼もどし
吸気用	1.5	—	0.5	—	4	—	—	—	残り	HRB100	焼入れ焼もどし

参考文献と注

＊1　岩田徳重「内燃機関」4（1965）57。自動車用エンジンバルブの一般的な解説。

＊2　バルブ内部を中空としてNaを封入した構造のものもある。運転時に溶けたNaが媒体となり、バルブかさ部からステムの方に熱を逃がす。第二次大戦中のレシプロ航空機エンジンに多用されていた。現在高出力の自動車エンジンに一部使われている。バルブの液体封入冷却に先鞭をつけたのはイギリスである。1925年頃、水、水銀などの封入が試みられた。次にアメリカで、硝酸カリと硝酸ナトリウムの溶融塩封入が試みられ、まもなく金属ナトリウムも使用された。富塚清「内燃機関の歴史」三栄書房、（1987）104。

＊3　運転時の加熱によって焼もどしを受ける材料（例えばSUJ2）で、バルブ（測温バルブと呼ばれる）を作り、その運転後の硬さ低下より、温度を推定する方法によったもの。同じような技術として、Al合金の過時効軟化よりピストン温度を推定する方法について第2章で解説した。熱を受ける部品には、硬さ変化から温度推定する技術が性能開発上よく用いられる。この他に、プラグの電極金具の硬度変化による温度測定から燃焼状態を推定することなども行われている。朝倉昭二、荻野峯雄、都築喜博「自動車技術」33（1979）775に一般的な解説がある。

＊4　高Cr低Cのフェライト系は、常温から高温まで変態がなく相は安定である。しかし、500℃以上のクリープ強さは急に低下する。高応力下では使えない。

＊5　焼もどしぜい性を避けるため350～550℃を急冷する。

＊6　津田正臣、根本力男「第15回西山記念技術講座」日本鉄鋼協会、（1994）135。

＊7「摩擦圧接」摩擦圧接研究会編、コロナ社、1979。

＊8　日鍛バルブ㈱の会社案内による。

＊9　竹内宥公、加藤喜久、松野雅樹「溶接技術」9月号、（1985）20。

＊10　Niはコストが高い。省Ni化バルブ材も開発されている。佐藤克明・他「Honda R&D Technical Review」9（1997）185。

第7章

へたらず、しびれず、かろやかに。

［バルブスプリング］

高い周波数で揺すられてもしびれず伸び縮みする

バルブスプリングは、バルブシートにバルブを密着させて気密を保つと共に、燃焼室に突き出したバルブを元の位置に戻す（第6章図3）。ばね材料の弾性変形によりエネルギーを吸収蓄積し、それを再び変位に変えるのがばねである。図1にバルブスプリングを示す。

バルブ、バルブスプリング、カムシャフトより成るシステムにおいて、低速の場合、バルブスプリングは十分に追随する。しかし、高速回転になってくるとカムの与えたバルブリフト量とは関係なく動くジャンプやバウンスと呼ばれる現象がバルブとバルブスプリングに起きる。いずれも慣性質量を持っているためである。これを避けるため、バルブスプリングのセット[*1]荷重を大きくする必要がある。

またこの他に、高速回転では、バルブスプリングの固有振動数がエンジンの特定の回転速度と一致した時に発生する。コイルの一巻きごとが上下に振動する現象である。これは、カム形状の与えるリフト量の時間変化カーブ（第6章図3）が、スプリングを共振させる高振動数の成分を含むためである。一般に回転が速くなるとサージングが発生しやすい。サージングが発生して応力が疲労限界を超えると折損する。バルブスプリングには、サージングなどを起こすことなく、安定して正確にバルブを動かす役目がある。サージングを抑えるために、固有振動数がたわみ量によって変わる2段不等ピッチスプリングが使われることが多い。ばね定数の小さい密巻き部とばね定数の大きい粗巻き部を長手方向に持たせてある。

◀図1　バルブスプリング／5㎜程度の径の線を冷間で巻く。ばねにもいろいろあるが、線径11㎜以上のばねは熱間で巻かれる。

へたりにくい素材線とは？

鉄はゴムとは違う。弾性変形を大きく取れず、加わるひずみが大きいと塑性変形してへたってしまう。そのためばね性の上がる工夫がしてある。

バルブスプリングは伸び縮みする運動部品である。できるだけ小径の線で軽いコイルを作りたい。そのためには、ばね限界値を上げたいが、素材そのもので限界値を上げるには、(1)弾性定数そのものの大きい素材を使う、(2)素材の降伏応力（補講K）を上げて高応力まで塑性変形しないようにする、の二つしか手はない。しかし弾性定数そのものは鉄を使う限り21GPaである。合金成分を変えると10％位は変わるが大差ない。また、熱処理によっても変えることはほとんどできない。したがって、降伏応力を上げるのが唯一の手である。

また、降伏応力ぎりぎりまで使いたいので、部材はいきおい疲労破壊しやすい高応力で使用される状態となる。したがって高い疲労強度が要求される。さらにオイルで冷却されてはいるが、シリンダヘッド内にあるため温度が高い。すなわちバルブスプリング線材には、(1)高い疲労強度、(2)エンジンオイル温度程度の温度における耐熱性、そして(3)スプリングに巻く時の巻きやすさと、巻いた後の形状の安定性がなければならない。

以上の要求に対し、シリコンクロム（Si－Cr）鋼のオイルテンパー線*2（SWOSC－V）が、一般的に使われる。図2にこの組織を、表1に成分を示す。SiとCrを多くした高炭素鋼である。焼入れ焼もどししたマルテンサイト組織をしている。引張り強さは、2GPaもある高強度線材である。0・5から8mmφのものが出回っている。表の成分よりさらにCとSiを高くし高強度化を行ったもの*3もある。スプリング用の線材としては2・4GPa程度の強

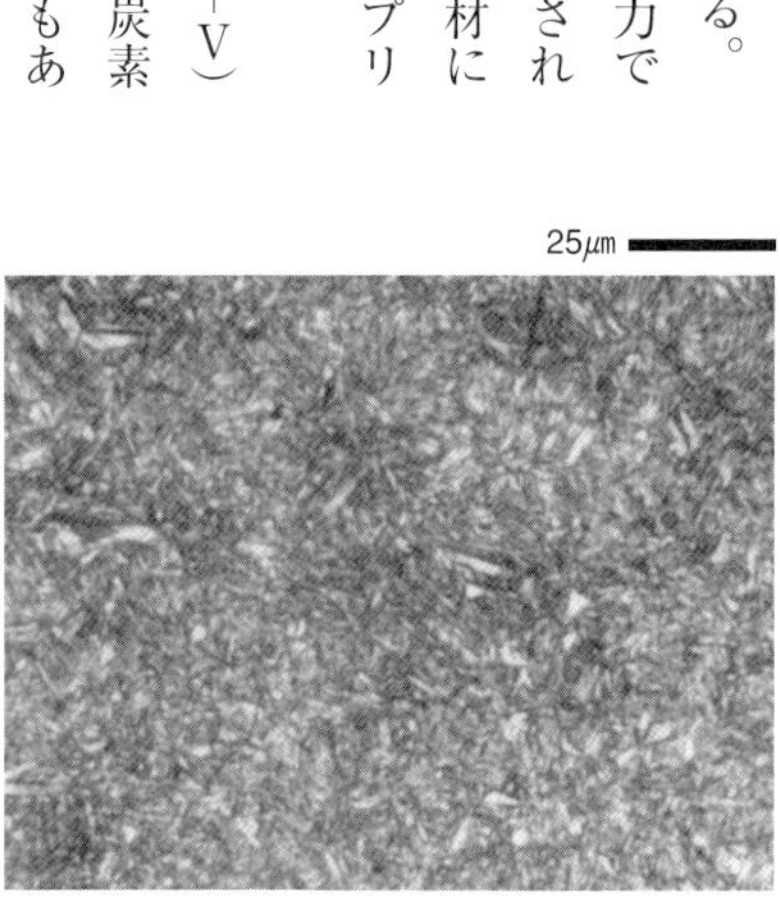

◀図2　バルブスプリング材組織／現在、非金属介在物が原因の折損はほとんどない。20μm以下の介在物は許容される。ただしスプリング表面の傷には弱い。

度のものが限界と考えられている。

オイルテンパー線は、コイルに巻く前の線の状態ですでに十分なばね性を持っている。まっすぐな線材の状態で連続的に、焼入れ焼もどし（補講F）する。オーステナイト域から油焼入れし、320～400℃で焼もどしする。Siは固溶してフェライトを強化し、さらに低温焼もどしぜい性[*4]の出現する温度を高温側に移行させる。炭素鋼は350℃付近で焼もどすと、焼入れで導入された高密度の転位が炭素あるいは炭化物で固着され、動きにくくなり極めて硬くなる。そのためSiを増量し、低温焼もどしぜい性を避けることができれば極めて硬い状態で使えるのである。Siはこのような働きのために高くしてある。

まっすぐな状態で焼入れ焼もどしするので巻きぐせはない。しかし、焼入れ焼もどしの結果、繊維組織（線引きした時できる線の長手方向に伸びた結晶粒がそろった状態）はあまり発達していないので折れやすく、強く湾曲させることはできない[*5]。

この他、オイルテンパー線以外にSiを増量したピアノ線などもコストダウン仕様として一部使われている。ピアノ線は微細パーライトの線を線引きして作られる。この処理をパテンティングと言う。Fe-0・82%C-0・93Si-0・75Mnのような成分である。

スプリングは、表面きずなどの切り欠きや脱炭（表面だけ炭素が抜ける）、鋼材内部の非金属介在物[*6]などに弱い。線材の品質管理は厳しい。

ばねを巻く

4バルブ4気筒のエンジンではバルブスプリングを16個使う。ばらつきがあっては安定したエンジン運転はできない。ばらつきを抑える工夫がしてある。

◀表1 バルブスプリング材成分(%)／SiとCrの量が多い。

材料	C	Si	Mn	P	S	Cu	Cr	硬さ	熱処理
SWOSC-V	0.55	1.4	0.7	<0.03	<0.03	<0.2	0.7	HRC55	焼入れ焼もどし

オイルテンパー線は冷間（室温）でばねに巻く。図3にバルブスプリングの製造工程[*7]を示す。

①線材を連続的に、一個一個高速で巻き取りスプリング形状にする。②400℃程度で焼なまし、加工ひずみを取る。③乾式の両頭平面研削盤で端面を平行にそろえる。④回転させながらまんべんなくショットピーニングし、疲労強度を上げる。ショットピーニングは、鋼の小さい玉（粒）を、空気の噴射と共に勢いよく素材の表面にたたきつける処理である（後述）。⑤ショットピーニングの時導入された転位を固着するため250℃程度の低温で短時間焼なます。この後、へたり処理といって圧縮応力を与えた状態で水冷し、⑥以降の検査工程に向かう。

降伏応力や引張り強さなどの機械的強度は、ばね加工前の線引き状態で確保されているが、これを巻いたままではばねとしての耐へたり性が低い。そのため、巻いた後、焼なまされる。この際、次のような変化が素材内部で起きる。

加工したままの状態では、加工時に導入された多量の転位が不安定位置にあり、マクロの降伏点前に低負荷でもふらふらと動く。このまま使うと、低応力で微小な塑性変形（マイクロイールドという）が起きるため、すぐへたる。これを避けるため、ばねを巻いた後、圧縮をかけわずかに塑性変形させへたりにくくする。この処理をセッチングと言う。また、焼なまして転位を炭素や炭化物あるいは窒素で固定して動きにくく（ひずみ時効）し、ばね限界値を高める[*8]ことができる。

セッチングとひずみ時効を同時に起こさせるホットセッチングという処理も一般的に行われる。図3⑤の後に組み合わされる。

バルブスプリングはコイルの内側の応力が高い。たいていは内側から疲労破壊する。図

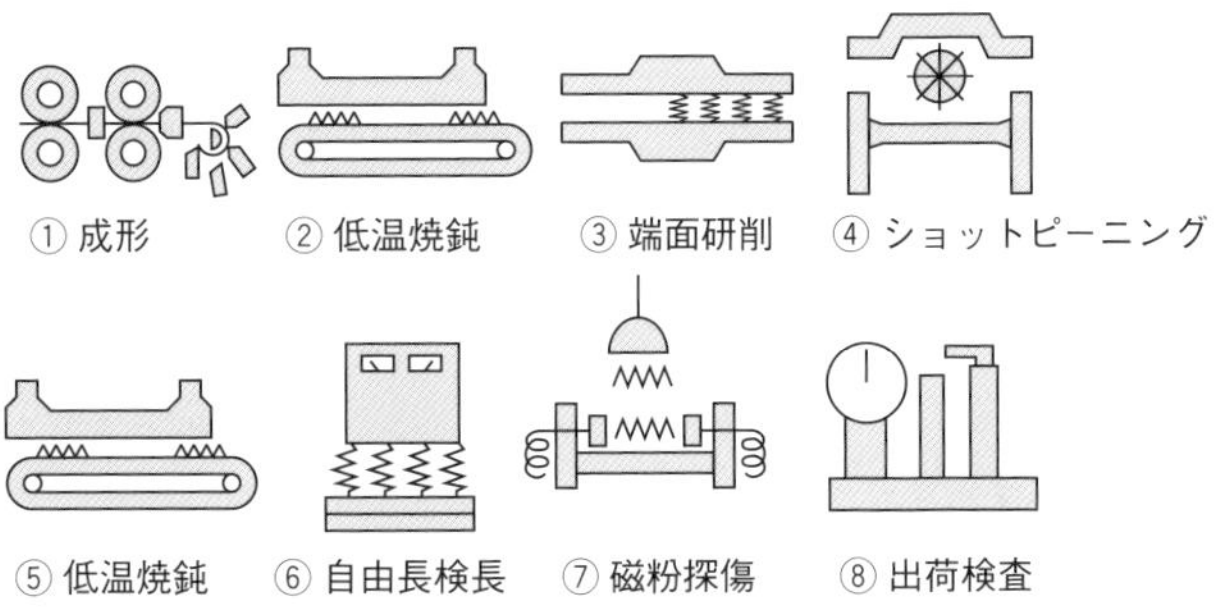

◀図3　バルブスプリング生産工程

4はその例である。巻き線の内側のこすれて付いた傷を起点に疲労破壊した例である。高性能なバルブスプリング用として、応力の高い内側を太くするための非円形断面（楕円形状）の線材もある。

ショットピーニングによって疲労強度を向上する

バルブスプリングは高応力で使われる。[*9] 疲労強度を上げるショットピーニングという処理がされる（図3④）。

ショットピーニングは、鋼の小さい玉（粒）を、空気の噴射と共に素材の表面にたたきつける処理である。その際、表面層は圧縮を受け広がろうとするが、その下部の塑性変形しない領域に拘束され、弾性的圧縮状態になる。この圧縮残留応力[*10]を作ることで、スプリング表面に負荷時にかかる引張り応力を緩和する。その結果、疲労寿命は10倍程度伸び[*11]る。

図5の実線は、ショットピーニング（約45分）し、導入した残留応力の分布を示す。測定は、X線応力測定法[*12]による。表面から少しずつ電解研摩で削っていき、横軸の各深さでの応力を測ったものである。表面から0・1㎜入った位置の圧縮残留応力（圧縮のため－《マイナス》符号）が最大となっている。

図5では表面近くの応力が下がっている。ショットで表面の温度が上がり応力が緩和されることによる。1種類のショット玉でショットするとこのような分布となる。

1度目のショットでこのような分布となったものに、さらに細かいショット玉で2度目のショットをかけると表面近傍の残留応力低下はなくなる。図の破線のような理想的な残留応力分布となる。2段ショットピーニングとして知られている。圧縮残留応力の分布と

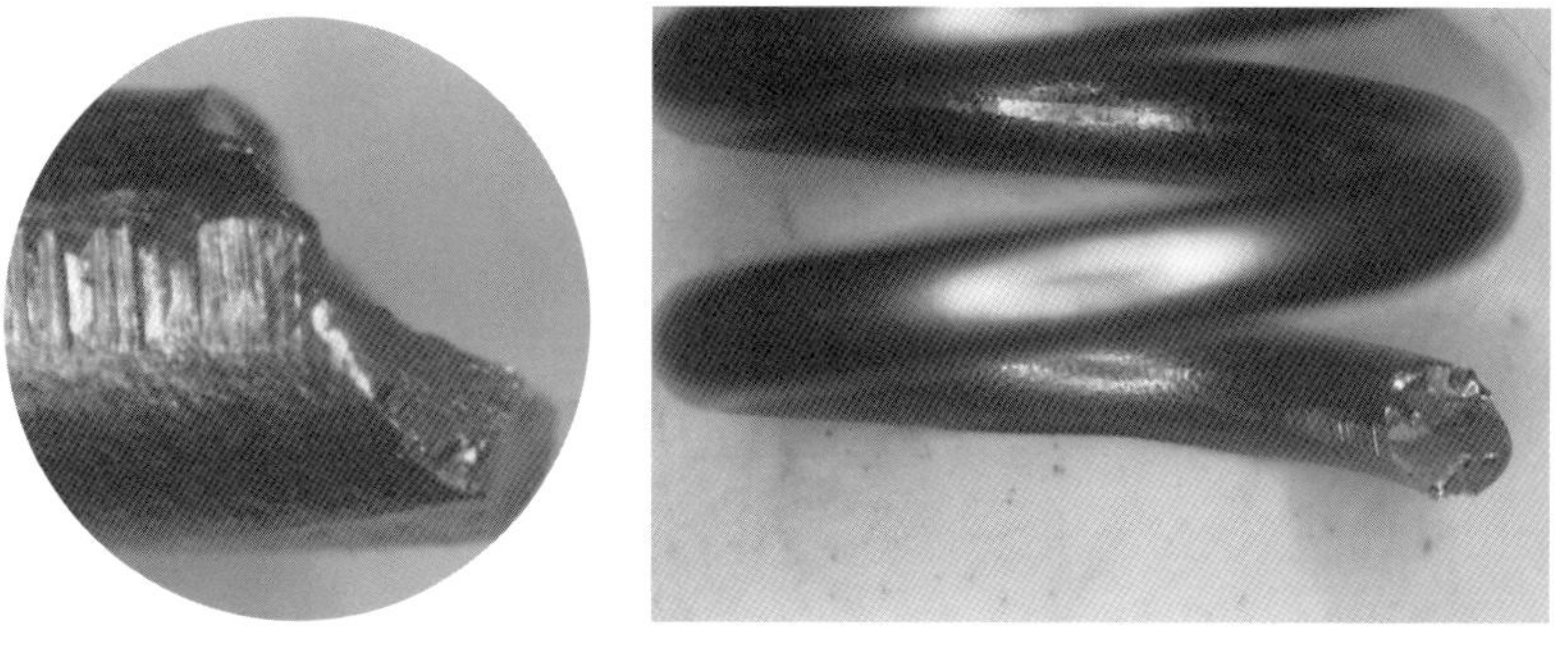

◀図4　こすれてついた内側の傷を起点にしたねじり疲労破壊のせん断破面／左は折損部を内側から見た。

大きさの管理は、熱処理の管理に劣らず重要である。
疲労亀裂は一般に応力の高くなる表面から発生しやすい。高Siの鋼は熱処理時、表面直下に脱炭が起き軟化しやすい。ショットピーニングは、軟化を補う対策としても有効である。応力腐食、摩耗などにも効果があるとされている。

また、疲労強度をさらに向上させる目的で、低温で浸炭・窒化処理（両者を同時に行う）をショットピーニング前に行い、引張り強さを2・2GPa程度に高めたバルブスプリングもある。高出力エンジンに使われている。

ショットピーニングは、被処理物の硬さが高いほど大きい残留応力が導入できる。ダイカスト金型（熱間ダイス鋼）のヒートチェック防止などにも使われている。ショットピーニングはGMのアルデンらの研究によるものである。第二次大戦中の日本では、墜落したB29爆撃機のバルブスプリングが梨地肌（ショットピーニングするとなる）になっていることの理由が不明で、話題になったそうである（図6）。日本には戦後導入された。

バルブスプリングは特殊鋼の特性が最も活かされている部品である。軽量化をねらったTi合金のスプリングなどもあるが、他の材料に転換される可能性は少ない。部品としては、すでに完成の域に達しているともいえる。動弁系は全体としてのバランスが生命である。エンジンをファイアリングすると動弁系の挙動はデータが採りにくい。駆動軸からエンジンをモーターで回すモータリング試験でデータ採りし、測定値に基づいて最適設計される。

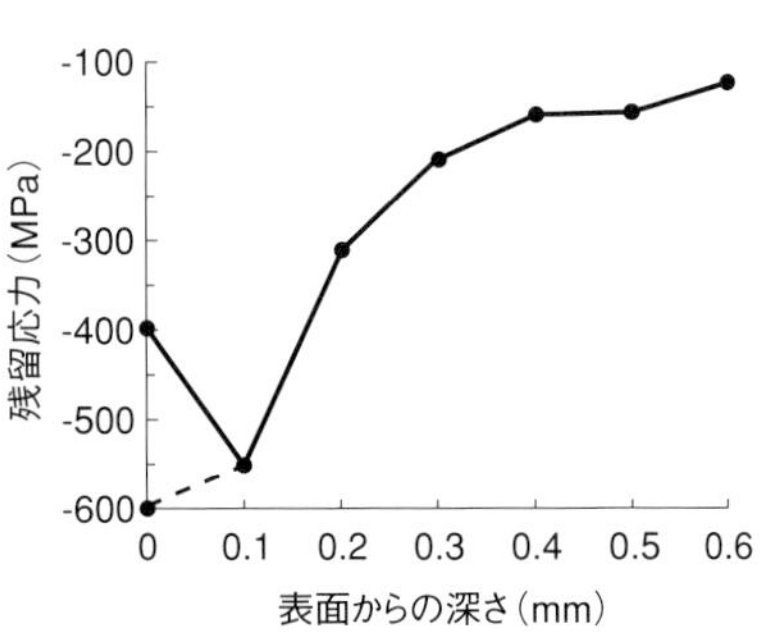

◀図5　ショットピーニング後の圧縮残留応力分布／X線応力測定法による。破線は2段ショットピーニングのデータ。

◀図6　ライトR－3350－57エンジンのシリンダ／18気筒OHV2200馬力。ボーイングB29に使われ第二次世界大戦末期に日本を爆撃した。ターボチャージャを装備し成層圏高々度飛行が可能だった。バルブスプリングはショットピーニングで梨地になっている。バルブはNa封入バルブで、当時世界最高の軍事技術を使っていた。

参考文献と注

＊1　スプリングは伸びきっては使われない。使用時、最も長くなった位置で保持している荷重をセット荷重という。セット荷重よりも常に高圧縮応力状態で使われる。

＊2　JISには弁ばね材料として3種の規格（SWO-V、SWOCV-V、SWOSC-V）がある。-VはValveの意味である。ばね鋼には、⑴成形後に焼入れ焼もどしばね性を付与するタイプと、⑵ばね性が付与されている素材をばねにする場合の二通りがある。前者を熱処理ばね鋼、後者を加工ばね鋼という。加工ばね鋼には、ピアノ線のように冷間加工によってばね性が与えられる鋼種とオイルテンパー線のように焼入れ焼もどしによってばね性が与えられる鋼種がある。冷間加工によって転位を大量に入れ、その転位を炭化物で動きにくくするタイプのピアノ線のようなばね鋼は、巻きぐせ（引抜いた後、巻きとりでつくくせ）がつきやすい。また太い線が作れない。

＊3　Siは転炉の製鋼段階では、添加できない。高いSi量の微妙な管理はむずかしい。介在物の少ない優秀な日本製のスプリング材は世界中に出回っている。

＊4　炭素鋼を300℃付近で焼もどすと極めて硬い。しかし結晶粒界で割れるようになり、極めてもろい。低温焼もどしぜい性とはこれを指す。補講図F3参照。

＊5　門間改三、須藤一「構成金属材料とその熱処理」日本金属学会、（1977）126。

＊6　鋼材内部の非金属介在物なども疲労の原因になるきずである。製鋼段階での、各種清浄化技術（補講B参照）の採用により非金属介在物が低減され、日本製の鋼材の疲労寿命は格段に長くなっている。クランクシャフト、ギア、コネクティングロッドなどの各種鍛鋼品はもちろんのこと、特にベアリングなどの転動疲労を受ける部品の寿命は、飛躍的に長くなり、日本製品の優秀さを支えている。

＊7　中央発條㈱の会社案内による。

＊8　繰り返したわみを与えた後のたわみが規定された値を超えない限界の応力をばね限界値という。低温で焼なまし、ばね限界値を高めることは銅合金のばねなどでも使われている。山縣裕、和泉修「日本金属学会誌」44（1990）982。冷間加工したままの素材（絞りや曲げなどの2次加工を含む）は、内部の残留応力が高く、素材によっては応力腐食割れを起こしやすい。黄銅の場合は、時季割れとしてよく知られている。こういった場合の対策に、低温焼なましは有効である。

＊9　スプリングの設計応力は1975年、800MPa程度であったものが、1990年には1・3GPa程度になっている。

＊10　須藤一「残留応力とゆがみ」内田老鶴圃、（1988）98。

＊11　Metals Handbook 8th ed. vol.1. ASM.（1961）163.

＊12　応力がかかると結晶の格子面間隔が変わる。X線回折を使い、各格子面の間隔変化より主応力の方向と大きさを決めることができる。

第8章

疲れて、鍛錬され焼きを入れられるゴツイやつ。

［クランクシャフト］

軸につけたヘビーな重りを振り回す

クランクシャフトは爆発力を回転運動に換え、トランスミッションに動力を伝達する。回転を滑らかにするためのバランスウエイトが軸についたゴツイ形をしている。2サイクルエンジン用、4サイクルエンジン用ともに主として鍛造で成形される。前者はいくつかの部材を組立てた方式、後者は全体が一体の方式と構造が異なる。*1 材質には炭素鋼が用いられる。表1に成分を示す。

本章では構造と使用材料をまず説明した後、鍛造技術、熱処理技術の順に解説する。

組立式クランクシャフト

図1(a)にモーターサイクル用2サイクル2気筒エンジンのクランクシャフト・アッセンブリーを示す。コネクティングロッドおよび軸受けベアリングの入った状態である。図2は2サイクル2気筒エンジンのクランクシャフト周りの断面構造である。2サイクルエンジンでは、コネクティングロッド大端部（クランクシャフト側：第9章参照）に、ニードルベアリング（ころがり軸受け）を使用することなどから、組立式が使われる。クランクシャフト本体、クランクピンとウェブ（クランクピンとバランスウエイトをつなぐアーム部を合わせウェブという）を一体にした部材、中間シャフトの5部品を圧入により組付け、つなぐ構造になっている。

コネクティングロッド（以下コンロッドと略）大端部などの重量に対してバランスを取

成分(%)	C	Si	Mn	P,S	Cr	Mo
S45C	0.45	0.25	0.8	0.03	—	—
S50C	0.5	0.25	0.8	0.03	—	—
S55C	0.55	0.25	0.8	0.03	—	—
SCM415	0.15	0.25	0.8	0.03	1	0.2
SCM420	0.2	0.25	0.8	0.03	1	0.2
SCM435	0.35	0.25	0.8	0.03	1	0.2

◀表1 クランクシャフト素材成分／S45C、S50C、S55Cは普通鋼。これらは通常、焼ならし状態で使われる。SCM415、420、435はクロムモリブデン鋼である。これらは通常、焼入れ焼もどし状態で使われる。普通鋼の径の太い棒では内部まで焼きが入らない。焼入れ時の内部の冷却速度が遅いためである。CrとMoを入れると太い棒でも中まで焼きが入る。

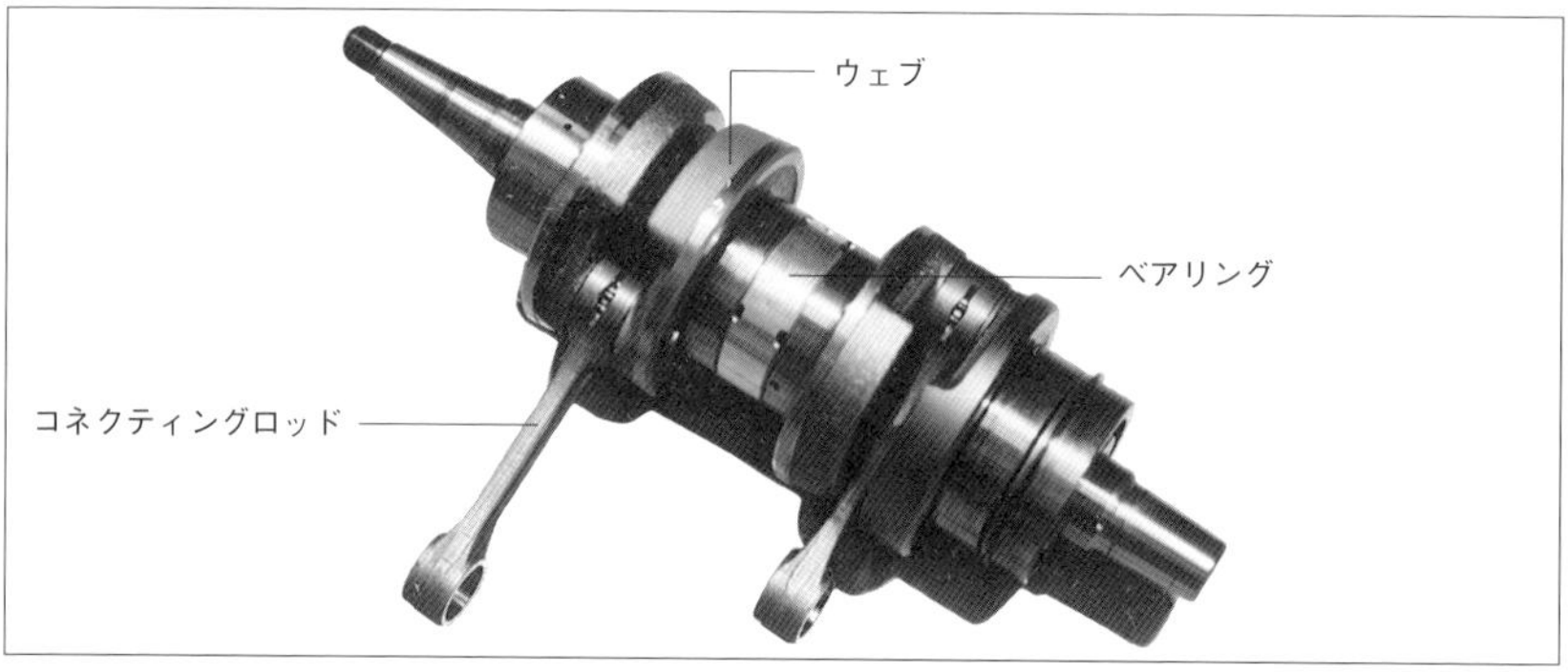

◀図1(a)

100mm

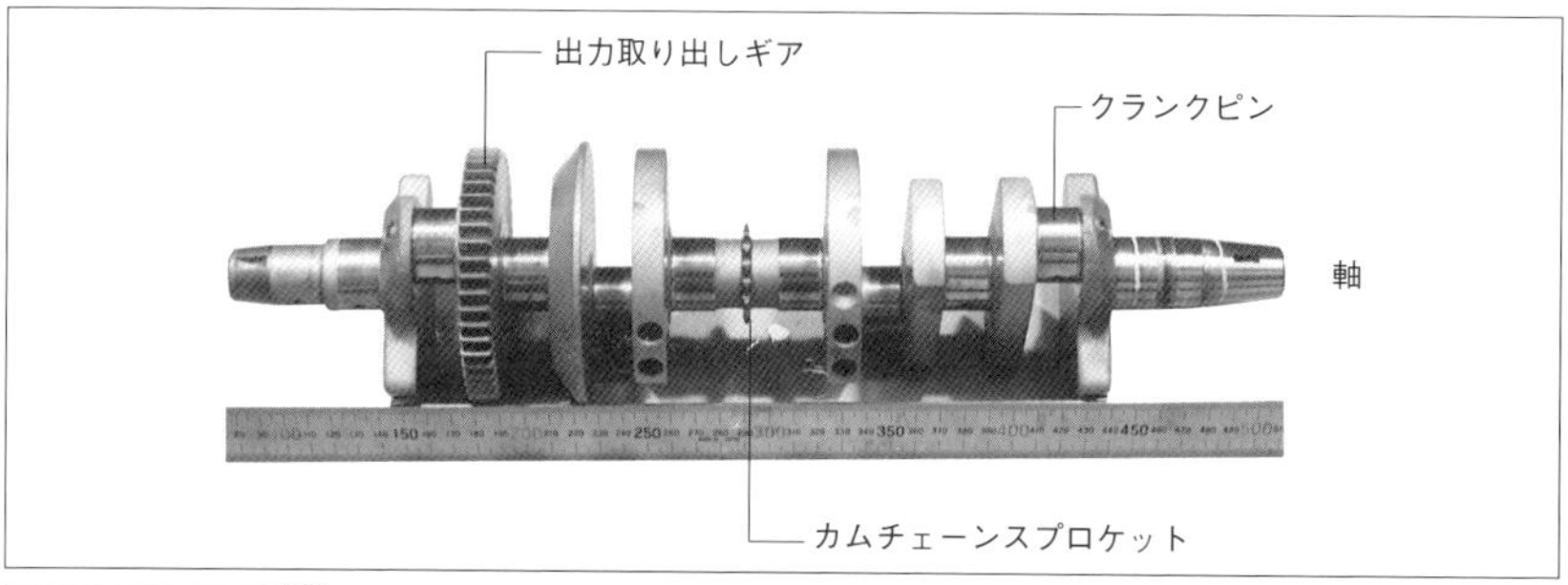

◀図1(b)

100mm

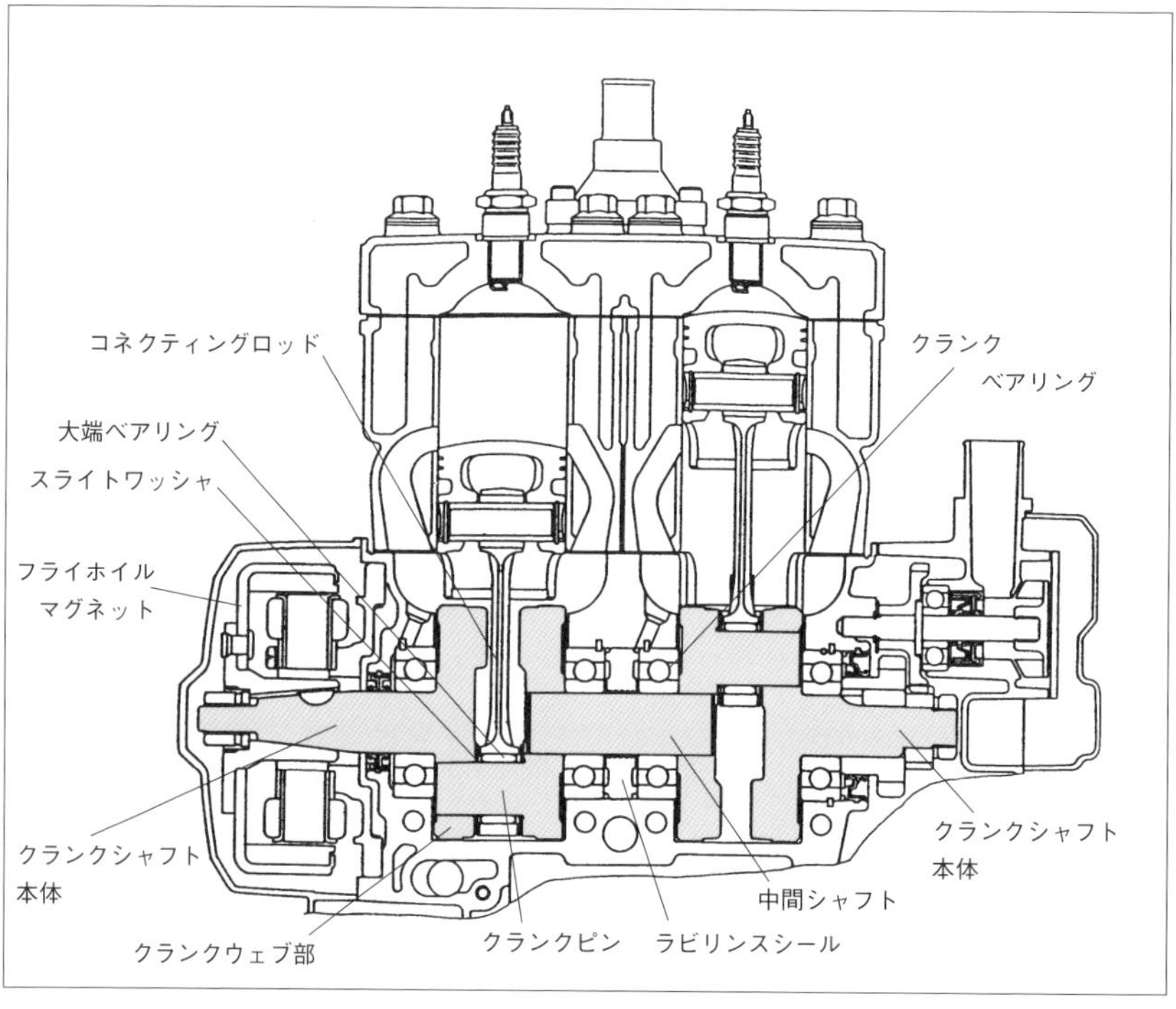

◀図2

るためバランスウエイトは付けられている。また、2サイクルエンジン特有のクランク室で圧縮する圧縮比を高めるためのクランクシャフト容積（クランク室容積のデッドスペースを極力小さくする）も考えて設計される。

クランクシャフトの本体のウェブは丸棒の一端をアップセット鍛造（バルブの作り方と同じ。第6章図9参照）によって膨らませ、その後、型鍛造（後述）で形状を出す。

クランクシャフト本体は、低負荷のものではS45CやS55Cなどの普通鋼の調質（補講F参照）である。軸部には必要に応じて高周波焼入れ（後述）される。ニードルベアリングを介してコンロッド大端（第9章参照）が転がるクランクピン表面は、ニードルベアリングのヘルツ応力により転動疲労を起こす。クロムモリブデン鋼SCM415やSCM420の浸炭焼入れ（後述）したものが使われる。さらに炭素量の高い軸受鋼（SUJ2：第9章参照）のクランクピンが用いられることもある。

一体式クランクシャフト

図1(b)にモーターサイクル用4サイクル4気筒エンジンのクランクシャフトを示す。4サイクルエンジンでは、一体成形したクランクシャフトが使われる。コンロッド大端にニードルベアリングを使う必要がない。大端を分割でき、一体成形品が使える。4気筒エンジンではエンジンの幅が広くなるが、乗車時のバンク角およびニーグリップを十分確保するため、できるだけエンジン幅を狭く設計する。自動車用も同じである。コンパクト化したいニーズは変わらない。

S45C、S50C、S55Cなどの炭素鋼[*2]のほか、一部、SCM435などが一体型で熱間

▶図1 (a)2サイクルエンジン用・2気筒組立てタイプクランクシャフト（モーターサイクル用）。コンロッド大端は構造上潤滑油が回りにくい。そのためニードルベアリングが必要である。(b)4サイクルエンジン用・4気筒一体タイプクランクシャフト（モーターサイクル用）。コンロッド大端は十分潤滑油が回るので、滑り軸受けで十分である。ニードルベアリングは不要である。そのため、クランクシャフトからの出力取出しをクランクウェブに直接歯切りした1次減速ギア（図1(b)中に表示）から行う。カムシャフトの駆動はクランクシャフトの中央に歯切りしたスプロケットからチェーンで直接行う（第5章図1参照）。クランクシャフトの内部には、軸およびクランクピンの潤滑のための給油孔が設けられている。

▶図2 2サイクルエンジン組立てクランクシャフトの分解模式図

鍛造される（表1）。いずれも0・1％程度の硫黄を添加し、快削鋼[*3]として切削性を上げる。図3はS50C硫黄快削鋼の焼ならし組織である。切削性を上げるため添加した硫黄の化合物MnSが見られる。熱処理は焼ならしや調質がされ、疲労強度向上のため、通常、軟窒化処理される（後述）。また、トラック用ディーゼルエンジン[*2]ではSCM、SMnなどの調質や高周波焼入れ品が多い。

クランクシャフトがニョロニョロ泳ぐ

クランクシャフトはゴツイ格好をしているので、一見剛性が高そうに見える。しかし、回転している時には、曲げとねじりの力が同時に働き、まるで鰻が泳いでいるような状況[*3]となっている。ベアリングに70μmほどのクリアランスをとってあるが、クリアランスいっぱいに振れ回っていると考えてさしつかえない。軸部を支える土台のクランクケースも軽量化され十分な剛性があるとはいいがたい。そのため長いシャフトを回転と曲げの加わった疲労試験をしているような状態となっている。破壊はほとんどが疲労によるものである。クランクシャフトにかかる応力としては、燃焼圧力、ピストンとコンロッドの慣性力、軸受け荷重、駆動トルクなどのどちらかといえば静的なものと、振動による動的なものがある。振動に励起される共振点での変形は極めて大きく、発生すると瞬時に破壊につながる。前者に影響する剛性を静剛性、後者に属するそれを動剛性という。静剛性、動剛性とも大きくし、なおかつエンジンの吹き上がりをよくするために軽量に作っておかなければならない。

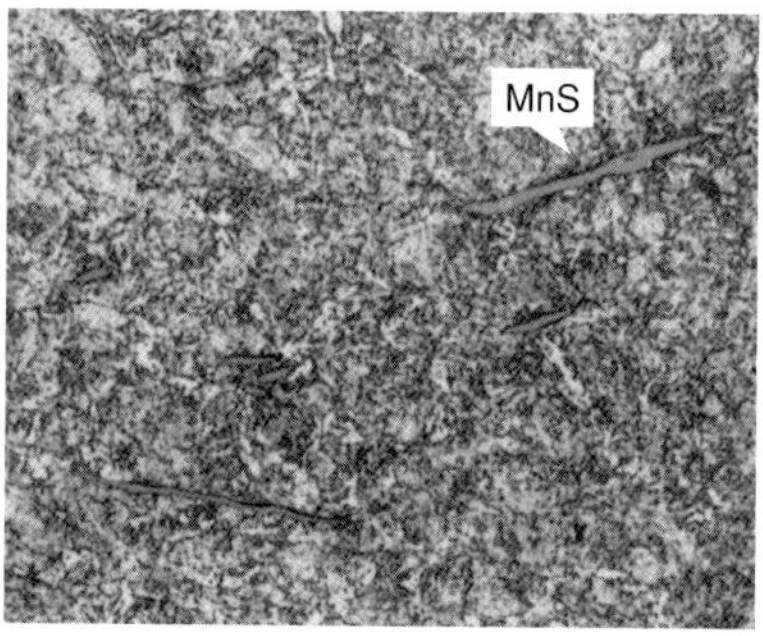

◀図3　S50C硫黄快削鋼の焼ならし熱処理組織。生地組織はパーライトである。硫黄の添加量は0・06％程度。MnSや鉛のところで切りくずはポロポロ折れる。そのためバイトに切りくずがからまず、切削性は良い。

鍛造温度を選ぶ

クランクシャフトは形状が複雑である。素材は金型を用いた鍛造（型鍛造）で作られる。赤熱状態で鍛造すると硬い鋼材も飴のようにフニャフニャで、簡単に形が転写される。図4(a)[*5]は普通鋼S35Cの変形応力の温度依存性である。2つのひずみ速度で比較してある。変形応力は温度が上がると低下する。800℃以上では極端に軟らかくなり変形させやすくなる。

金属を低温で加工すると、ひずみの増加につれ加工硬化する（図4(b)）。転位の密度が増えるためである（補講G参照）。強く塑性加工した後では加工前に見えていた結晶粒は伸びきってしまう（図4(b)）。

図5は加工した金属を高温で焼きなました時の硬さと組織の変化である。高温で焼きなますと加工組織（図5(b)）は消え、再結晶（図5(c)）する。再結晶に伴い転位の密度は大幅に減少し軟化する。再結晶とは再び新しい結晶粒が出現したという意味である。再結晶が起きると新しい結晶粒が出現し六角形状の結晶粒がはっきりと見えてくる。

金属の種類によって再結晶の始まる温度（T_1）は決まっている。再結晶温度（T_1）よりもさらに高温（T_2以上）で焼なますと、再結晶した結晶粒は成長し大きくなる（図5(d)）。またT_1以下では目に見える金属組織の変化はないが、転位の並び替え、転位密度の減少なども起き若干の軟化を伴う。これを回復という。

再結晶温度T_1以上で行われる塑性加工を熱間加工という。高温で強度が低下し、伸びが増える性質を利用する。普通鋼の再結晶温度は700℃程度であり、鉄物の鍛造の場合は、

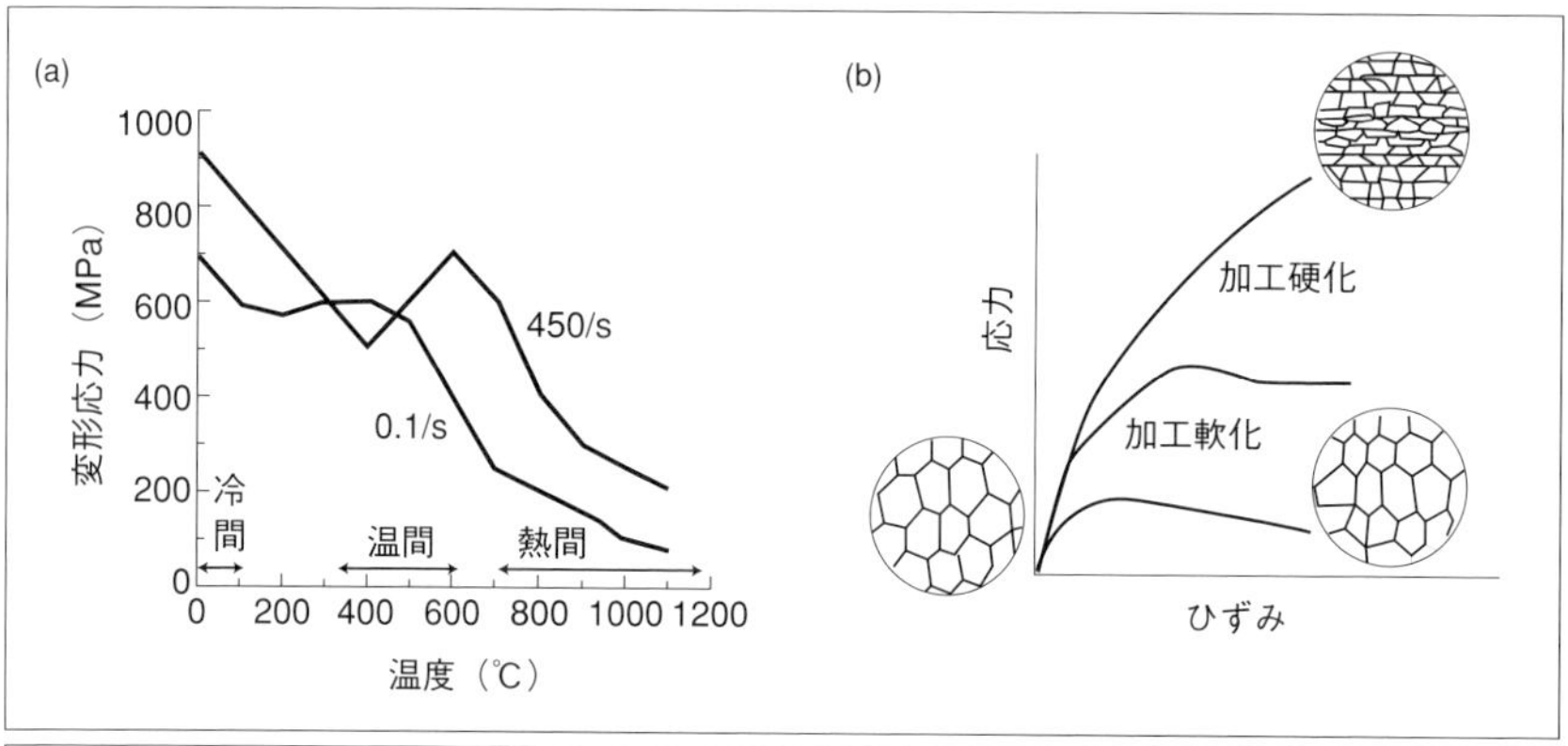

◀図4

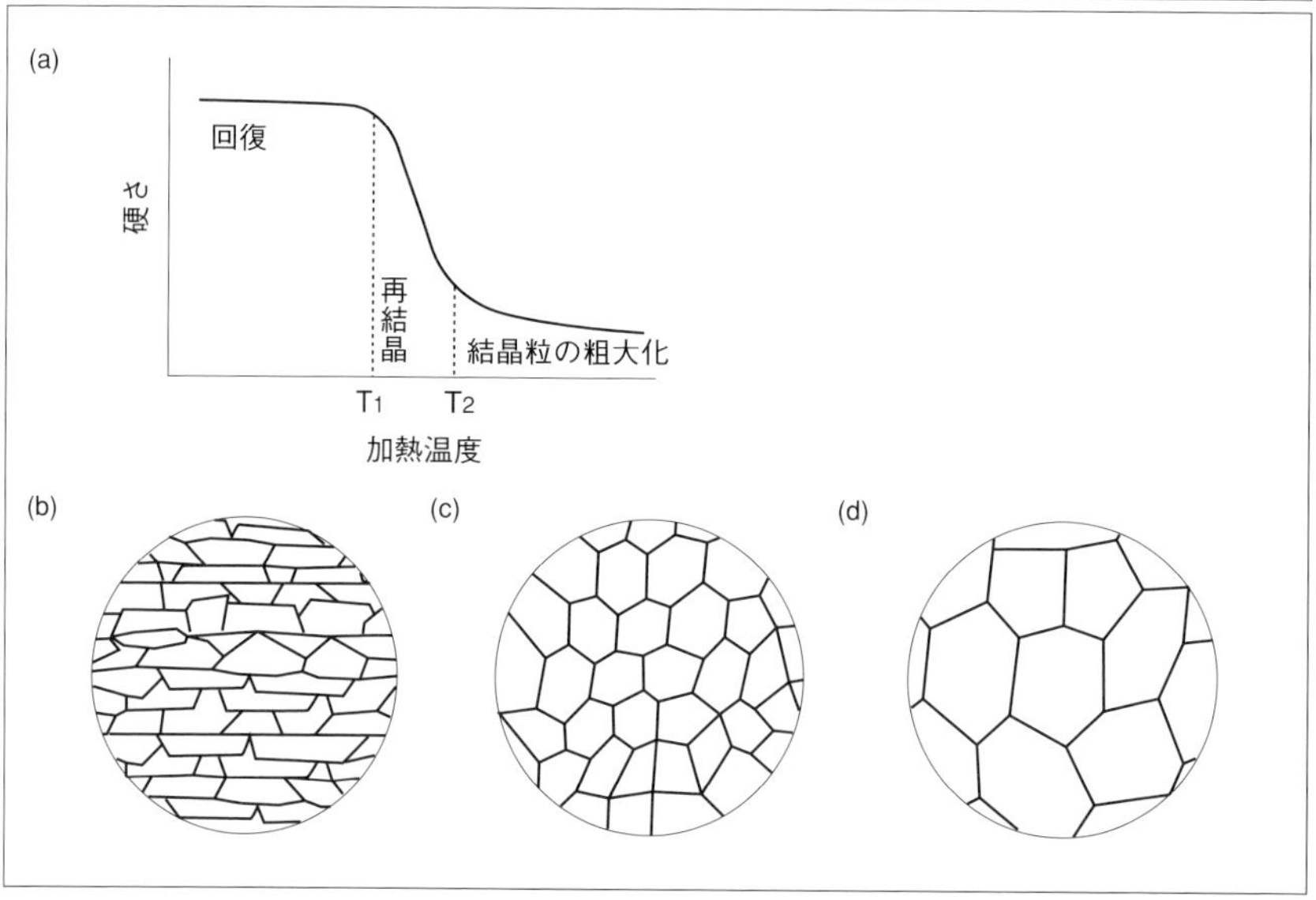

◀図5

◀図４ (a) S35Cの強度と伸びにあたえる温度とひずみ速度の影響。中温部200～600℃での極大は動的ひずみ時効によるものである。通常の鍛造成形の時の成型品に加わるひずみ速度は0・1／sから1／s程度である。図中に各鍛造で使われる素材の加熱温度範囲を表記してある。700℃は鉄の再結晶が始まる温度で、この温度以上の鍛造を熱間鍛造という。素材の変形抵抗は高温では変形する速度の影響が大きく、一般に高ひずみ速度の方がカーブは高温にシフトする。(b) 応力―ひずみ曲線の温度依存性。模式図。変形温度が高いと動的回復や再結晶が起きるため加工硬化しない。むしろ軟化する。結晶粒の変化を表示。

◀図５ (a) 加工した金属の加熱に伴う軟化。(b) 結晶粒は伸びきっている。(c) 再結晶粒。再結晶温度（T_1）から高温で焼なますと加工組織は消え、再結晶する。T_1以下では目に見える金属組織の変化はないが、転位の並び替えなどが起きる。(d) 再結晶した結晶粒の粗大化。さらに高温（T_2以上）で焼なますと再結晶した結晶粒は大きくなる。結晶粒は小さいほど強い。結晶粒が粗大化すると強度が低下し、好ましくない。したがって焼なましの時のオーバーヒートは避けねばならない。

この温度を境に高温赤熱域での鍛造を熱間鍛造、低温での鍛造を冷間鍛造（一般には室温）という。

熱間鍛造時には、加工ひずみが加わると同時に軟化過程である再結晶や回復などが起きる。これが成形加工中に起きると加工しても硬化しない（図4(b)）ので塑性加工はしやすく、成形性が上がる。熱間加工時に起きる再結晶や回復を動的再結晶[*6]、動的回復という。この現象により、高温では強加工しても硬化しないのである。

冷間加工したものを焼なます時に起きる回復再結晶を、動的回復や動的再結晶と区別して、静的回復や静的再結晶ともいう。

熱間鍛造

図6（次頁）に一体クランクシャフトの型鍛造工程[*7]を示す。丸棒を切断し、ビレット（鋼片）形状にしたものを高周波誘導で1000℃程度に白熱する。ガスの加熱も使われる。高周波加熱は短時間に昇温できるので、脱炭、酸化などが少ない。加熱したビレットは荒地取りにより軸方向に肉を配分する。これには鍛造ロールなどが用いられる。次に曲げ加工を行い、荒型および仕上げ型打ちにより形状を出し、最後にはみ出したバリを取って素形材となる。図7に仕上げ打ち品とバリ抜き品を示す。クランクピンの位相がずれているものについては、さらにねじりを加え位相をずらす（図8）。位相のずれたものを最初から作ろうとすると歩留まりが悪いからである。

変形応力の下がった高温状態で成形する熱間鍛造は、複雑な形状を作るのに向いている。ただし、なにぶん高温での鍛造である。酸化スケール（酸化してボロボロになった表面）

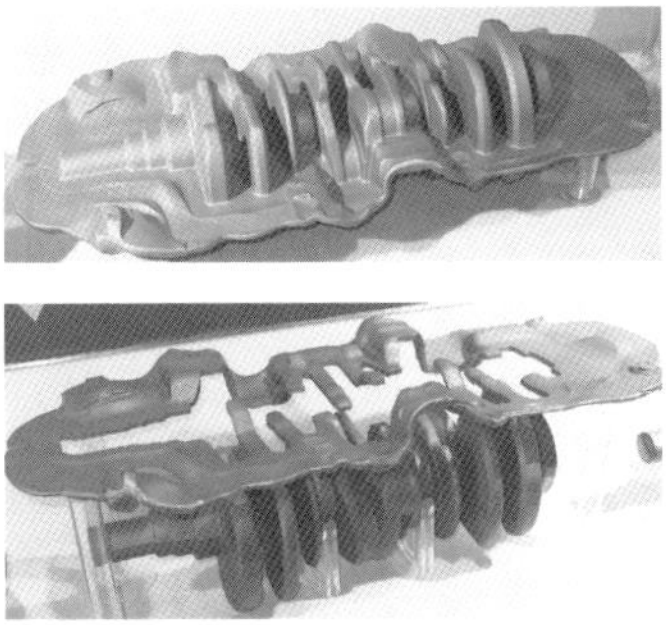

◀図7　熱間鍛造クランクシャフト素材／写真上は仕上げ型打ち上がり。写真下はバリ抜き品。上に離れているのがバリ。

◀図8　クランクシャフト素材のツイスト品／図7のように打ち上げた素材をねじりを与えピン位置の位相をずらす。

▶図6　4サイクルエンジン・クランクシャフト鍛造工程／定尺に切断したビレットは、荒地取り以下5工程を経て完成する。曲がっているものは寸法矯正も行う。荒地取りでは、溝付きの圧延機（鍛造ロール）を用い、段付きシャフト状に成形される。曲げ工程の絵の中に描かれているのは鍛流線（ファイバフロー）である。

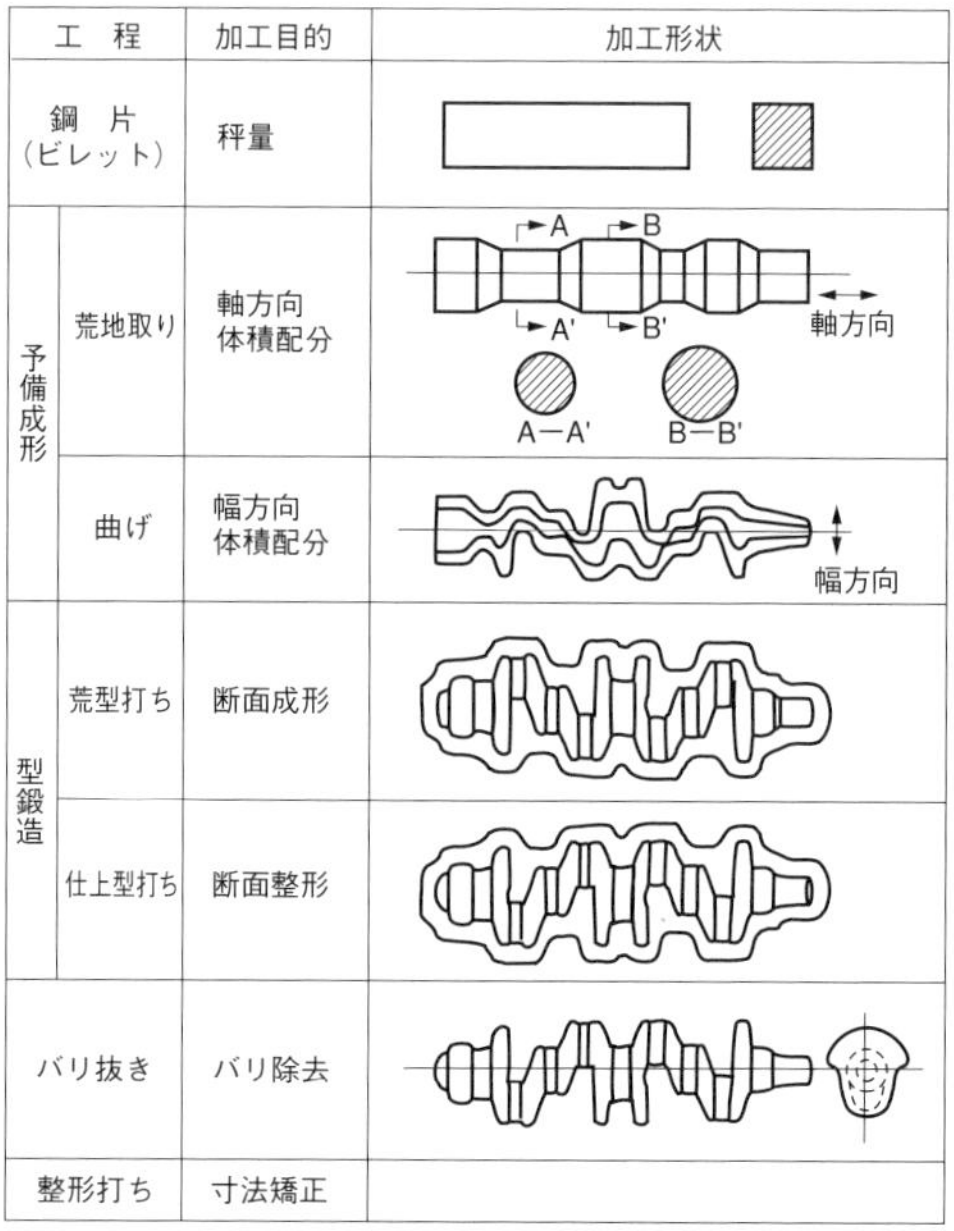

工　程		加工目的	加工形状
鋼片（ビレット）		秤量	
予備成形	荒地取り	軸方向体積配分	
	曲げ	幅方向体積配分	
型鍛造	荒型打ち	断面成形	
	仕上型打ち	断面整形	
	バリ抜き	バリ除去	
	整形打ち	寸法矯正	

▶図10　熱間鍛造成形工程設計手順／鍛造品の用途から機能精度、形状、材質などが決まる。部品を設計し使う側では、精度が上がり高強度のものであれば何でもいいのである。しかし、現実に使う段になると、それでは鍛造しにくく型が持たないとか、市場にあまり出回っていない特殊な材質であるとかの制約条件がある。したがって最終的に決まるものはたいてい、使う側と作る側のなにがしかの妥協の産物である。良い部品は相互のニーズをよく知っている技術者の共同作業によって作られる。

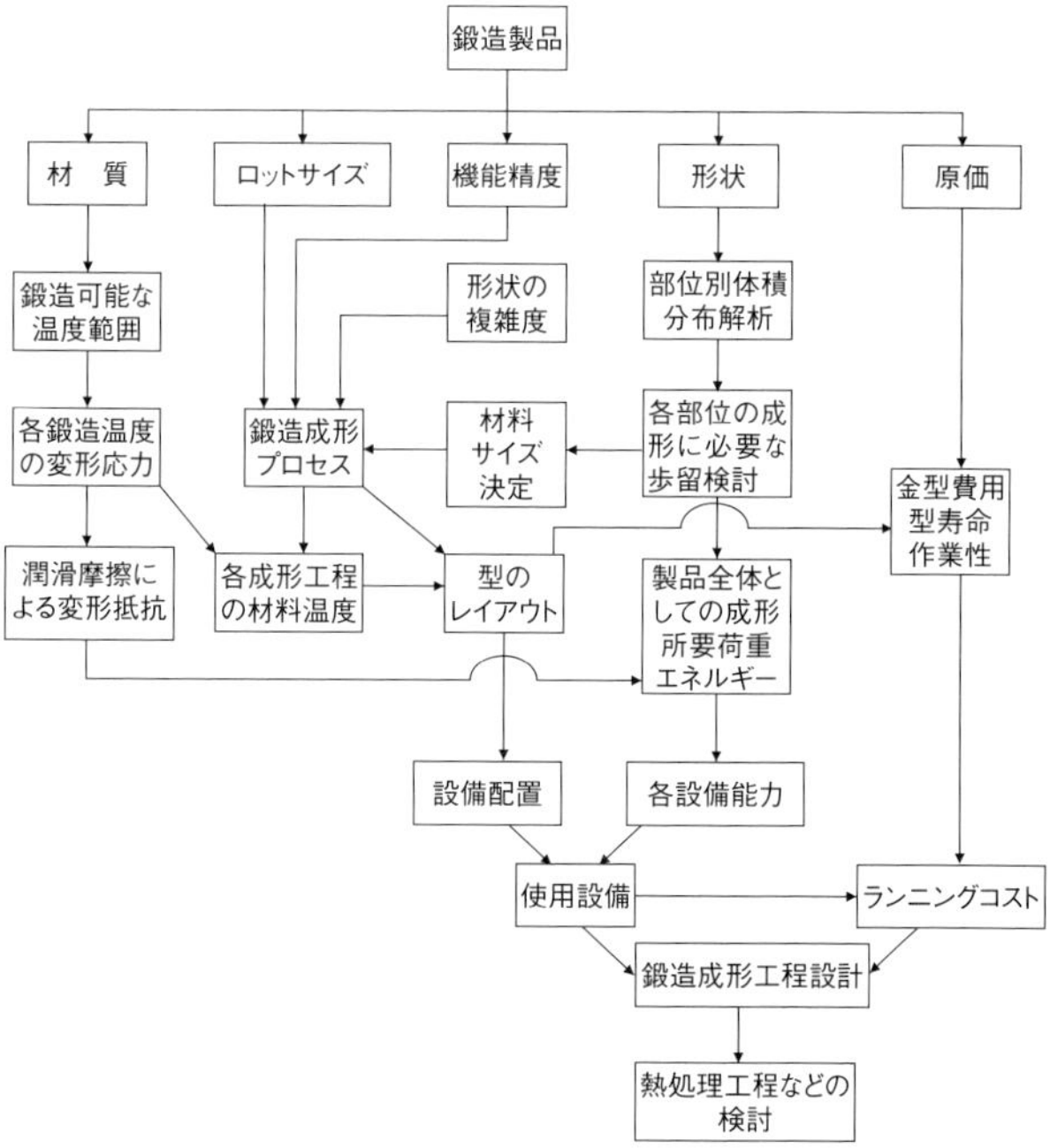

や肌荒れを伴い、寸法精度が低い。多量の水溶性潤滑剤を使い金型を冷却しながら鍛造するが、型のもちは通常、1万ショット以下と悪い。素形材として仕上がったクランクシャフトは、次の機械加工工程に回される。図9はピンの研磨砥石を示す。

要求機能上、高強度にしようとすると硬い素材のため鍛造しにくくなったり、切削しにくくなったりして生産性の低下をもたらす。ひいてはコスト高になる。図10は熱間鍛造の成形工程を決める要因を示した工程設計手順書[*8]である。温度の低い状態（加熱のコストが安い）で、軟らかく成形性が良い素材（型に無理がかからず小さいプレスですむ）を使い、彫り込みの浅い形状（深くすると型が熱疲労などで割れやすい）で歩留まり悪く成形（巻き込みなどの鍛造欠陥が出にくい）した方がやりやすい。また、少品種で大量に作るのが段取り替えも少なくやりやすい。しかし、生産技術上の多少のやりやすさは考慮されても、材質や形状およびロット数などについては、商品に要求される品質で基本的に決まってしまう。同じ熱間鍛造でも、ＳＣＭなどの合金鋼は変形抵抗が高く、型のもちも悪い。したがって、図中にあるような経済的要因を考えて最適工程を作り込むのが、鍛造屋の腕である。

生産数量や素材の要求精度に応じて鍛造の機械も選ばれる。特殊な鍛造品には専用の機械が用いられている。汎用の鍛造機械は駆動方式によってエアハンマー、機械プレス、油圧プレスなどがある。クランクシャフトには機械プレス、エアハンマーが用いられる。エアハンマーによる熱間鍛造[*9]は成形速度が速く、金型の段取り替えが簡単で、小ロット生産に向いている。金型費用、設備費も安い。しかし、オペレーターが素材を手で扱う。熟練が必要である。騒音が大きく、作業環境は良くない。

表2に各種鍛造方法[*7]を一覧した。

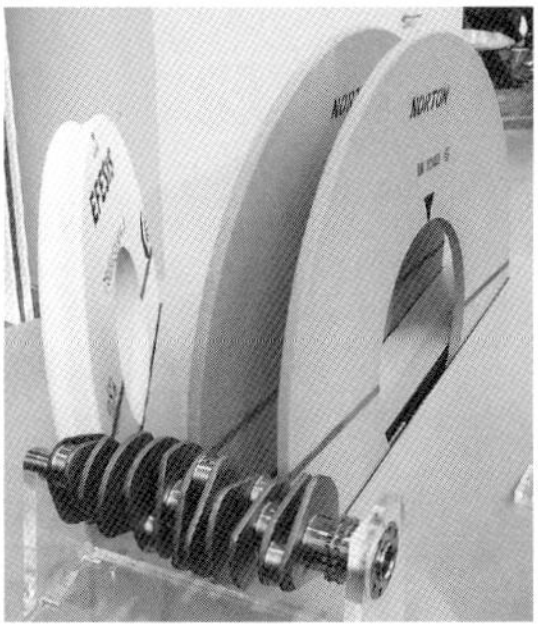

◀図9　クランクのピン研磨砥石／クランクシャフトを回転しながら研磨する。

冷間鍛造と温間鍛造

熱間鍛造は素材が軟らかく型の転写性は極めて良い。しかし、精度は良くない。したがって機械加工で精度を上げる。次に、熱間鍛造以外の鍛造方法のことにも触れておこう。

冷間鍛造は前方押出し、後方押出し、据え込みを中心とした室温での加工法である。前方押出しは、例えばカップ状のものなら10円玉形状のビレットからプレスのパンチの前方にカップの縁を押し出す。後方押出しは、パンチの動く方向の反対（後方）に押し出す。据え込みは、例えば小径のビレットをつぶし広げる。

精密な鍛造品ができるため、近年、大いに採用されている。精度を上げるための後加工も少なくてすむ。ただしなにぶん室温での加工法である。非対称形状や複雑形状で金型に無理のかかる形は鍛造できない。この分は熱間鍛造に負ける。主に軸物や丸い形状のものに適用される。鍛造前にボンデ被膜（リン酸亜鉛被膜に石鹸を付加し、固体潤滑の働きをもたせる）を素材につけて金型との摩擦を減らしたり、伸びを増すため素材に球状化焼なましをする（補講F参照）。

この他に300～600℃の中間温度域で加工する温間鍛造がある（図4(a)）。300～600℃に加熱すると変形抵抗が下がる。加工荷重を冷間鍛造よりは低下できる。冷間鍛造に比べ大きい部品や強度の高い材料の加工に利用されている。酸化スケールの発生は熱間鍛造に比べ少なく、精度も良い。温間鍛造は1970年代に開発された。

◀表2　鍛造加工の分類／自由鍛造は金型を用いないちょっとしたジグ程度のものを使う。特殊鍛造というのは、揺動鍛造、ロール鍛造、リングローリングなどをいう。専用機を使う。

- 鍛造
  - 熱間自由鍛造 ―― 鍛伸、展伸、据込み、中空、穴広げ、背切り、曲げ、ねじり、口絞り
  - 熱間型鍛造
  - 冷間・温間鍛造
  - 特殊鍛造 ―― 揺動鍛造、ロール鍛造、リングローリング、粉末鍛造、溶湯鍛造

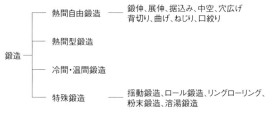

複合鍛造

高精度の型鍛造を行おうとすると一般に型による拘束が大きくなる。加工圧力が過大になりやすい。そのため大体の形は熱間鍛造で作っておき、その後冷間鍛造で仕上げるという、複合した加工方法を取ることもある。複合鍛造と呼ばれている。

ニアネットシェイプ（ほとんど完成品に近い状態をいう）の物が得られる精密鍛造を使うか、熱間鍛造で大体の形を作り機械加工で仕上げるかは、コストで決まる。精密鍛造は金型代が高く生産数が少ないと割高になる。

また、特殊なリング形状を作るための鍛造（表中、リングローリング）や、粉末の圧粉体を型内で鍛造により焼結させる粉末鍛造、溶けた金属を型の中に流し込み加圧成形する溶湯鍛造（基本的には鋳造である）などがある。

浸炭焼入れによって硬くする

2サイクルエンジンでは、クランクケース内に十分な潤滑油を保持できないためコンロッド大端にニードルベアリングを使用する（第9章参照）。ニードルベアリングの転走面には高いヘルツ応力がかかる。そのためニードルベアリングのローラーから見て、外側の転走面にあたるコンロッド大端、および内側の転走面にあたるクランクピンを共に浸炭焼入れして使うのが一般的である。

クランクピンは、表面研磨後クランクシャフト本体に圧入[*10]される。図11(a)はクランクピ

(a)

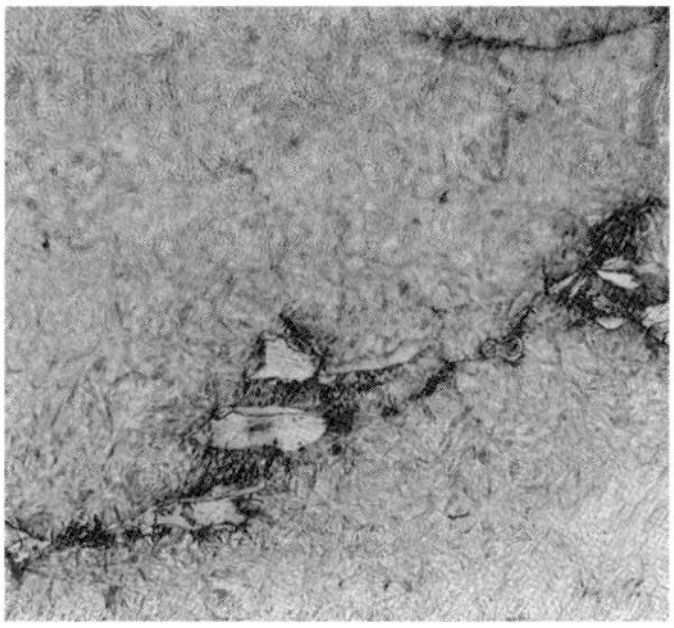

(b)

◀図11 (a)クランクピン表面に生じたピッチング。(b)表面直下50μm付近に生じた疲労クラックの拡大組織写真。疲労クラックを起点にしてピッチングは生じる。起点にしばしば硬い白層を伴う。

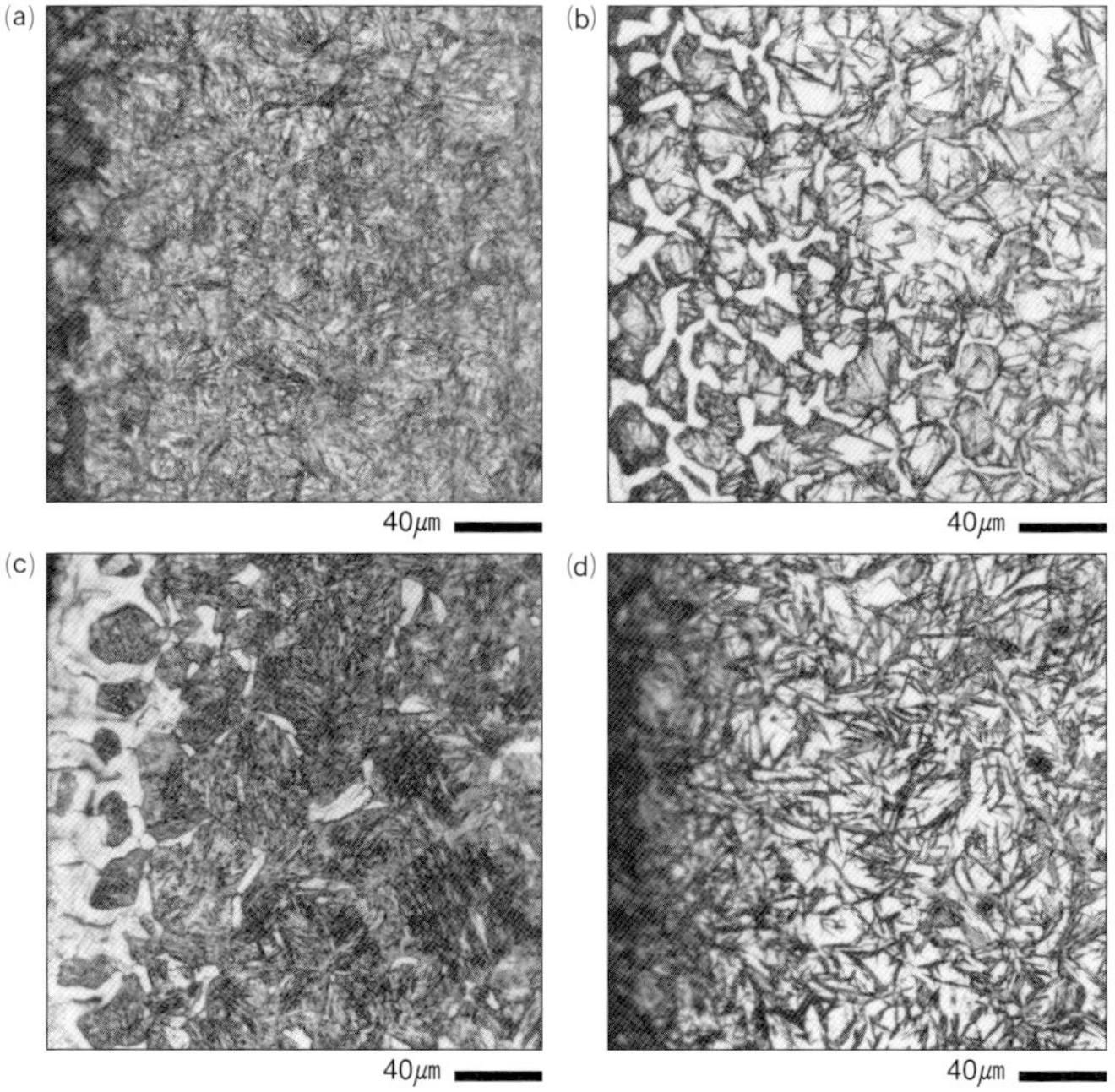

◀図12

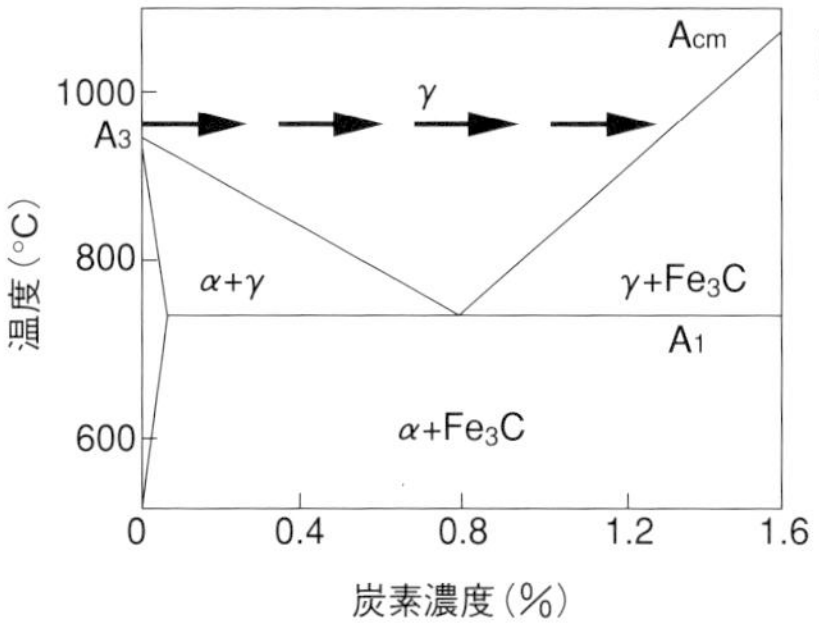

◀図14

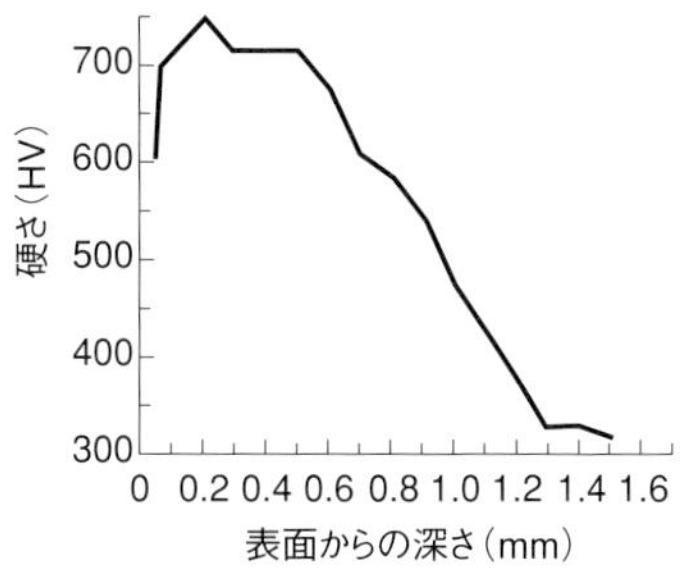

◀図13

▲図12　SCM420浸炭熱処理の組織／最も左が表面。(a)共析浸炭焼入れ組織。表面近傍の黒色部分は、粒界酸化[*16]に伴い素地の合金元素が減少して焼入れ性が落ち、生じたトルースタイト（微細なフェライトと炭化物からなる組織。マルテンサイトを焼もどした時生じる）であり、不完全焼入れ組織を呈している。(b)過剰浸炭焼入れ組織。表面から60μmほどは丁度、過共析鋼の組織と同じである。(c)浸炭焼入れ層の脱炭組織。(d)残留オーステナイトを伴う浸炭焼入れ組織。(b)、(c)、(d)は一般には不良である。ただし、(b)の炭化物は熱が加わってもマルテンサイトのようには分解しない。そのため高温での耐摩耗性の欲しい時は使える。また、(d)の残留オーステナイトは若干存在した方が疲労強度は上がるということもある。

▲図13　SCM420浸炭焼入れ硬度分布／表面の軟らかい層は後で研磨し取り去る。

▲図14　浸炭原理図／浸炭に伴い図の↓のように炭素濃度は上がる。炭素濃度が0・8%の共析点を越えると、冷却時に炭化物として析出するので良くない。0・8%までで浸炭はやめる。

ンに生じたピッチングの例である。ピッチングは高面圧下で起きる典型的な表面の疲労現象である（第5章参照）。図11(b)は同じ部分の表面直下50㎛付近に生じたクラックの拡大写真である。このような疲労の起点となったクラックは表面直下の最もヘルツ応力の高くなるところに現れやすい。しばしば硬い白層[*11]を伴う。高硬度のフェライトである。

図12(a)はクロムモリブデン鋼ＳＣＭ４２０の標準的な浸炭焼入れ組織である。浸炭焼入れとは、加工性の良い低炭素鋼で部品を作った後、炭素濃度の高い雰囲気に置いて加熱し、表面の炭素濃度だけを上げて高炭素にして焼きを入れることをいう。

浸炭用の鋼材を肌焼鋼という。図13はこの組織に対応する硬度分布である（ＪＩＳでは、このような曲線を硬さ推移曲線と呼ぶ）。表面から50㎛の位置で７１０ＨＶを示し、残留オーステナイト量は20％である。浸炭焼入れの硬さ分布は、硬さ推移曲線を作り、有効硬化層深さ（所定の硬さ以上までの深さ）[*12]ならびに全硬化層深さ（基材より硬くなっている部分までの深さ）で管理する。これらの値は、強度の保証基準であり、また、熱処理炉を替えたりする場合の目安になる。

浸炭焼入れと通常いわれるものは、浸炭→焼入れ→焼もどしの一連の熱処理工程の略称である。図14は浸炭の原理を状態図を使って説明したものである。図15は浸炭焼入れ焼もどしの実際の熱処理ダイアグラムである。まず低炭素鋼の表面から炭素を浸入拡散させ、表面の炭素を共析点近くの濃度（０・８％Ｃ）に高める。オーステナイト相（γ）の状態は炭素の固溶量が多く、高温では炭素の拡散浸透速度が大きい。雰囲気の炭素濃度が十分高いと、炭素は鋼材中にしみこんでいく（拡散という）のである。共析点以上に浸炭すると炭化物が析出する炭素濃度に達してしまい、次節で述べる過剰浸炭になる。

浸炭後は硬さを上げるため焼入れ焼もどしする。炭素濃度が高い表面のMs点（マルテン

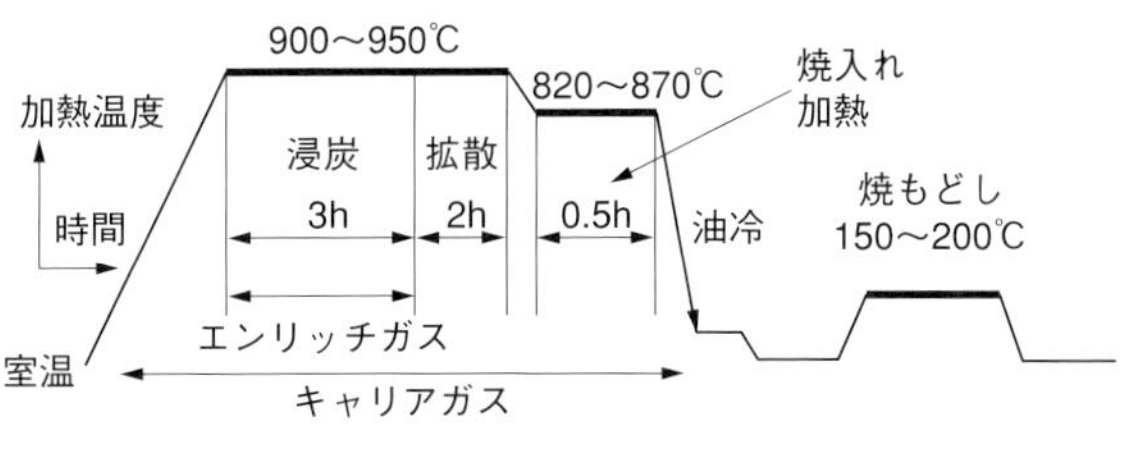

◀図15　浸炭熱処理ダイアグラム／９００～９５０℃に保持中に浸炭される。浸炭のままでは硬すぎ靭性に乏しいので１５０～２００℃で焼もどす。

サイト変態の開始温度）は内側のそれより低い。[*13] そのため、焼入れた時、まず内側からマルテンサイト変態が起こり、次に表面が遅れてマルテンサイト変態する。この際、表層部は内部によって拘束され、圧縮内部（残留）応力を持った硬化層となる。

ガス浸炭法では、COやCH_4などの炭化水素ガスを使う。浸炭性ガスは鋼材の表面において分解し、原子状の活性炭素を生じ、炭素は鉄鋼表面から拡散し、浸炭される。プロパンや天然ガスを原料に用いる場合は、これに適量の空気を混合し、約１０５０℃に加熱したNi触媒中を通して不完全燃焼させ、このガスを冷凍脱水して、$CO:H_2:N_2$＝23:31:46のように混合ガス（吸熱ガス）を作る。表面の平衡炭素濃度（カーボンポテンシャルという）を高めたい時は、若干の炭化水素をエンリッチガスとして加え浸炭性ガスとする。ガス浸炭は温度や雰囲気制御が容易であり、大量生産に向いている。[*14] また、真空雰囲気で加熱し、炭化水素ガスを微量注入し浸炭する真空浸炭という技術もある。

浸炭したくない部分には、銅めっきして炭素の浸入を防ぐ。防炭処理といわれる。２サイクルエンジンのクランクシャフト（図１ⓐ）はクランクピンのみ浸炭し、ウェブは防炭される。

硬化層深さが浅すぎると境界部で遅れ破壊（時間がたって突然壊れる現象。高強度なボルトなどに生じる）が生じる。有効硬化層深さを確保するために合金鋼が用いられる。浸炭された部材は低応力の繰り返しによる疲労や摩耗には強い。芯部の延性は高いが、硬い表面の伸びがなく、大きな衝撃力のかかる使い方[*15]には向かない。また、ひずみの矯正は割れるので注意を要する。

浸炭熱処理で現われる異常組織

部品は何らかの熱処理をしているものがほとんどである。現在では、性能の良いセンサーも開発されており、コンピュータ管理され、熱処理品の不良を見ることは少ない。しかし、参考のため、浸炭焼入れの異常組織をいくつか挙げよう。

図12(b)は浸炭のやりすぎである。表面付近の塊状の白く見えるものは浸炭中に生成した炭化物である。表面炭素濃度が過剰になって炭化物が析出した異常組織である。針状の灰色部分はマルテンサイト組織、白い素地は残留オーステナイトである。表面から１００μmの位置での残留オーステナイトは50%程度であり、硬さは７００ＨＶ程度を示している。表面近傍の黒色部分はトルースタイトであり、硬さも５７８ＨＶと低い。トルースタイトの生成原因は炭化物に合金元素が固溶したことおよび粒界が酸化[*16]されたことによる。このような組織は、浸炭時のカーボンポテンシャルを状態図のA_{cm}線（図14）以上にし、長時間操業した時に生じる。塊状の炭化物が一度生成すると、その後、再加熱しても消しづらい。

図12(c)は脱炭層である。表面は炭素が抜け白色部分はフェライトである。脱炭により表面から５００μmの位置での炭素量は０・４４%まで減っている。浸炭と逆の現象である。表面から０・１mmまで初析のフェライトが見られる。浸炭後７８０℃までの降温中にカーボンポテンシャルを低くしてしまった時のものである。熱処理作業において、降温時に強制的に空気を吹き込みカーボンポテンシャルを強制的にコントロールする場合に生じやすい。

図12(d)は残留オーステナイトを41%もの多量に含む組織である。表面から50μmの位置で

582HVと硬さが出ていない。表面近傍の黒色部分は粒界酸化に伴うトルースタイトである。残留オーステナイトが多いと部品使用中にマルテンサイトに変態して形状変化が起きる。精密部品では好ましくない。しかし、少量の残留オーステナイト（20％程度）は疲労強度を下げない[*17]とされている。

軟窒化で疲労強度を上げる

浸炭焼入れについて述べたので、今度は鋼材の表面硬化三羽がらすの2番目の窒化について述べる。窒化は古くから行われている表面硬化法の一種で、1923年フライによりその実用化[*18]が促進された。鋼材をアンモニア（NH_3）の雰囲気中500℃付近で加熱すると、アンモニアが分解してできた活性の強い窒素が表面からしみこんでいく。しみこんだ窒素は鉄の結晶格子を膨張させたり（転位が窒素の固溶硬化のため動きにくくなる）、あるいは鉄と窒素の化合物を作って硬くする。焼入れの必要はない。今日、日本で多く行われているのは処理方法によって塩浴軟窒化、イオン窒化、ガス軟窒化の3種類[*19]である。以下に説明する。

(1) 塩浴軟窒化

塩浴軟窒化は、XCN, XCNO, X_2CO_2（XはNa、Kなど）の混合した溶融塩浴中で、15分から3時間の範囲で窒化。浴中での反応により鉄にN、Cが拡散する。設備費は安く、小ロットのものでも小回りがきいて処理コストは安い。優れた方法である。ガスを使う窒化では処理が困難なバルブなどのステンレス系の合金にも使える。処理ムラも少ない。しかし塩浴を使うので作業環境が悪く、しかも環境問題で今日では嫌われる。

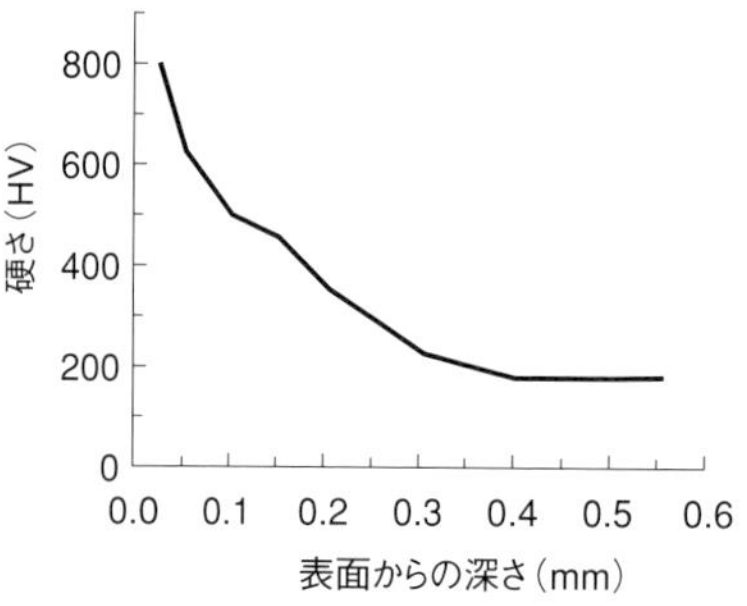

◀図16　SCM435ガス軟窒化による断面硬度分布／焼入れ焼もどししたものに570℃で3時間処理し、その後、油冷した。

(2) イオン窒化

イオン窒化は、NH_3、N_2、H_2および他のガスの混合ガスの減圧（大気圧より低い圧力）雰囲気でグロー放電を起こさせ、窒素を拡散させる方法である。鍛造やダイカスト用金型の摩耗や熱疲労強度向上策に多く使われている。バッチ式（一定数ため込んでおいて一度に処理）設備になるため大量に流動するものでは、コスト高になる。

(3) ガス軟窒化

図16はガス軟窒化によるＳＣＭ４３５の硬さの分布の例である。現在、自動車部品などの大量生産品に行われているのは、ＲＸガス（プロパンやブタンの変成ガス）50%、NH_3ガス50%の雰囲気で、Ｎ、Ｃを拡散させるガス軟窒化[*20]である。表面にFe_3Nが主成分の硬い化合物層が形成される。処理温度は５６０～５８０℃[*21]である。要求硬さおよび深さに応じ15分から6時間の範囲で、処理時間は選ばれる。連続炉（一方から被処理品を入れると連続的に処理され、他端から出てくる処理方法。バッチ式に対する定義）を用い処理できるので、処理条件の固定したものを大量に流すと、極めて低コストである。もちろんバッチ式でも可能である。

浸炭は９００℃以上で処理するため加熱時の変形が大きく、焼入れひずみ[*22]も生じる。一方、窒化は調質鋼をA_1点以下の５００℃付近で処理する。したがって、硬化層深さは浅いけれども品物の寸法変化は小さく、使いやすい。

高周波焼入れで疲労強度を上げる

中、高炭素鋼の表面だけを局部的に加熱し焼きを入れてマルテンサイトにし、１５０℃

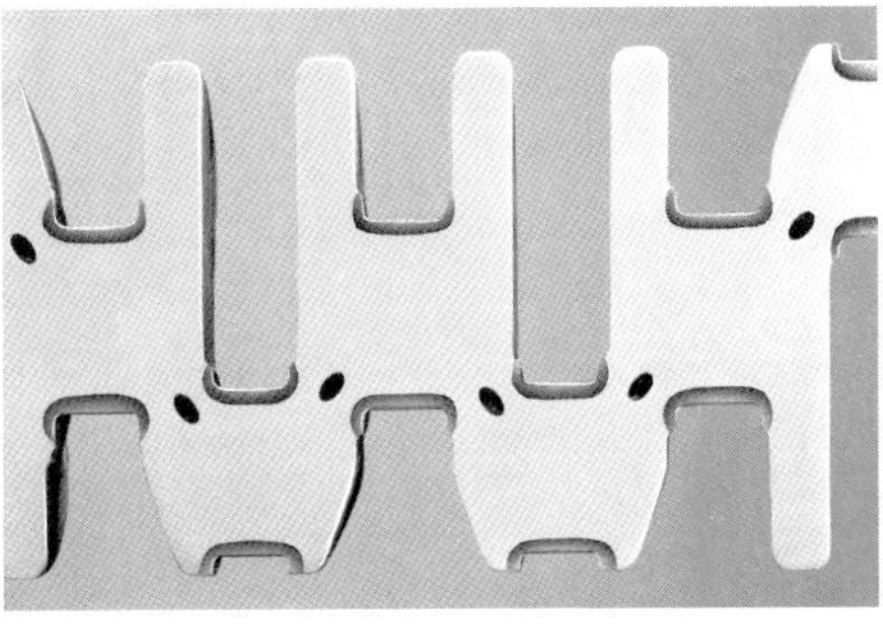

◀図17　高周波焼入れしたクランクシャフトの断面／焼入れされた部分がエッチングで見える。

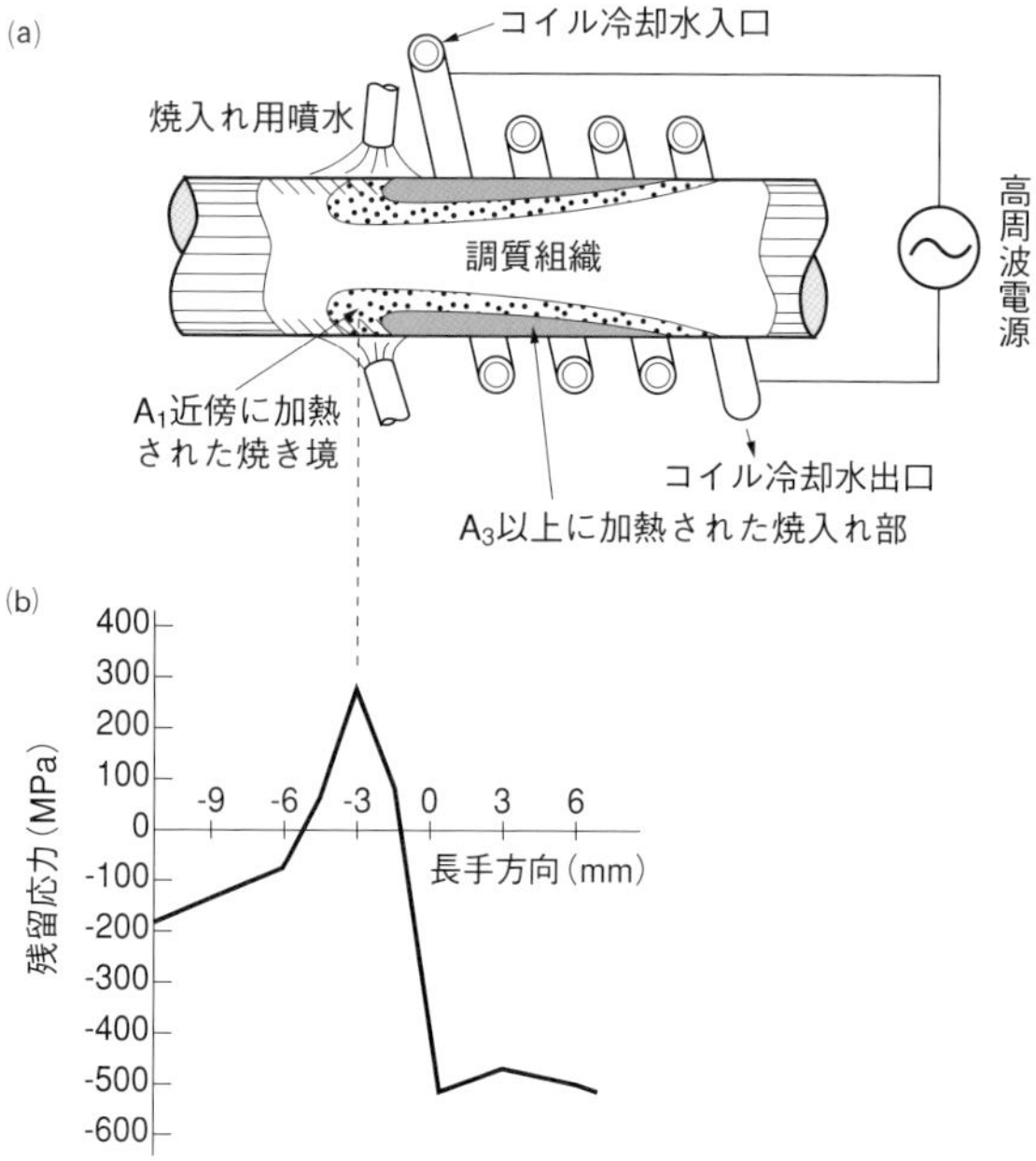

▲図18 (a)丸棒表面に高周波焼入れした焼入れ模様。断面の模式図。(b)焼き境をはさんで長手方向の残留応力分布。

付近での焼もどしを行う熱処理を表面焼入れという。すなわち部材全体を焼入れ・焼もどしするのではなく、表面だけに焼きを入れる。図17はピンに焼入れしたクランクシャフトである。ウェブとのつながりのフイレットRにも焼きが入れてある。

表面焼入れの方法には、大物の金型などで使われる炎焼き入れ（ガスバーナーであぶり空冷。型材は高合金なので空冷で焼きが入る）の他に、量産の部品に多用される高周波焼入れがある。

図18(a)は丸棒表面に高周波焼入れした焼入れ模様の模式図である。図19は表面から深さ

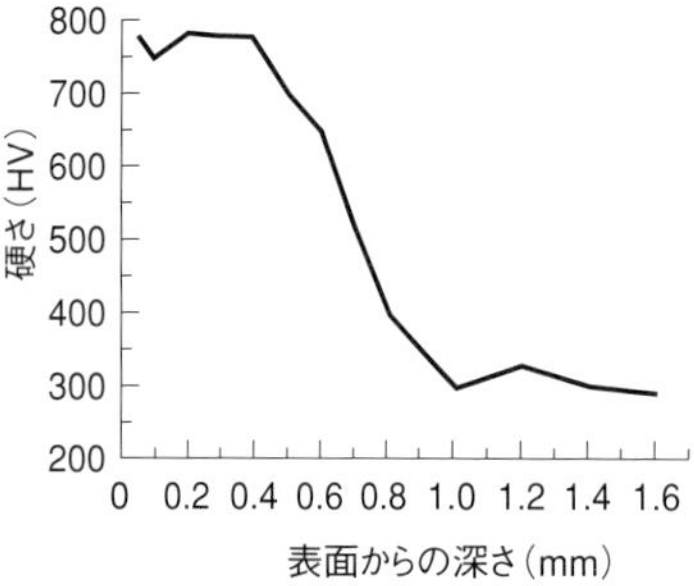

◀図19 S50C高周波焼入れ断面硬度分布

方向の硬度分布である。[*23] 素材はS50Cである。2サイクルエンジン・クランクシャフトの軸とウェブのつながりの隅Rやクランクピンのかん合穴、4サイクルエンジン・クランクシャフトの隅Rやスプロケットの歯面などに使われる。

高周波焼入れの原理は次のようなものである。銅パイプ（図18(a)。中に水を流し水冷）を巻いたコイルに高周波電流を流すと、コイルに近い部材表面に誘導電流が生じ、ジュール熱で急熱される。高周波電流は表面だけ流れる。表面だけ加熱した後、水をかけて焼きを入れる。マルテンサイト変態が起き表層面が膨張するが、加熱を受けていない内部によって膨張が拘束される。そのため、変態硬化した表面に圧縮残留応力[*24]が生じる。耐摩耗、耐疲労強度が向上する。

高周波焼入れでは、表面の硬化領域と芯部の非加熱領域の境界に、A_1点近傍まで加熱された軟化層が幅広くできる。焼入れした部分としていない部分の境界（焼き境という、図18(a)）が表面に来る場合には、そこに引張りの残留応力が残る。疲労破壊の起点になりやすい。図18(b)は、図18(a)の焼き境をはさんで長手方向の残留応力分布をX線で測ったものである。焼き境付近に高い引張りの応力が発生している。焼き境の位置に高応力がかからないよう設計上の注意を要する。

高周波焼入れは、焼ならし状態の素材の必要な部分だけを硬くするのに極めて有効な方法である。加工ラインの途中で処理できる。したがって焼もどしを省略するか、高周波を使って焼もどしできれば、熱処理のための在庫を持たなくてよいのでコストも安い。しかし、多気筒の細長いクランクシャフトなどでは焼入れた時ひずみやすい。

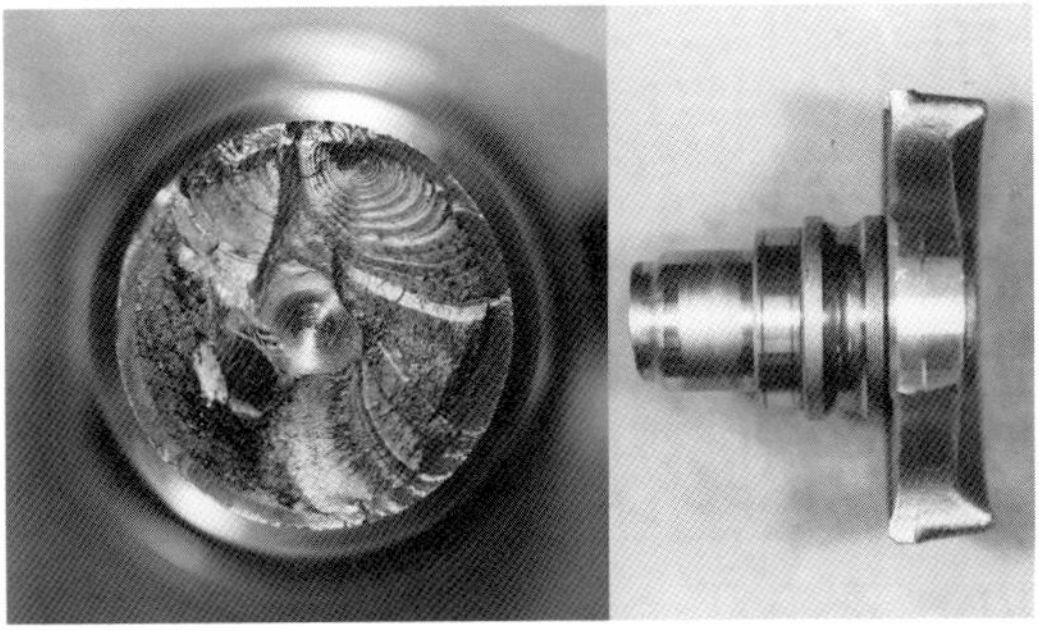

◀図20　介在物を起点としたS50Cクランクシャフト疲労破面（左）。右上の表面から少し入ったところに起点を持つ典型的なビーチマークを示す。右は外観（左端で折損）。最近では、鋼材の清浄化技術が進み、非金属介在物は減っているので珍しい例である。

◀図21

◀図22

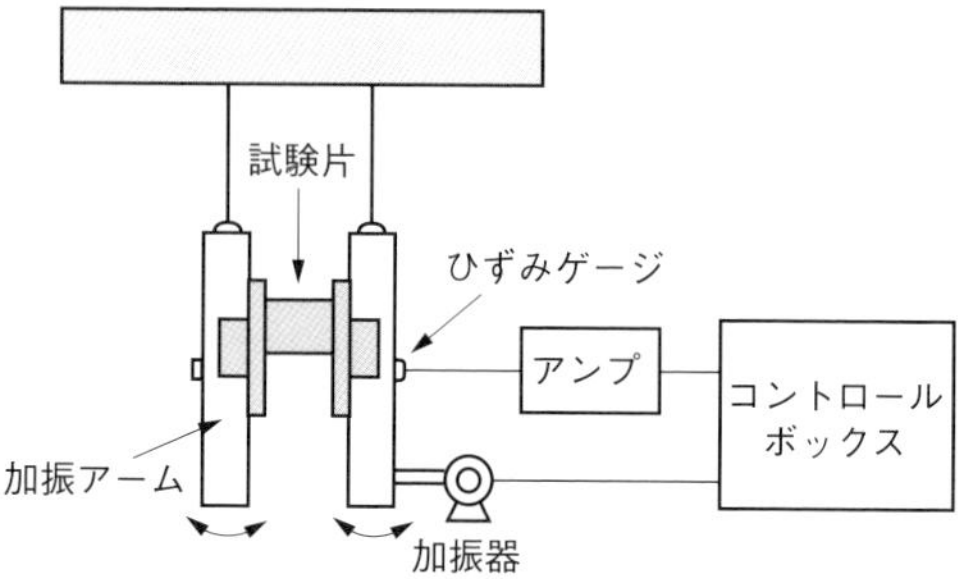

◀図23

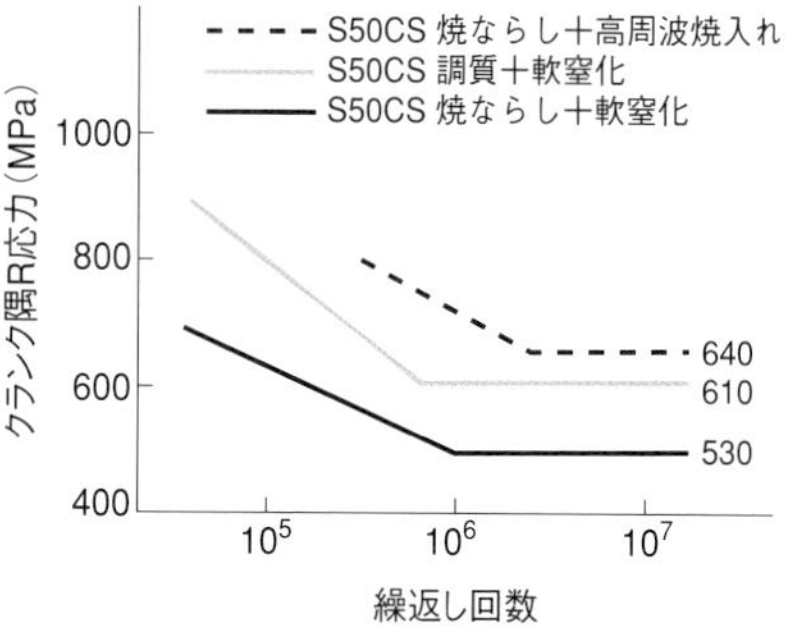

高強度化の手法

クランクシャフトは常に厳しい繰り返し荷重を受ける。破壊はほとんどが疲労による。図20は介在物を起点にした2サイクルエンジン・クランクシャフトの軸部の疲労破面である。クランクピン部の隅Rやフライホイール側の油穴またはキー溝を起点とした疲労破壊が多い。疲労強度は、基本的には、材質本来の強さに由来する。しかし、クラックは表面

▲図21　フレッチング摩耗による表面荒れより発生したクラックが起点の折損／フライホイルマグネットのはめあい部分に発生した。

▲図22　共振型クランク実体疲労試験機／ウエブに重りを付け上からつるしてある。加振機で加振する。

▲図23　実体疲労データ／材質表示のSは硫黄快削鋼を示す。

▲図24　(a)ギアのファイバフロー（鍛流線）。中央の十字線は計測用。鋼材中の成分の不均一さが、鍛造時の展伸方向に伸び、繊維状に見えたもの。(b)ビレットのファイバフロー。上下が丸棒の長手方向。(c)は(a)の模式図。

(c)

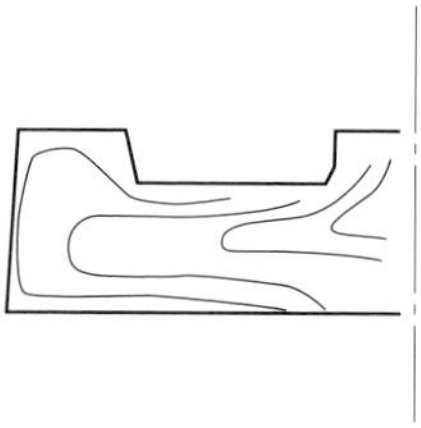

から入るため、加工の仕上状態や鍛造の際のきず、あるいは熱処理などに大いに影響される。図21はクランクシャフト端のフライホイールマグネットのはめ合い部分（図2左端）にフレッチング摩耗が発生し、摩耗痕を起点に疲労クラックに成長したものである。

クランクシャフトは軽量化のため常にぎりぎりの設計[*24]がされている。有限要素法による応力解析などの助けも借りつつ、エンジンテスト結果から破壊の要因を考え、疲労強度を改良する。まずは、ぎりぎりの設計をしておき、壊れた部分に肉を付けるなどの修正をし耐久性を上げる、というのが基本的な開発手法である。場合によっては、実体に近い条件を再現したシミュレーションテストも使われる。

図22は共振を使ってクランクシャフトに力を加える実体疲労試験機の模式図である。加振機により加振（図中、矢印）を加え、ひずみゲージの出力でフィードバックした所定の荷重をかける。クランクピンや軸とウェブのつながりのR部分（たいてい疲労破壊の起点となる）の応力を管理する。

図23は素材と熱処理の組合わせを変え、この試験機によって疲労強度を比較したものである。同一形状でも、材質と熱処理の選択によってこの程度の変化をつけることができる。高強度のものが常にベストではない。高い強度を示すものは硬く、切削性が極めて悪い。またS50C焼ならし+高周波焼入れの仕様は、小物のクランクシャフトでは可能だが、軸の細いクランクシャフトなどでは、ひずみが入りやすく、使いにくい。

素材選択や熱処理ばかりでなく鍛造時のファイバフロー（鍛流線）の管理も重要である。図24(a)はギアを鍛造したときに見られた断面のファイバフローである。鋼材は鋳造時の成分の場所的不均一（偏析という）があり、その影響を引きずってフェライトとパーライトの分布がしま状のムラになったりする。断面組織を見るため腐食すると鍛造方向に伸びた

(a)

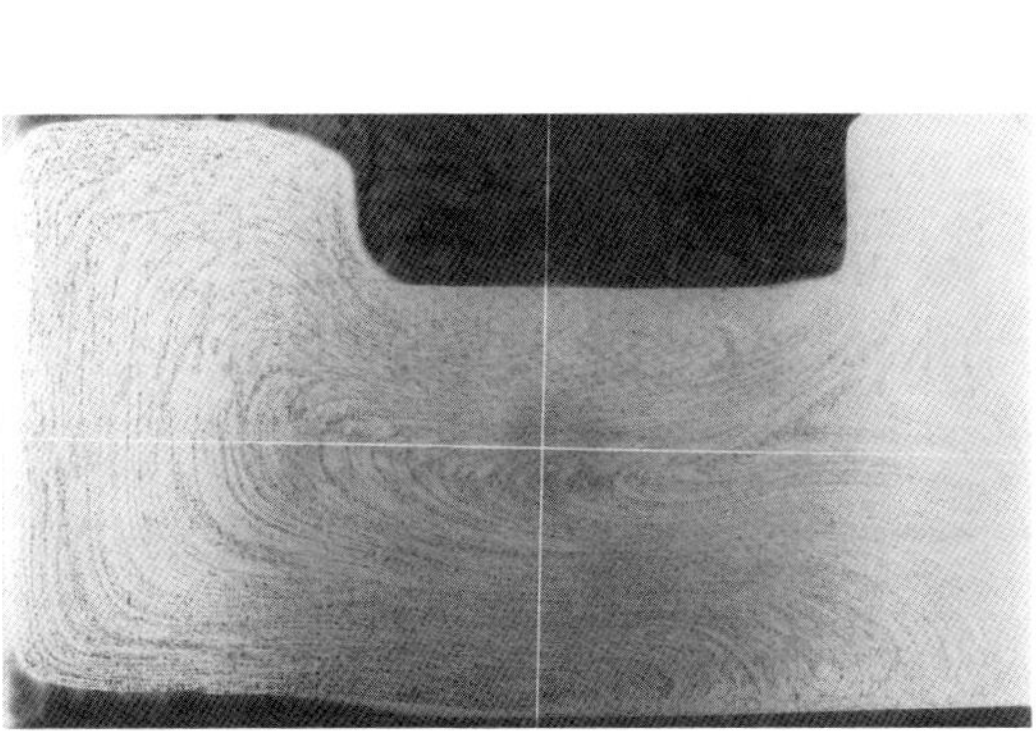

(b)

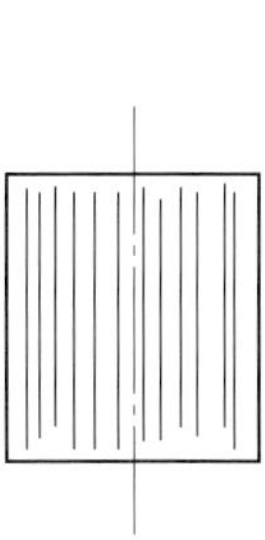

このようなしま模様が繊維（ファイバ）状に見える。腐食のされやすさが違うからである。図24(b)はビレットの元々のファイバフローが上下に圧縮され型内に流れ込んで年輪（図24(c)）のようになる様子を示す。ファイバフローの伸びた方向には、直角方向より2倍も強い。衝撃のかかる部品ではファイバフローの方向に注意が払われる。図25(a)[*26]はクランクシャフトを型鍛造した場合のファイバフローである。図25(b)はクランクシャフトを丸棒より削り出した場合のファイバフローである。鍛錬の効果が出た(a)の方が推薦される。

表3に高強度化の選択枝をまとめた。疲労強度を高め、しかも加工性などの生産性を考慮し、エンジンの高性能化を行う必要がある。一般的には、コストの安い普通鋼を焼ならしして使う。それでも強度の足りない時は、図23などのデータを見ながら、窒化の追加や材質の変更などを行う。

クランクシャフトはエンジンに用いられる最も重い鉄製部品である。負荷が低いエンジンでは鋳鉄のクランクシャフトも多く使われている。複雑な形状と切削加工のやりやすさから鋳鉄は魅力的であるが疲労強度は低い。

最近では、熱間鍛造後の冷却時の析出硬化で強度を上げる非調質鋼などもコスト低下策として多く使用されている。しかし、強度はまともに焼入れ焼もどししたものにおよばない。

浸炭焼入れ、高周波焼入れ、軟窒化処理は鋼材の表面硬化の三羽がらすである。ショットピーニングなどと共に圧縮の残留応力を表面に与え、疲労強度を改善する有効な方法である。本文中で述べたように効果的に使い分けられている。

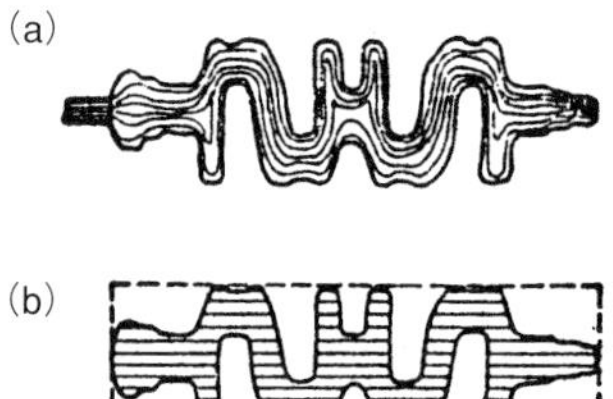

◀図25 (a)クランクシャフトを型鍛造した場合のファイバフロー。(b)クランクシャフトを丸棒より削り出した場合のファイバフロー。

◀表3 クランクシャフト高強度化のための手法／素材材質の選択、熱処理などの後加工で、あるいは設計上の工夫が凝らされる。フィレットロールは小径の（ローレットのような）ロールをピンとウェブのつながりのスミR部分に押しつけ加工硬化を与え、疲労強度を高める処理。

参考文献と注

＊1　単気筒やV型2気筒などでは、2サイクルエンジンと同様に組立式も使われている。4サイクルエンジンにおいては一体形クランクシャフトが一般的である。

＊2　自動車用クランクシャフトの使用素材比率は、鋳鉄25%、調質鋼20%、非調質鋼55%の程度である。新美格「熱処理技術セミナー（第4回）」日本熱処理技術協会、（1998）1－7。トラック用については、小林幹和、同書3－1に詳しい。

＊3　鋳鉄と違い鋼材は切削時に切り粉が刃物にからみつく。いちいち取るとなると生産性が悪い。このようなことにならないように切削条件は決められる。

＊4　林義正「レース用NAエンジン」グランプリ出版（1993）125。

＊5「鍛造ハンドブック」鍛造ハンドブック編集委員会、日刊工業新聞社、（1971）7。

＊6　酒井拓「日本金属学会会報」22（1983）1036。

＊7「最新塑性加工要覧」日本塑性加工学会、（1986）194。

＊8「軽金属鍛造手帳」鍛造手帳部会編（1995）。

＊9　熱間鍛造は普通、ビレットを1度加熱すると荒打ち、中、仕上げ、バリ抜きの各工程を一連の作業として行い、途中での再加熱はしない。ハンマー鍛造では、オペレーターが加熱した素材を、型に対して相対的に移動回転させる。そのため、かなり複雑な形状でも少ない型数で、歩留まり良く成形できる。熟練した作業者が確保できれば、小ロットものに向いている。一方、プレス鍛造では、オペレーターはワークの出し入れはしても、ハンマーのような熟練作業はしない。そのため一打ちごとに違った金型が必要

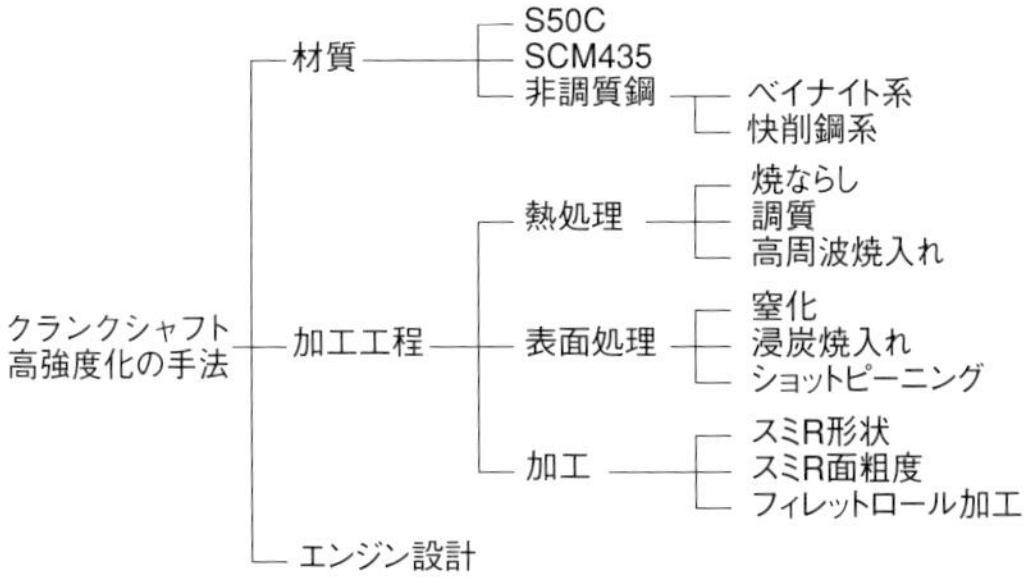

になる。例えば、コンロッドの例をとると、ハンマーでは、型打ち用一型とバリ抜き一型ですむが、プレスでは20型程度必要になる。プレスの作業は、1台のプレスの中に何型も入れ自動化し、順送で作業される。したがって、数が10万個以上のオーダーでないとコスト高となる。

＊10　十分なトルクを得るための圧入にあたっては、適正な締め代の設定だけでなく面粗度も重要である。圧入後のトルクを上げる目的でピンの表面にセレーションの加工、ウェブの方に高周波焼入れ、浸炭焼入れなども使われる。

＊11　T. Ochi. et al Nippon steel technical report. 80 (1999) 19.

＊12　有効硬化層深さ：ＪＩＳでは、焼入れのまま、または、２００℃を超えない温度で焼もどしした硬化層の表面からビッカース硬さ５５０ＨＶの位置までの距離。ただし、この定義だとＳＣＭ４３５などでは全体が入ってしまう可能性がある。このような時には、適宜硬さを決めている。全硬化層深さ：硬化層の表面から硬化層と生地の物理的（硬さ）または化学的（マクロ組織）性質の差異がもはや区別できない位置までの距離（ＪＩＳＧ０５５７）。図10で有効硬化深さは、０・９㎜、全硬化層深さは１・３㎜である。

＊13　炭素量の高いほどマルテンサイト変態は低温で起きる。

＊14　固体浸炭、液体浸炭、真空浸炭などの方法もある。生産性が悪いので量産部品には用いられない。

＊15　浸炭焼入れした部品のひずみの矯正は、表面に割れが入りやすいので避けた方が良い。

＊16　ガス浸炭の雰囲気ガス中にはH_2O、CO_2、COなどの酸素を含むガスがある。浸炭過程で鉄より高温酸化しやすいSi、Mn、Crなどの元素の酸化物が表面近くの結晶粒界に形成される。酸素が粒界を拡散しやすいためである。通常のガス浸炭を用いる限り避けられない。粒界酸化そのものは疲労強度を下げることはないようである。しかし、粒界酸化が生じた結果、その周囲では、Si、Mn、Crなどの本来焼入れ性を上げる元素が消耗し、局所的に焼入れ性が低下する。このような時、焼入れの冷却速度が遅いと粒界酸化物を囲んでパーライト、ベイナイトなどが生じやすくなる。これが浸炭異常層と呼ばれ、疲労強度を大幅に下げる。不完全焼入れ層ともいう。表面を研磨して使うかぎり問題はない。内藤武志「鉄鋼材料を生かす熱処理技術」大和久重雄・監修、アグネ、（１９８２）27参照。

＊17　鋼の残留オーステナイトとその強靭化に対する役割。牧正志「Sanyo Technical Report」２（１９９５）２。

＊18「金属熱処理技術便覧」金属熱処理技術便覧編集委員会編、日刊工業新聞社、（１９６１）２１２。

＊19　本文中に挙げた窒化法の存在以前からある方法としてガス窒化法がある。純NH_3の分解による窒化法は、被処理鋼の表面でガスが接触分解した時に生じる発生期の窒素を鋼中に拡散させる方法である。この処理法は極めて低温（５００～５４０℃）のα－Fe域で長時間（40～１００時間）行われる。熱処理ひずみは少なく、十分な硬さを得ることができる。鉄と窒素の化合物は、Fe_4NとFe_3Nの2種で化合物層を形成する。窒化鋼としては、安定な窒化物を作るためのAl、Cr、Mo、V、Tiなどの合金元素が必要である。Alにより高硬度が得られ、Crによって窒化層が厚くなり、Moによって処理温度に長時間加熱してもぜい化（焼もどしぜい性）しないようにされている。窒化鋼を用いる本格的なもので、処理が長時間におよび量産性は悪い。今日の日本ではあまり見かけない。

＊20　Cr－Mo鋼などは、窒化物を作る合金元素が不足である。窒化時の硬化層の十分な形成は望めない。しかし、疲労強度および耐摩耗性は改善される。そのため窒化鋼を用いる本格的な窒化処理に対し、軟窒化処理と称している。

＊21　窒化は窒化物を析出させる。状態図上α領域での低温の処理となっている。高温で処理するとNの拡散は速くなるが、窒化物は生成しにくくなる。浸炭は高温でオーステナイトに炭素が多く固溶するのを利用している。

＊22　マルテンサイト変態は格子の膨張を伴う。同一部品に変態部と未変態部分の両方があると、両方で寸法差が出てひずむ。これを焼入れひずみといってきらっている。このひずみが緩和されず応力として残ると場合によっては割れる。これを焼割れという。

日本刀は美しいそりを持っている。しかし、焼入れ前の日本刀は、実はまっすぐである。日本刀は芯がねが低炭素鋼、皮がね（表皮部）が高炭素鋼で複合化して作ってある。主に刃の部分に焼きを入れるためそりがでる。ここまでやれば熱処理も芸術となる。T. Inoue : Materials Science Reserch Int. Vol.3. (1997) 193.

＊23　高周波焼入れに対しても有効硬化層深さおよび全硬化層深さが、決まっている。有効硬化層深さは、炭素量の多いものの方が大きくしてある。例えばＳ45Ｃ、50Ｃ程度では４５０ＨＶ以上の部分である（ＪＩＳ０５５９）。図15で有効硬化層深さは０・７㎜、全硬化層深さは１㎜である。

＊24　須藤一「機械材料学」コロナ社、（１９８５）１１０。

＊25　排気量の小さいエンジンをボアアップし、排気量を上げて使うことがたびたび行われる。これはクランクケースの金型などが、手直しだけで使え、コストがかからないためである。また、排気量を上げて出力を上げると、基本レイアウトは小排気量のエンジンのままで軽量コンパクトにできるためである。このようなことをすると当然のことながら部材に無理がかかる。しかし、形状的には若干の手直しにとどめ、材質の変更や表面処理の追加などで対策を打つことが多い。

＊26「鉄鋼材料便覧」日本鉄鋼協会編、丸善、（１９６７）３３４。

第9章 行ったり来たりで目が回るよ。

［コネクティングロッド］

押しても引いてもへこたれない

コネクティングロッドは一般にコンロッドと略称されている。図1にコンロッドを示す。図2にコンロッドとクランクシャフトの位置関係を示す。ピストンの受けた爆発圧力をクランクピンに伝えクランクシャフトを回す。往復運動と回転運動をつなぐ働きをする。周りの部品との位置関係は、第1章図1および第8章図2を参照されたい。両端のベアリング部分のうち、ピストン側を小端部（small end）、クランクシャフト側を大端部（big end）と呼んでいる。

ピストンの慣性力およびクランクピンに伝える爆発力に耐えるため、2、4サイクルを問わずコンロッドには十分な強度が必要である。ロッド部には引張り、圧縮の力がかかり、クランクシャフトが振れ回ると曲げもかかる。また、大小端のベアリングにはピストンとコンロッドを足した荷重が負荷としてかかる。これを軽減しベアリングを壊れにくくするため、軽量であることが必要である。そのため断面積を減らし、軽量でも座屈や曲げに耐えられるようにロッド部は通常I形断面となっている。図3(a)に断面形状、図3(b)にロッド部の典型的な疲労破面を示す。起点は隅R部である。ビーチマークが見られる。曲げ強度不足で、小端のやや下で壊れた例である。

コンロッドはクランクシャフトと同様、熱間鍛造で成形される。2サイクルエンジン用と4サイクルエンジン用では構造が多少、異なっているので、別々に眺めることとする。

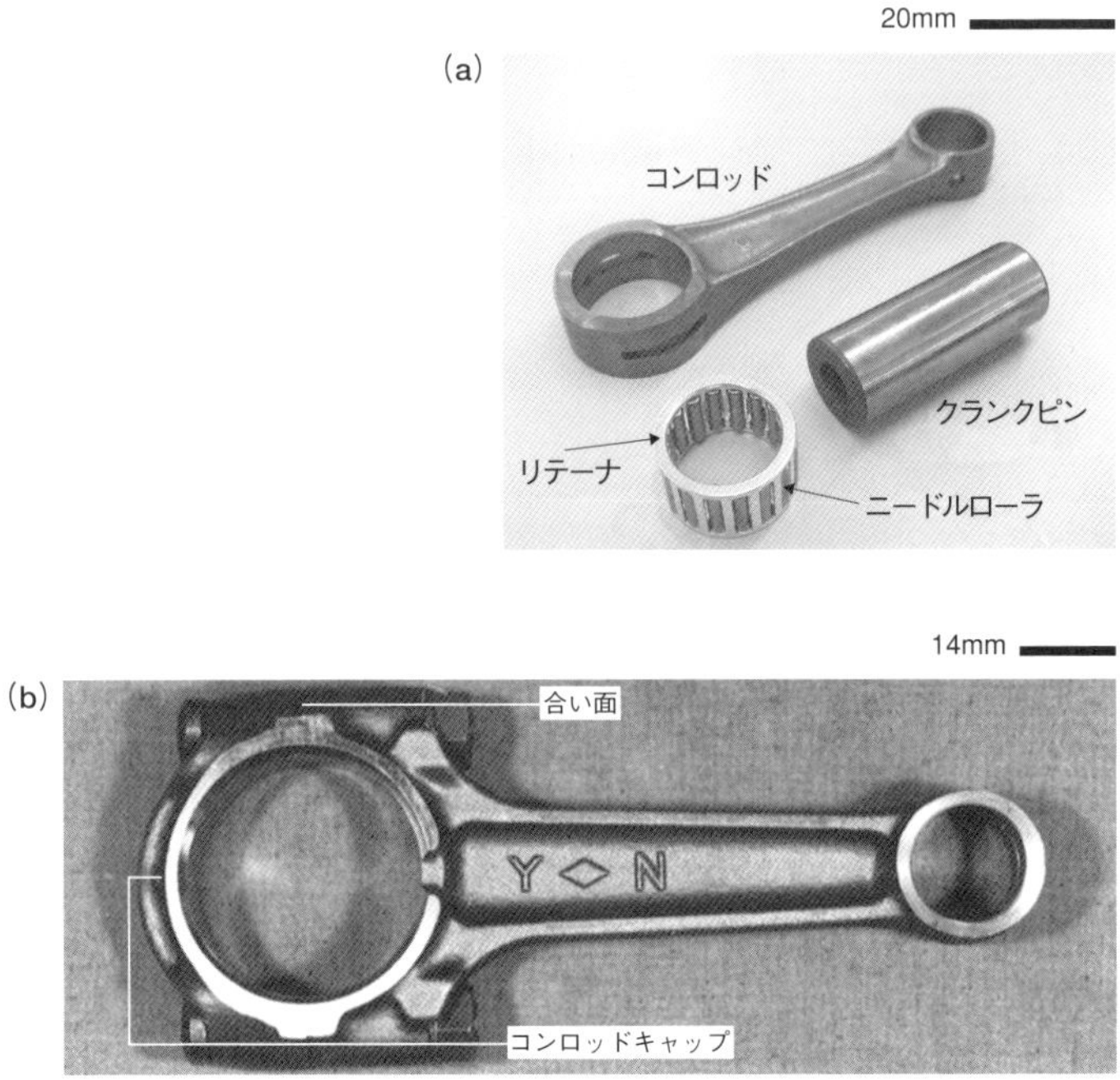

◀図1 (a)一体式コネクティングロッド（2サイクルエンジン用）。下はリテーナに保持されたニードルベアリング 。(b)組立式コネクティングロッド（4サイクルエンジン用）。

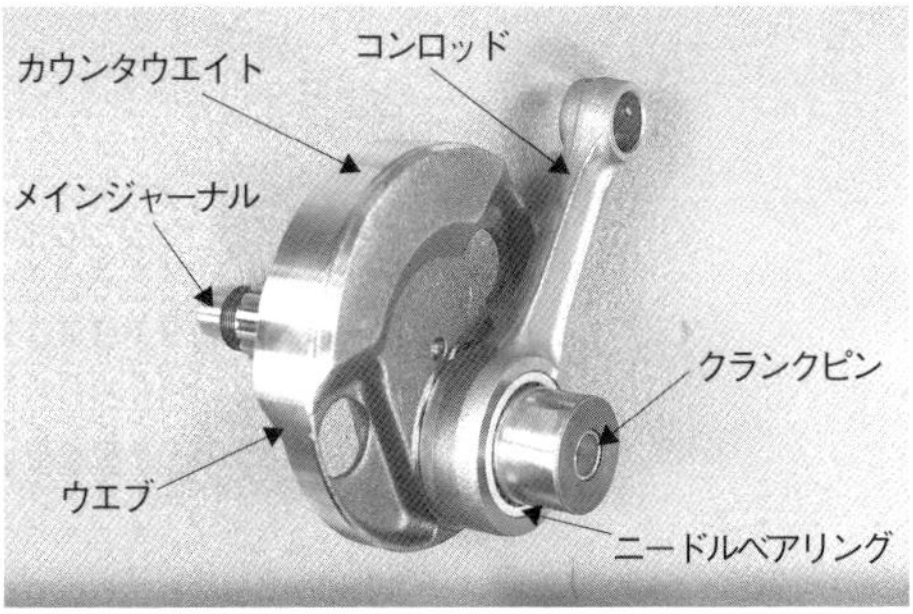

◀図2 コンロッド・クランクピン・ニードルベアリングの位置関係／右側のウエブははずしてある。

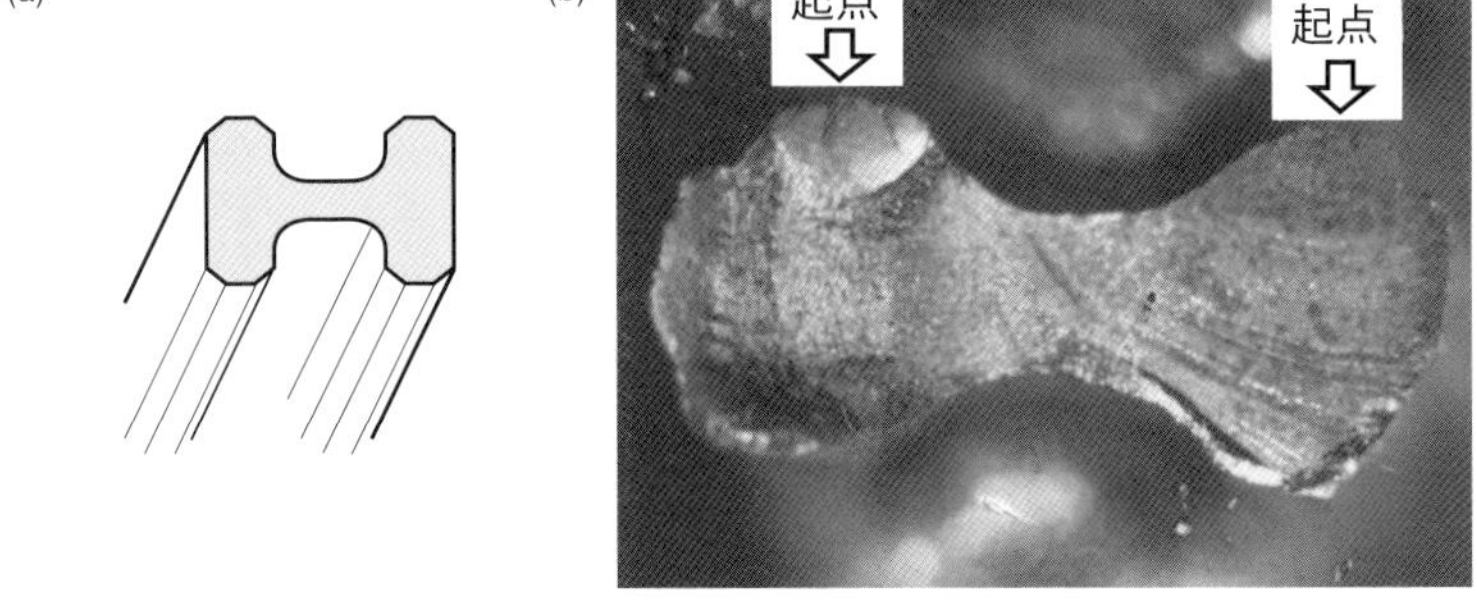

◀図3 (a)断面形状。(b)疲労破面。

2サイクルエンジン・コネクティングロッドの機能と材料

図1(a)に2サイクルエンジン用コンロッドを示す。2サイクルエンジン用の場合、大端および小端部には、いずれもニードル・ベアリングが入る（後述する4サイクルエンジン用では、構造上、潤滑がしやすいので大小端とも滑り軸受けとなり、メタルが挿入される）。図1(a)中の下は大端に使われるニードル・ベアリングである。ニードルローラはリテーナ（保持器）に保持[*1]されており、このまま大端に挿入される。

ニードル・ベアリングを用いるので2サイクルエンジン用コンロッドは、転走面に高へルツ応力がかかる。大端および小端の内面には疲労強度を上げるため浸炭焼入れされ、かつ精度を要求されるのでホーニングで仕上げられる。材質には、SCM420などの肌焼鋼が用いられる。コンロッド全体を硬化させると、熱処理ひずみの修正時に割れが入る。そのため、浸炭前にわざわざ銅めっきし、大端および小端の内面部以外の浸炭を防止する。銅めっきで浸炭性ガスとの反応を阻止する。

図4は大端部のクランクピン側(a)（見やすくするため左側に圧入してあるウェブは外してある）とコンロッド大端側(b)に生じた異常摩耗の例である。このような摩耗の原因としては、過大負荷、大端の剛性不足、寸法不良、潤滑不良などの機構設計上のものの他に、潤滑油の成分不良や素材に起因するものもある。素材に無理のかからない使用条件で使われるのがベストである。しかし、たいていはエンジン出力を前のモデルに対し上げることが行われるため、高負荷で無理のかかる設計が、まずなされる傾向にある。そして生じた問題をその時点での最高の技術（加工精度、素材、熱処理、トライボロジーなど）を組み

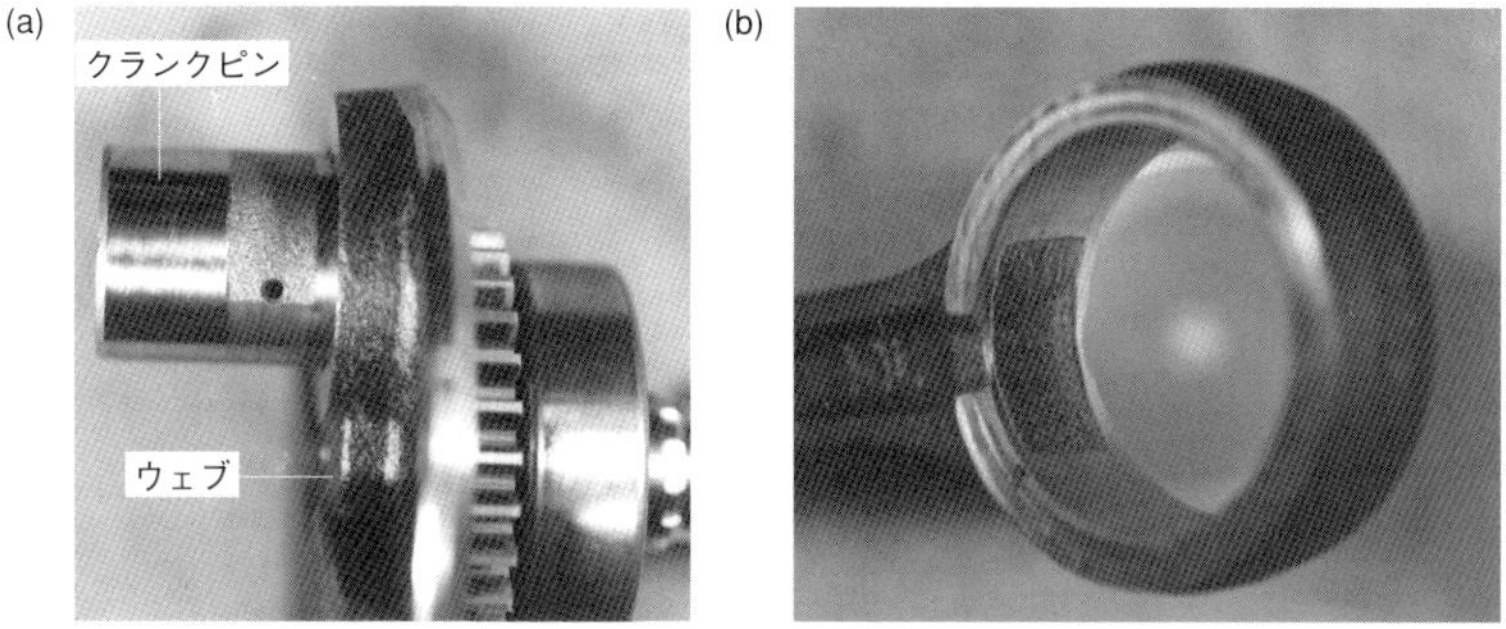

◀図4　摩耗／(a)クランクピン。(b)大端。

合わせて解決する、というように技術開発は進められることが多い。

炭化物を球状化したニードルベアリングは油切れに強い

限られたスペースで高負荷に耐えるようニードル・ベアリング（図1(a)）が使われる。ニードル・ベアリングのころ（＝ニードルローラ）は外側の転走面をコンロッド大端、内側の転走面をクランクピンとした遊星運動をする。高回転エンジンでは、大端ベアリングのリテーナに軟らかい銀めっきを施す（クランクシャフトウェブ側面（図2）との接触状態のなじみ改善）ことも行われる。高負荷のかかる高速回転のベアリングは、転動疲労[*2]のため壊れる。長寿命なエンジンにするには、ベアリングの性能および寿命向上[*3]が不可欠である。

転動疲労寿命に影響する素材上の二つの因子として、(1)炭化物の球状化と、(2)鋼中の非金属介在物が挙げられる。表1はニードルローラに使われる軸受鋼ＳＵＪ2の成分を示す。図5は球状化焼なましを行ったニードルローラの組織写真である。軸受鋼の転動疲労寿命は、この球状炭化物の細かい方が長い。

軸受鋼には、硬い炭化物が析出する高炭素の過共析鋼（補講F参照）を使う。しかし、過共析鋼は熱間加工後に徐冷すると、粒界に析出した網状炭化物と粒内の層状パーライトの混合組織になる。図6(a)にこの状態の組織の模式図を示した。網状炭化物はもろく、このままでは使いものにならない。そのため熱処理で球状化し、もろさをなくす。

焼なましによって炭化物を球状化[*4]するには、まず最初に網状炭化物を細かく分断しておく必要がある。図7の鉄―炭素系状態図を見ながら読んで欲しい。図8(a)のようにオース

◀表1　ＳＵＪ2成分（%）

軸受鋼	C	Si	Mn	P	Cr	Mo
SUJ2	1	0.2	<0.5	<0.025	1.5	<0.08

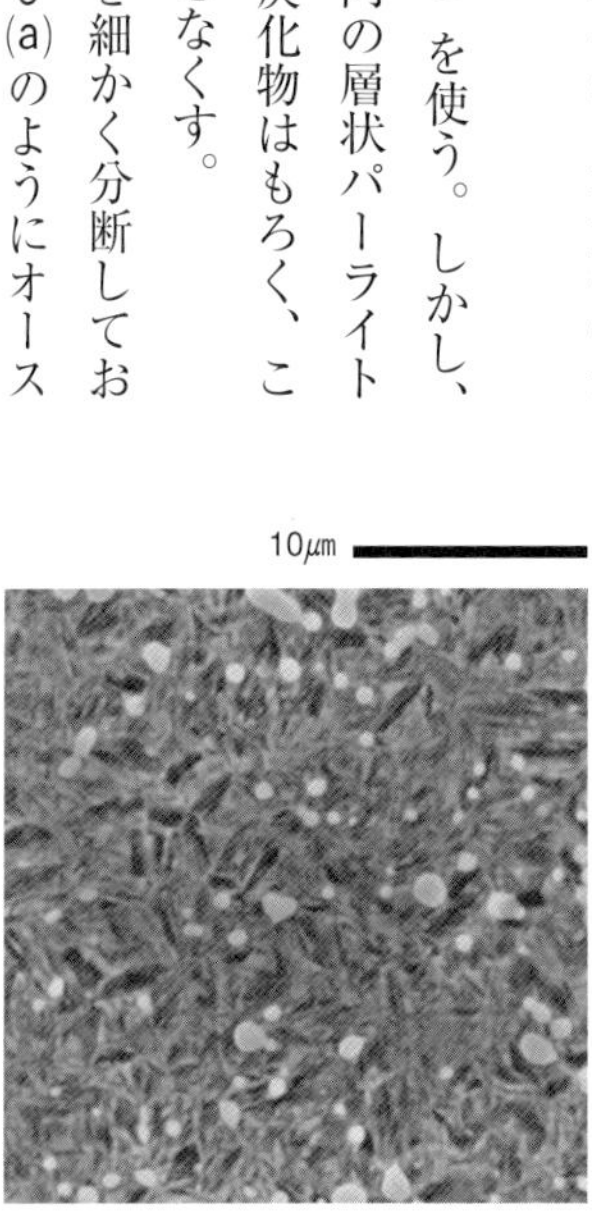

テナイト温度域（A_{cm}線直上）に昇温保持し、網状炭化物を大半オーステナイトに固溶させ、同時に層状パーライトを微細化させる。次に図８(b)で示したオーステナイト・セメンタイトの混合領域（A_1点以上の温度）に保持後にA_1点付近を徐冷して炭化物を球状化させる。加熱保持していると勝手に丸くなる。球形であるほど表面積が小さく、表面エネルギーが低い。水滴が丸くなるのと同じである。

微細なパーライト組織のものをA_1点以上に昇温すると微細炭化物はオーステナイト中に固溶する。しかし、ここでの保持温度が高すぎるか時間が長すぎると炭化物の核まで固溶

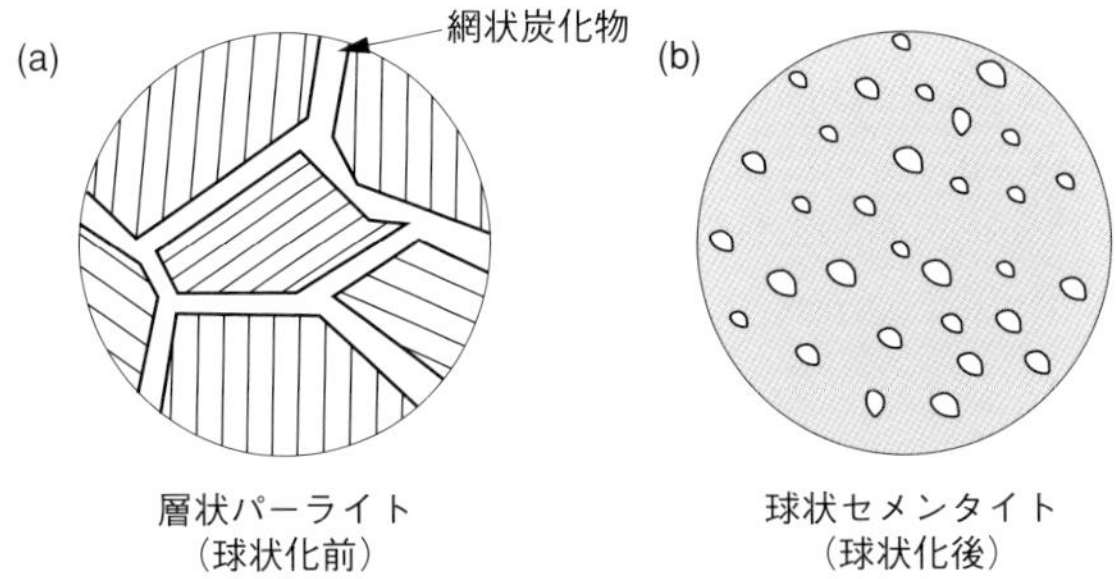

▲図 6

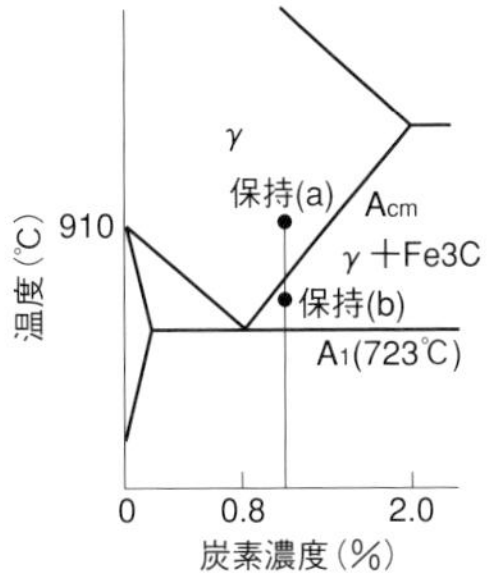

▲図 7

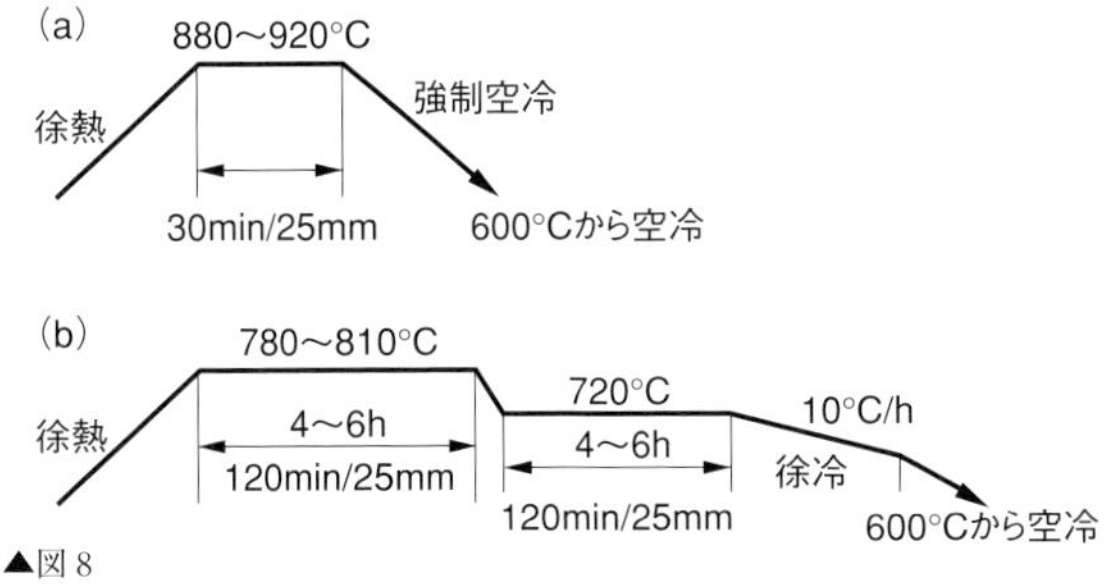

▲図 8

▶図５　ニードルローラ組織／走査型電子顕微鏡で撮影。球状化した２㎛程度の微細炭化物が、焼もどしマルテンサイト地に分散している。炭化物は本来硬くてもろいが、丸いと応力がかかっても割れにくい。

▲図６　炭化物の球状化／(a)過共析鋼の網状炭化物と層状パーライト。第８章の図９過剰浸炭の組織と類似である。(b)球状化されたセメンタイト。

▲図７　鉄−炭素系状態図のオーステナイト域付近／図８の保持温度(a)点、(b)点を示す。

▲図８　球状化熱処理ダイアグラム／(a)層状パーライト微細化処理。図中の30min/25㎜の表示は25φ㎜のもので30分かけるという意味。(b)球状化処理。ベアリング用には、この後焼入れ焼もどしを行う。

してなくなってしまう。核までなくなってしまうと、冷却の際A_1点を通過する時、オーステナイト中の過飽和炭素は再び層状のパーライトとして析出してしまい、球状化は失敗する。また、温度が低すぎるか時間が短すぎると、核となる残存炭化物が多すぎて球状化不十分となる。すなわち温度と時間の微妙な調整が必要である。

ベアリング材として使用するには、球状化焼なまし後、油焼入れ、さらに２００℃前後の低温で焼もどして58～64ＨＲＣの硬さとする。この際、焼入れ前の加熱時間と温度の設定は重要である。A_{c1}点以上に加熱すると約５%を占めている炭化物はオーステナイトに固溶するが、未溶解炭化物も残存する。より高温で長時間固溶を促進すれば、焼入れ後の残留オーステナイトが多くなり、使用中に逐次マルテンサイトに変態膨張しベアリングの損傷を招く。温度が低いか、時間が短いと炭化物の固溶不足のため硬さが出ない。焼もどし温度は、内外輪の１５０～２００℃に対し、ニードルローラは１３０～１８０℃とし、硬めに焼もどす。

鋼の炭化物を球状化すると伸びが出る。冷間鍛造性を上げる目的で低炭素鋼にも行われている（補講Ｆ参照）。

非金属介在物を減らし転動疲労寿命を伸ばす

炭化物の形の他に、鋼中の大型の酸化物系非金属介在物は転動疲労寿命を著しく短くする。[*5] 介在物は、$MgO \cdot Al_2O_3 + CaO_nAl_2O_3$に代表されるスラグ（低融点のガラス状になった酸化物。製鋼時、スラグに不純物が吸い取られる）の巻き込みである。介在物は切り欠きとして働き疲労クラックの起点となる。

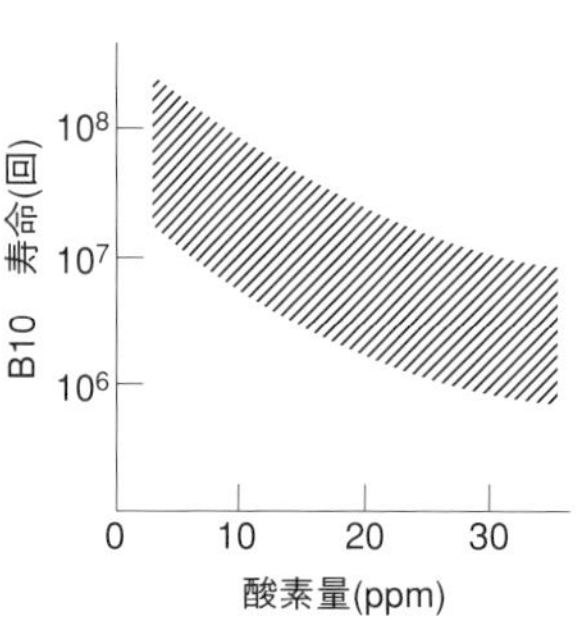

◀図９　ＳＵＪ２中酸素量と転動疲労寿命

図9に鋼中の酸素量と転動疲労寿命の関係[*6]を示した。縦軸は試験した試料数の10%が壊れる寿命で示してある。上下限はバラツキの範囲を示す。含有酸素量が脱ガス処理で低下すると顕著に疲労寿命は伸びる。軸受鋼の全酸素量は5ppm台に達しており、非脱ガス時の20ppm台と比較すると、転動疲労寿命は30倍以上となっている。

図10は転動疲労寿命と介在物の大きさの関係を示す。介在物が大きいほど転動疲労寿命は短い。サイズは5㎛以下が望ましい。この介在物の大きさは結局図9の酸素量に関係する。すなわち酸素が多いほど介在物のサイズは大きく転動疲労寿命は短い。

酸化物系介在物を減らした特殊鋼の製造には、電気炉溶解—取り鍋精錬炉—環流脱ガス—連続鋳造が最近の代表的工程として採用[*6]されている（2次精錬方法については、補講B参照）。これは非金属介在物の生成機構（脱酸、凝集、浮上分離）の解明、溶鋼中のガス挙動、非金属介在物の流動および脱酸平衡などについて、詳細な研究がされた成果である。

4サイクルエンジン・コネクティングロッドの機能と材料

4サイクルエンジンのコンロッドには、一体式と組立式（図1(b)）の2種類がある。一体式コンロッドは2サイクルエンジン用のコンロッド（図1(a)）と類似形状である。クランクシャフトに組立式を使った単気筒やV型2気筒エンジンなどに使われる。クランクケース内に潤滑油を豊富に持てる4サイクルエンジンの場合、2サイクルエンジンのように大端が潤滑されにくいという問題はない。このような構成を使うのはコストが安いためである。

組立式コンロッド：多気筒エンジンでは、クランクシャフトは一体物として鍛造で作ら

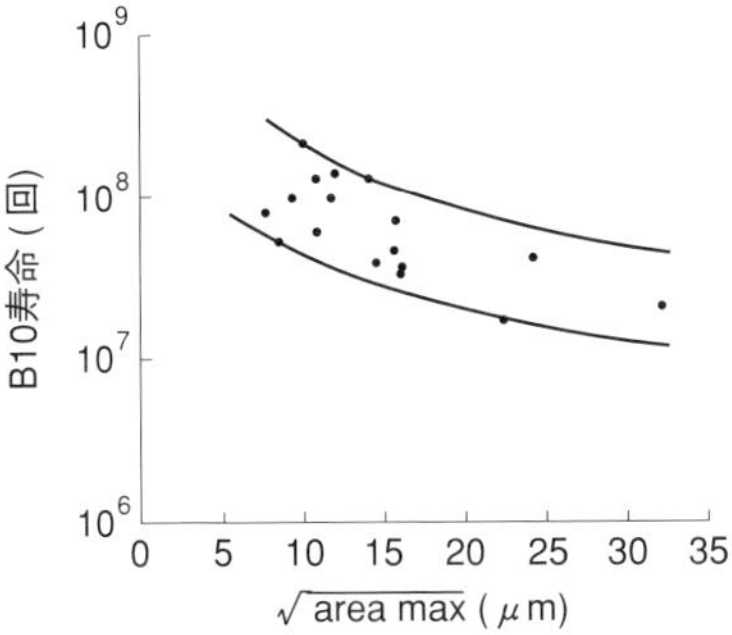

◀図10　SUJ2中の非金属介在物の大きさと転動疲労寿命の関係／介在物粒子の最大面積（area max）を2分の1乗（$\sqrt{\text{area max}}$）し介在物の大きさとして表示。介在物サイズの減少と共に寿命は対数で上がる。

れている。そのため図11のような組立式コンロッドが使われる。大端は、半分に分割されるようになっている。一方をコンロッドキャップという。大端を構成するコンロッド側とキャップ側、各々の半円状の加工はまずブローチ盤を用いて研削し、最後にキャップをコンロッドボルトで締付け一体で精度良く機械加工[*7]される。合い面も組付け精度に影響するため、精密に仕上げられる。クランクピンの周りに滑り軸受けメタルをはさんでおき、キャップとコンロッド本体をコンロッドボルトで締め、大端とする。

4サイクルエンジンのコンロッドには爆発による圧縮荷重と共に、排気行程では往復質量の慣性力による大きな引張り荷重が加わる。この引張り荷重は、ピストンアッセンブリーとコンロッドの往復質量、および回転速度の2乗に比例し、一定回転速度以上では圧縮荷重よりも大きくなる。このため高回転エンジンでは軽量化に注意が払われ、疲労対策として応力集中が起こりにくい形状に設計されなければならない。断面形状は2サイクルエンジン用と同じI型であるが、肉の付け方が違う。

組立式コンロッドは、熱間鍛造にて成形し、調質処理される。クロムモリブデン鋼ＳＣＭ４３５や炭素鋼Ｓ55Ｃなどが一般に使われ、切削性を上げるため一部に快削鋼のものもある。また高強度軽量化の流れで、軸部に浸炭焼入れして疲労強度を上げたＳＣＭ４２０のコンロッドなどもある。ロッドに曲げ荷重のかかる設計では有効である。図12にコンロッド断面を示す。

コネクティングロッド・ボルトの締付け

コンロッドボルトは、大端の軸受けメタルを密着させながら、キャップをコンロッド本

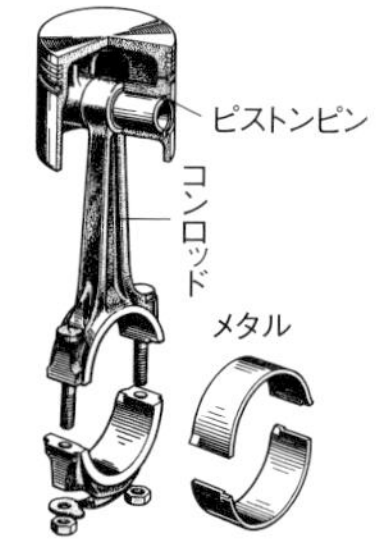

◀図11　コンロッド大端および小端／大端にはメタルが入る。

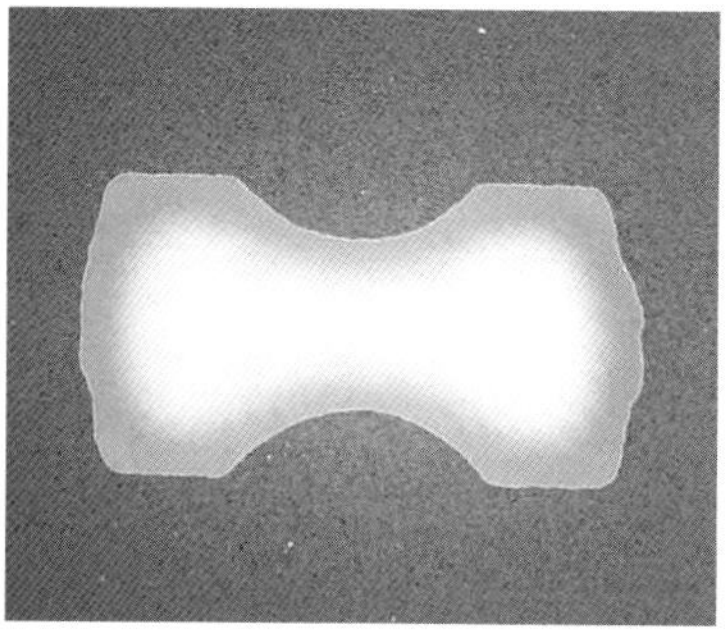
◀図12　浸炭焼入れしたコンロッドの軸部断面／外周部の浸炭された部分がエッチングで見える。

体に締付ける。ボルトの穴位置はできるだけ大端内径側に寄せられており、大端部の軽量化を図る。回り止めのためボルト頭部を楕円形としたものもある。また、キャップと本体がずれないように、合わせ精度をボルトの外形形状で確保する必要がある。中間のリーマ部は精度よく仕上げられ、ゆるみ防止のためねじ部はピッチが小さく成形されている。ボルトは、SCM435鋼などを調質後、ねじ転造され、疲労強度を向上した高張力品である。ボルトは、コンロッド本体に切った雌ねじに直接止める方法、ナットを使って締め付ける方法（図11）がある。前者の構造の方が大端周りは軽量化できる。ねじ山に応力集中しやすく疲労破壊しやすい場合などは、後者の構造をとる。コンロッドボルトの形状設計と一体である。

ピストン、ピストンピン、コンロッド本体に由来する慣性力は、コンロッド本体とキャップとの接合合い面を開く力となる。合い面の分離は、クランクピンとのすべり摩擦損失を増大させ、軸受けメタルの耐久性を下げる。コンロッドボルトにかかる負荷応力は大端ボス部の形状およびボルト自身のばね定数の影響を受ける。大端ボス部はコンロッドボルトを締付けた時に真円形状になるように設計される。[*7]

図13はコンロッド大端ボアの負荷時の変形測定結果を示す。[*8] 形状を同じにし、材質のみをチタン（Ti－6Al－4V、図中TSと表示）とSCM435（SS）として比較をした。いずれも円が崩れ上に伸びている。ヤング率が低いチタンの方がボアの変形は大きい。ボルトの締付け荷重は、負荷時に合い面が離れないように決められる。最大慣性力から算出されるボルトへの負荷と締付け荷重の両者を考えた強度を持つよう設計される。

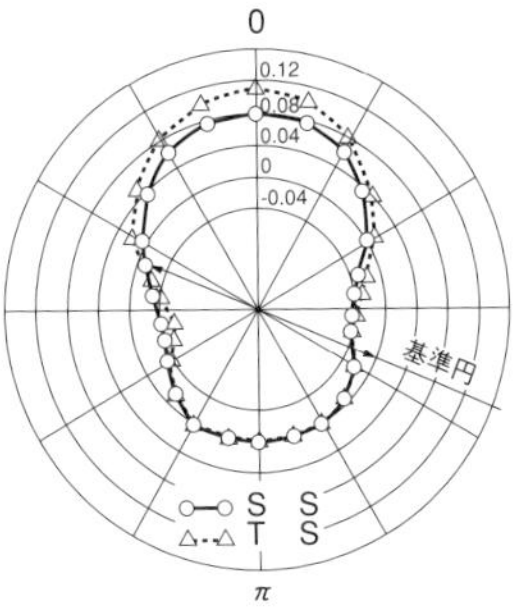

◀図13　荷重負荷時のコンロッド大端ボアの真円度。単位㎜。

ボルトの塑性域締め

コンロッドキャップはボルト2本で締め上げる。ボルトを太くすると重量増になる。そこで高張力ボルトが使われる。SCM435やSCM440の焼入れ焼もどしで1・22GPa以上の引張り強度を持つ。

コンロッドには圧縮と引張り荷重がかかる。圧縮はボルトを壊さないが、引張り応力は問題である。20kN程度の引張り荷重がかかるが、ボルト2本にそのまま10kNずつ負荷がかかるわけではない。

図14に2枚の部材をボルトナットで締め上げた様子を示す。ボルトが力F_0で部材を締付けると反力F_0の軸力がボルトに発生する。次に部材に外力Wの引張り力が働くと部材2枚を締付ける力はF_cまで減少し、ボルトの軸力はF_Bとなる。外力Wがかかってもボルトにかかる負荷はW増すわけではない。F_Bは次のようになる。

$$F_B=F_0+W\times K_B/(K_B+K_C)$$

ここでK_B、K_Cはボルトおよび部材のばね定数と呼ばれるものである。例えば，断面積A(mm²)長さL(mm)の棒に両端に力F(N)を加えて引張った時、棒のヤング率をE(N/mm²)、伸びをλ(mm)とすると、ばね定数K(N/mm)は$K=F/\lambda=EA/L$となる。

$\xi=K_B/(K_B+K_C)$ は内外力比と呼ばれる。外力Wの内ξ分しか負荷の増加(F_B-F_0)にはならないことを式は示す。被締結体のばね定数K_Cはボルトのばね定数K_Bより一般的に大きい。ξは0.2程度の値である。そのため外力Wの内の大部分を被締結体が受け持つ。被締結体が合い面で分離しない限り、ボルトにはξW分の力しか余計にはかからない。合い面が分離

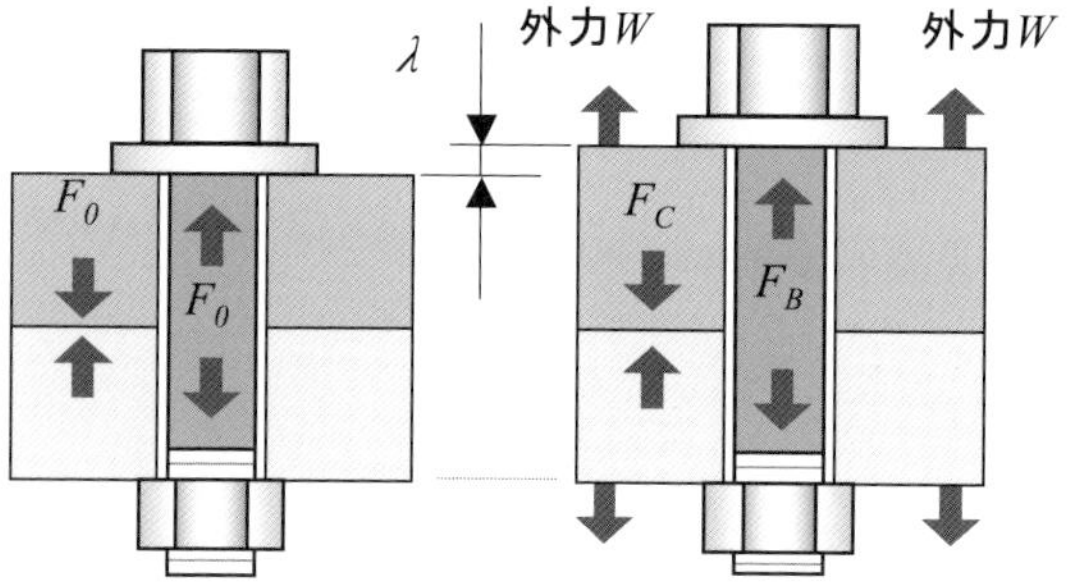

◀図14　2枚の部材をボルトで締付けたときの模式図／右は締付けた後、部材に外力Wが負荷されλ伸びた状態。

してしまうと外力Wはもろにボルトに集中する。

ボルトが運転中にゆるんでキャップが本体部分からずれると大変である。締付けた後のボルトにかかる軸力を一定値にする必要がある。そのためボルトの締め付けには注意した管理がなされる。

軸力管理には二つの方法がある。一つは、締付け後のボルトの伸びを直接測定して軸力を推定する方法である。ドイツの高級車のコンロッドなどに見受けられる。これはボルトの両端面を寸法が測定できるように仕上げておき、長さを調節しながら締付けるが、手間がかかる。

もう一つは軸力が締付けトルクに比例することを利用する。締める時トルクが増加するにつれて軸力も直線的に増大する。図15はこの関係を示す。トルクレンチで締付けた時のトルクを計測し軸力に換算する。

締付けトルクと軸力の関係は図15のように線形である。この方法は簡便であり量産工場での組み立てには向くが、致命的弱点がある。摩擦を介してボルトの軸力は発生する。そのため、トルクを一定に管理してもねじ部の摩擦係数μが違えば軸力は異なってしまう。摩擦係数が違えば、軸力はばらつく。トルク10Nm±10%で比較すると、摩擦係数が0・14から0・26まで変わると、軸力は8.3kNから3.9kNまで変わる。ねじに油がついていたり、いなかったり、わずかなごみなどにもμは敏感に変わる。

では、トルク管理をして軸力を安定させる方法はないのか。こういった問題に対処できるのが、塑性域締めという方法である。ボルトを締めて行き回転角度に対し締め付けトルクをプロットすると図16のような関係が得られる。図中のスナッグ点は、ねじの溝に初期のあたりがつき、軸力が弾性変形によって大きくなり始める点である。さらに回転角を増

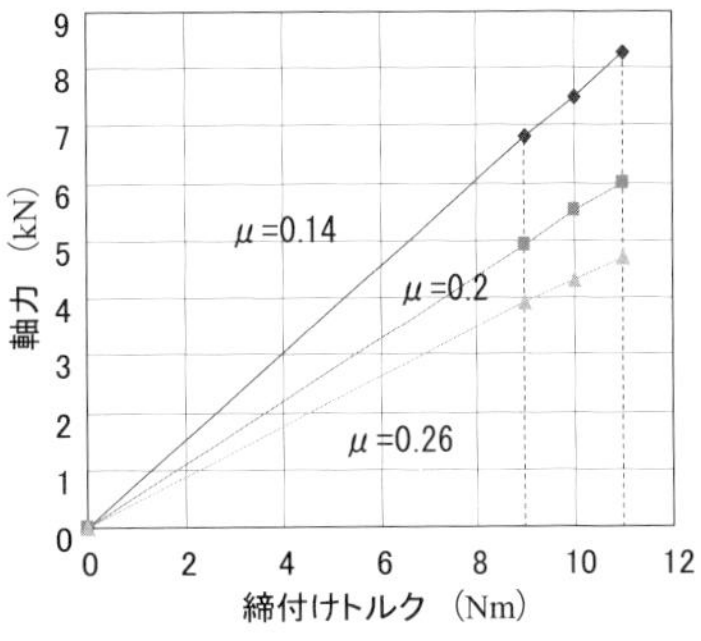

◀図15　トルク法による軸力分布／M6×1.0ボルト、締付けトルク10Nm±10%。摩擦係数μ＝0.2±30%で比較。

して締付けて行くと軸力はボルトの降伏点まで上がる。もっと締付けるとボルトは降伏し、降伏が起きると塑性変形のためカーブは寝てくる。この初期の寝てきた所で締付けを終えると、多少の回転角の誤差があっても軸力のばらつきは少ない。わずかな塑性変形を使い、軸力を一定に管理しようというのが、この方法である。

材質が管理されていれば降伏応力は一定である。この方法であれば摩擦には影響されない。したがって、単なるトルク管理によって軸力を一定化させようとするより賢明で、コンロッドボルトの締め付けに使われている。一方、塑性領域まで締付けるので締付けすぎると破壊してしまう。また塑性変形領域まで変形した材料の疲労強度はどうなるのか、という問題も懸念されるが、鉄鋼材料においては問題がないようである。ただし、このような締付けを一度行ったボルトは再組み時、二度と使用すべきでない。

柔よく剛を制するメタル軸受け

図11に示したメタル軸受けについて述べる。メタル軸受けはプレーンベアリングと呼ばれ、メタルと略称される。メタルと軸の間にはわずかな隙間が必要でここにオイルが入り込んで軸を浮かせる。弾性流体潤滑状態になるようにするのがメタルの機能である。メタルには30MPa程度の面圧がかかり、メタルに接する軸側表面は20m／s程度の周速を持つ。起動時の初期なじみ性、低摩擦、高面圧下での耐疲労、境界潤滑になった時の耐焼付き性などの性質が求められる。１９２０年頃の大端用滑り軸受けとしては、一般機械用のホワイトメタル（スズ鉛合金）が使われていた。許容圧力は低く10MPa程度であった。許容圧力が低いと、高出力化に伴いクランクピン径を太くしなければならず好ましくないので、許

◀図16　回転角と締付けトルクの関係／A＝弾性変形領域。B＝塑性変形領域。θ_1点での勾配の低下を検出し、塑性域と判定する。

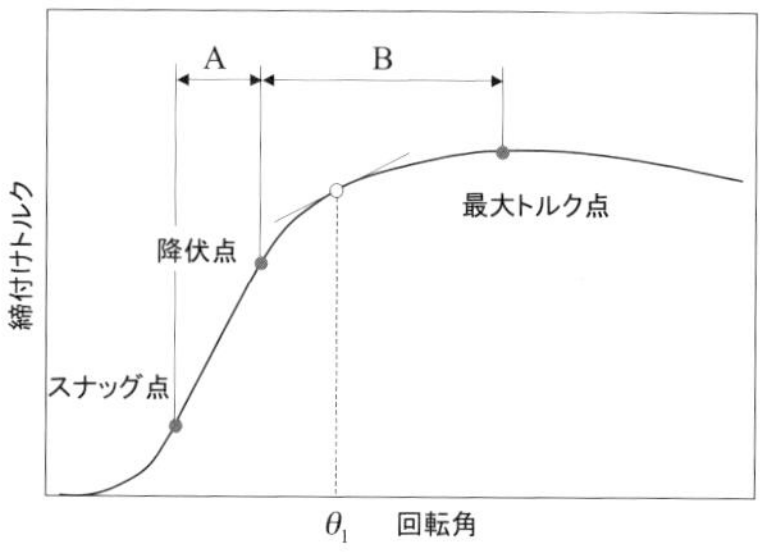

◀図17　メタルの断面

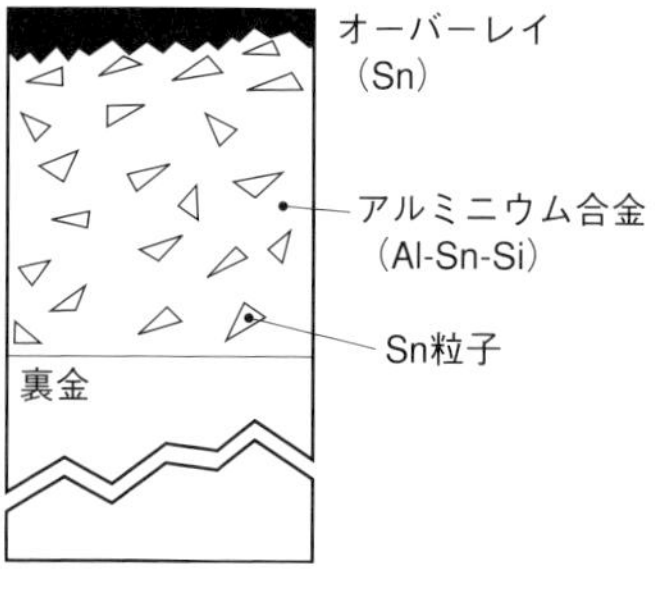

容圧力の高い銅鉛合金が開発された。その後、１９３０年代の終わりに銀鉛合金が現れ、第二次世界大戦になってからさらにインジュウムのめっきをすることがアメリカで行われだした。[*9] これらのことで50MPa程度までの許容応力となった。

現在、銅鉛合金軸受けとアルミニウム合金軸受けの2種類が出回っている。図17はメタルの断面の模式図である。メタルは一般に3層になっている。一番外側のコンロッド側にくる裏金（軟鋼板）。次に中間のアルミニウム合金層（Al－Sn－Si合金：Snが微粒子の形でアルミニウムに分散）。一番内側のオーバレイと呼ばれる軟質層（Snめっき）である。裏金とアルミニウム合金の張合わせになっている。裏金はメタルに強度を持たせるためである。オーバレイは初期なじみ性を良くする。

鉄とアルミニウムはもろい化合物を形成するので簡単にはくっつかない。Al－Sn－Si合金の板と鉄板をくっつけるのに、アルミニウムとも鉄ともなじみの良いNiの薄層を中間にはさんで圧延で接合してある。図18に圧延の様子を示す。圧延機で高圧をかけ接合表面に塑性変形を与えるとくっつくのである。このような板をクラッド材という。クラッド材をプレス成形するとメタルになる。

軸受けには鉛やスズなどの軟質金属が使われている。軟質のため相手にならって適度に変形し表面に細かい油だまりを作る。しかし軟質金属だけでは弱くてすぐ摩滅してしまう。そのためアルミニウム中にスズの微粒子を分散した合金としてスズをアルミニウムで保持し、適度な硬さを持たせ耐摩耗性を上げている。銅鉛合金の鉛も同じ使われ方である。銅鉛合金の方が高荷重に使われる。

メタル軸受けはクランクシャフトを保持するクランクケース側にも使われている。油で冷却されやすいので条件はコンロッド大端より楽である。図19に示す。

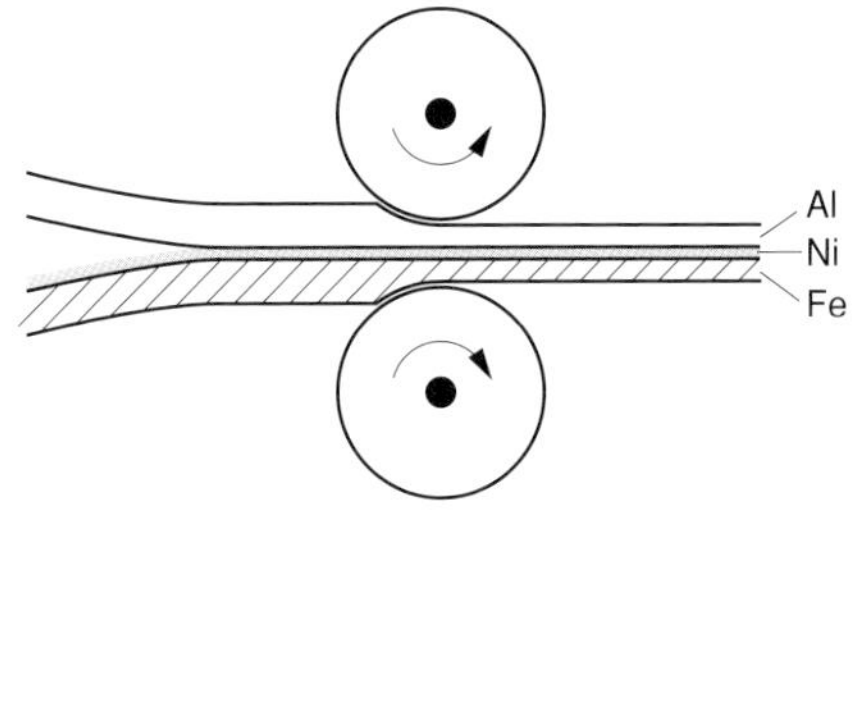

◀図18 クラッド材の圧延接合方法／Niを使わない方法もある。

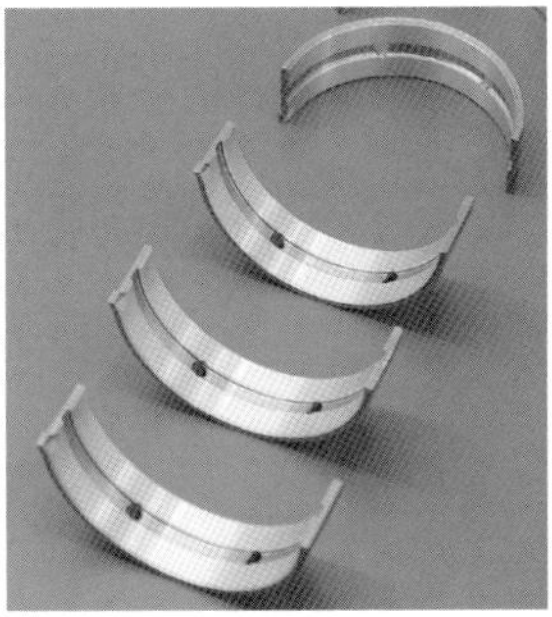

◀図19 メタル軸受け／穴はオイル穴

破面を合わせて大端とする

2サイクル船外機エンジンでは、大端をわざと壊して割れ目を入れ、その破面を再び合わせ面としてコンロッド大端としている。

ボートの船尾につけられる船外機では、加速がよく故障しにくいので多気筒の2サイクルエンジンが用いられる。3000㎤程度までである。気筒数が2気筒程度までのクランクシャフトは、組立式で対応できるが、3気筒以上となると組付けの精度が確保しにくい。そこで一体式のクランクシャフトを採用する。[*10] 一体式のクランクシャフトを使うとコンロッド大端は必然的に組立式になる。2サイクルエンジンの大端にはニードル・ベアリングは不可欠である。しかし、4サイクルエンジン・コンロッドで使うキャップと本体を機械加工面で合わせ組立てる方式では、ニードルローラの転走外輪として使える精度は確保できない。そのため、熱処理、機械加工を含めコンロッド大端を、いったん一体式で作っておき、次に、大端を半割にした後で破面で合わせる技術が用いられている。浸炭焼入れしたSCM420は極めてぜい性的（もろい性質）で、破面の微小な凹凸を利用して合わせのずれを防ぎ大端部の真円の精度を確保する。図20に示す。

図21右は組立てた状態で図21左は分解した状態を示す。分割したいところに、最初に小穴を開けておき（図21では3本の穴をあけてある）その部分に応力集中を起こさせ、ぜい性破壊させる。ぜい性破壊した破面を再び合わせボルトで締めると、ぴったりと合う。図21左は、半割りした結果できたコンロッドキャップ側を立てて破面を見ている。この破断割りコンロッドは第二次世界大戦中からアメリカの船外機メーカー[*9]がやり始めた。

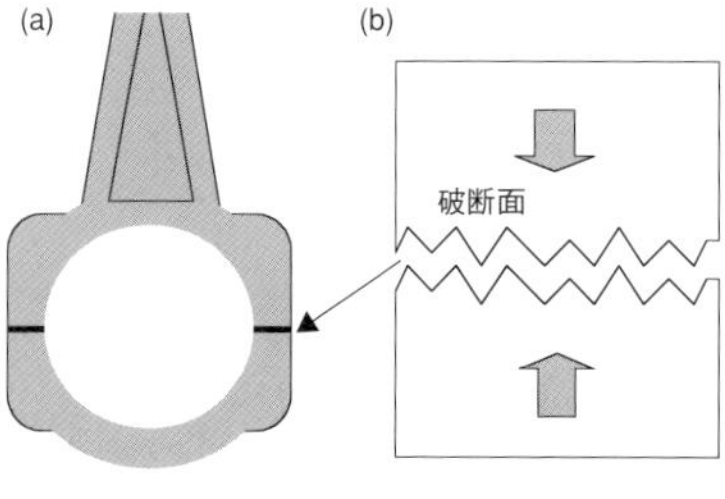

◀図20 大端破断割り模式図／ぜい性的に壊れた破面は再び合わせるとぴったりと合う。延性的に壊れると変形しているので合わない。ぜい性的に壊れる条件（温度や破断速度）などを最適化し、その条件で破断する。

焼結鍛造（粉末を焼結したものを鍛造し、密度を上げる）で作った鋼のこのタイプのコンロッドや高炭素鋼で作った破断割りコンロッドが自動車にも使われている。

大端の精度が高いことと、コンロッド本体とキャップを一体で作ったほうが安いことからである。4サイクルの場合は大端にメタルが入る。キャップがずれると大端の焼きつきなどを起こす。大端の組付け精度は高いほど良い。

破断割りの原理は次のようなもの[*11]である。炭素鋼は変形温度が低いともろくなる。図22は破断エネルギにおよぼす温度の影響である。温度が下がると破断に要するエネルギは低下し、ある温度を境にもろい、ぜい性とねばい、延性の破断様式が変わる。遷移温度という。遷移温度は炭素濃度が高く、破断のひずみ速度が速い方が高温に現れる。S50C程度の高炭素鋼でひずみ速度が速いと室温付近でぜい性破面を出す。

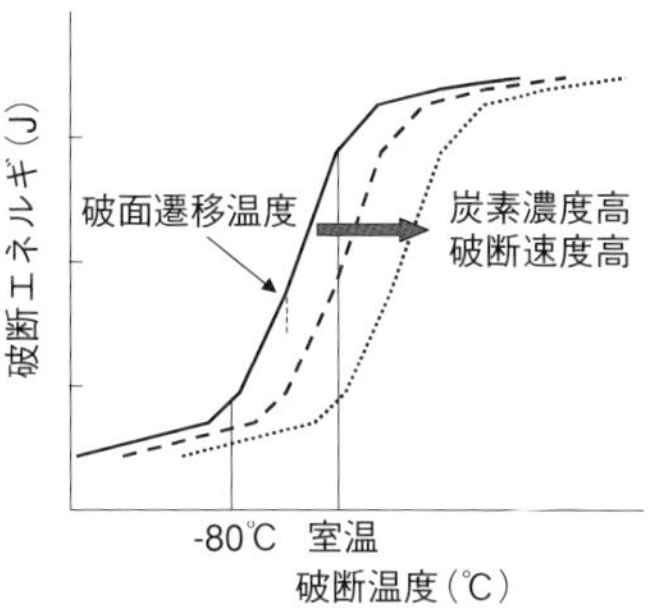

◀図22　破断エネルギの温度依存性

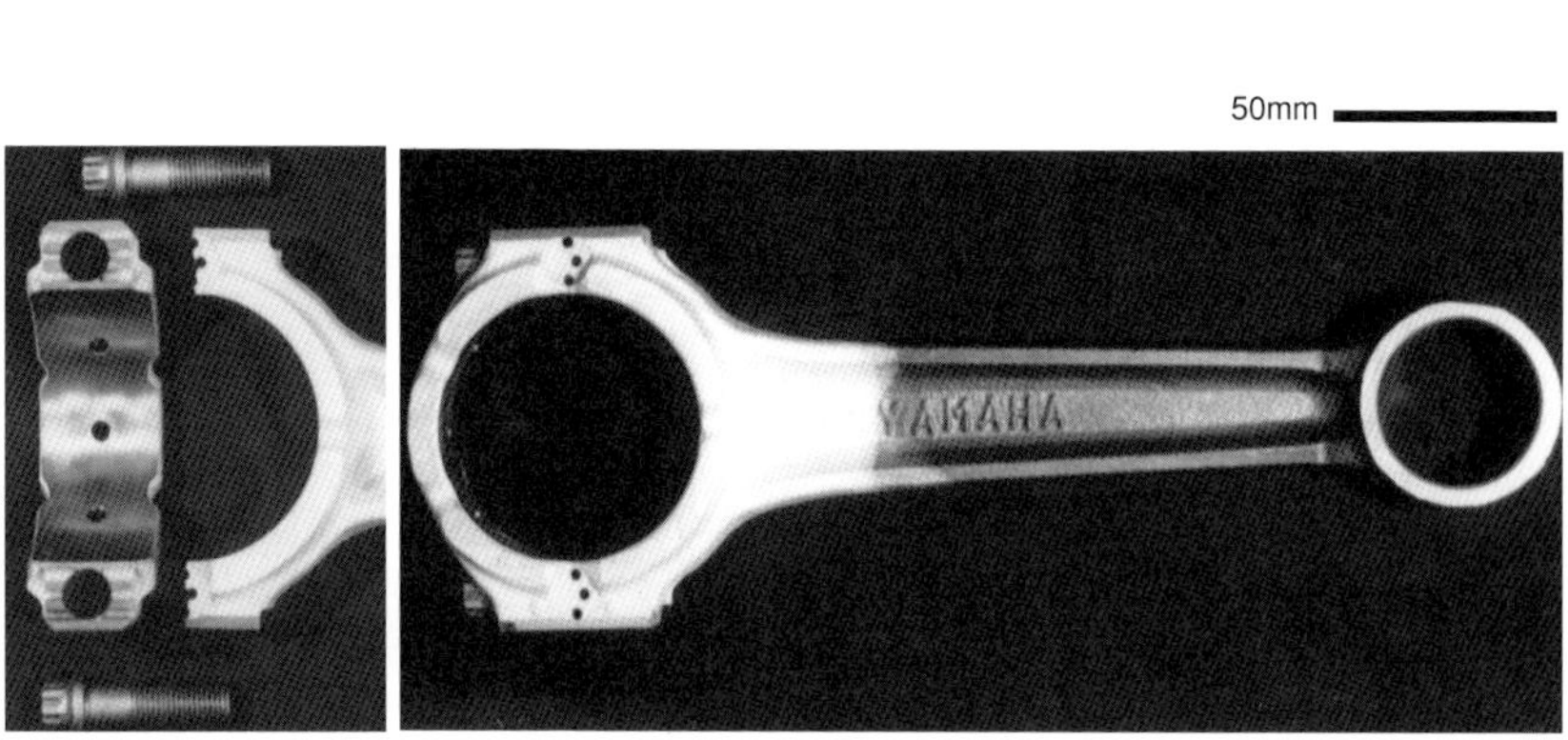

◀図21　大端破面合わせコンロッド（船外機2サイクルエンジン用）

図23はぜい性破壊した破面と延性破壊した破面の写真を示す。延性破面はディンプルと呼ばれる小穴のつながったような破面を示す。塑性変形量の多いこの状態では破面を再度合わせても、ぴたっとは合わない。破断割りコンロッドにはぜい性破面を出す。

アルミニウム合金やチタン合金のコンロッドも一部では使用されている。低出力の汎用エンジンなどでは、高い剛性も必要なく、コストも安いので、溶湯鍛造製のアルミニウム合金コンロッドをかなり使うようになった。鋼に比べチタン合金は切り欠き感受性が高く十分な疲労強度がない。またアルミニウム合金は軽いが弾性率が低く、コンロッドとして十分な剛性が確保されない。比剛性（＝ヤング率／密度）は、鋼、アルミニウム合金、チタン合金で同じ程度（2.6×10^7 N㎜/g）である。コンロッドは一定の剛性が必要で、このような基準で設計してみると、軽いチタン合金やアルミニウム合金を使っても鋼製と重量は同程度となってしまう。そのため、コストの安いこともあいまって、熱処理や素材特性を改良した鋼製コンロッドが今後とも主流であることは間違いない。

◀図23 (a)ぜい性破面と(b)延性破面／SCM420材。

(a)

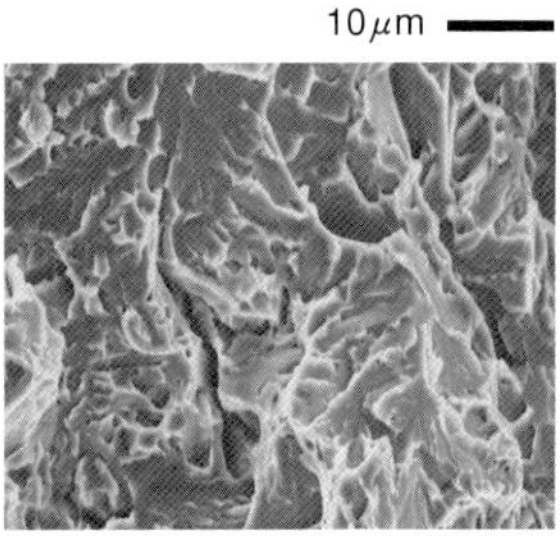

(b)

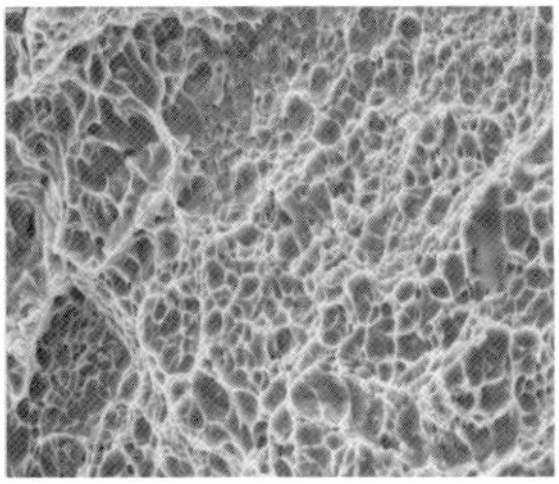

参考文献と注

＊1　ニードルベアリングのローラは、リテーナを使わないとスキューという異常運動を起こす。焼付いたり異常摩耗を起こす。そのためリテーナを使いローラ間の間隔を一定にして、このようなことが起こるのを防ぐ。またスキューの防止策として、ローラは完全な円筒形状ではなく、わずかにバレル形状としたものが使われる。クランクピンの振り回し、コンロッド左右の振れによって、ニードルと転走面の間に大きな滑りが発生する。そのためニードルベアリングはころがりのみの追随は不可能である。潤滑状態が良ければ滑り軸受けの方がコストも安く優れている。現在、乗用車、トラックを含めクランクピン部にニードルベアリングを使用する4輪車エンジンは一つもない。富塚清「内燃機関の歴史」三栄書房、（1987）347。

＊2　ころがり接触状態において起こる疲労を、滑りを伴う場合も含めて転動疲労という。損傷の形態はさまざまである。最もよく見られるのは小穴状の損傷であるピッチング、またはスポーリング、その他滑り方向に直角に発生する摩耗亀裂、薄片状のフレーキング、表面硬化材におけるケースクラッシングなどがある。「潤滑ハンドブック」日本潤滑協会編、養賢堂、（1987）746。

＊3　第二次大戦後の日本のベアリングメーカーは高速回転に耐える良質なベアリングは持っていなかった。小型のベアリングは、高出力モーターサイクルエンジンのニーズに応えるために技術開発されてきたといってよい。H. Okuse, F. Kitauchi and K. Hashimoto: SETC Technical paper, SAE International, 911279.

＊4　小柳明「鉄鋼材料を生かす熱処理技術」大和久重雄・監修、アグネ、（1982）169。

＊5　転動疲労寿命に影響を与える介在物のサイズは、数μmのオーダーである。ばねや一般の機械部品の疲労強度に影響する介在物サイズより一桁厳しい管理が要求される。

＊6　加藤恵之「Sanyo Technical Report」2（1995）15。

＊7　キャップをコンロッドボルトで締め付けてからホーニングし、大端ボスの真円度を出す。

＊8　都竹広幸、土田直樹「ヤマハ技術会技報」19（1995）20。

＊9　富塚清「内燃機関の歴史」三栄書房、（1987）106。

＊10　鍛造機械は小型で良いので、部材の小さい組立式クランクシャフトの方が、鍛造コストは安い。また、加工コストも一体式のクランクシャフトより安い。

＊11　山縣裕「塑性と加工」48（2007）277.

第10章

炭素量まで考えて車に乗ってるかい？

［商品機能と素材の関係］

楽しい車を作り出す

モノ作りとは、顧客の抽象的要求、例えば乗って楽しいスポーツカーが欲しいという課題を具現化することである。そのために、使用する鉄板の鉄の炭素量を０・０１％まで具体的に決めることである。しかし、工芸品や芸術品を除き、日常、われわれが手にするものは、たいていは複数の人間の分業によって作られている。分業化が進んだ結果、企画、設計、生産ともプロセスが入り込んでいて、全体の見通しは悪い。本書はエンジンに使われている素材を解説してきた。本章では商品機能から発し部品、素材に至るまでの、顧客のニーズがやりとりされる構造と素材の技術の位置づけをまず紹介する。続いてモノ作りにかかわる技術の全体像を紹介する。

商品―部品―素材の関係

一般に工業製品はいくつかの部品から成り立っている。部品は素材からできている。車はコンポーネント（単品の部品の統合されたもので、ユニットとして特定の働きがある部品）や部品から成り立っている。コンポーネントおよび部品は最終製品の持つ機能のなにがしかの部分を受け持っている。全体の点数は数千にもなる。

モーターサイクルの例を考えてみよう。一例としてショックアブソーバのユニットを見る。その機能としてモーターサイクルが欲しているのは減衰特性である（図1(b)）。ショックアブソーバはスプリングやダンパーなどの数十の単品部品で構成されている。ショッ

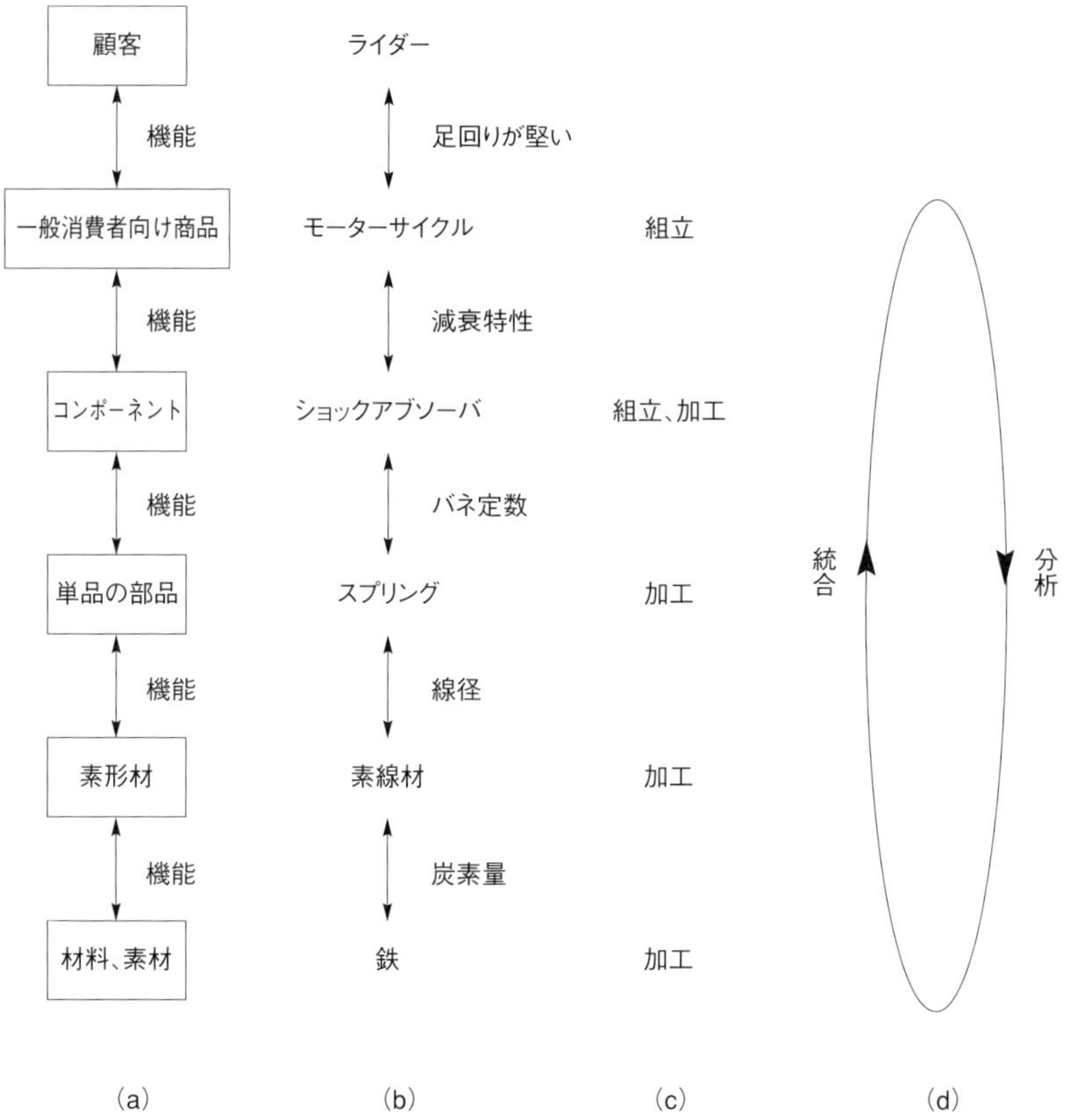

顧客
ライダー
機能
足回りが堅い
一般消費者向け商品
モーターサイクル
組立
機能
減衰特性
コンポーネント
ショックアブソーバ
組立、加工
機能
バネ定数
単品の部品
スプリング
加工
統合
分析
機能
線径
素形材
素線材
加工
機能
炭素量
材料、素材
鉄
加工
(a)
(b)
(c)
(d)

▲図1　商品作りの階層

クアブソーバが、それを構成している部品の一つであるスプリングに求める機能は、モーターサイクルのショックアブソーバにふさわしい特定のばね定数のばね性である。スプリング用には、ばね定数が決まると、それに応じた線径の鉄線が決まる。鉄線の鉄中の炭素量は、スプリング向けの線ということで決まる。図の一番上にもどり、顧客であるライダーは、自分の乗った車のショックアブソーバの付いた足回りを堅いとか軟らかい、と言って適性をみる。

このようにユーザーのニーズは、各レベルごとに分解された機能を通して、素材のレベルまで受け渡される（図1(b)）。実際には、図1(a)はもっと複雑で、コスト要因も加わるが、いくら安くても基本機能が満たされなければ、使えないのはいうまでもない。上位の要求機能は、このような流れで、モノとなる。ユーザーに近いほど要求されるものが感性的、アナログ的で、抽象性の度合いが高い。これを具体的にするのが、モノ作りである。大抵の工業製品は、多少なりともこのようになっている。

図1(c)は各々のレベルで主にやっている生産技術である。ユーザーに近いほど、組立の色合いが濃くなる。商品としてイメージした機能を下位機能に分析し、それを統合するというプロセスである（図1(d)）。素材のレベルが、素形材、部品、コンポーネントのレベルを経て、上流の商品レベルに統合される。商品として最後に固まるまでの試作試験段階では、このループが何度か回される。

では、乗って楽しいモーターサイクルという商品機能を分析し、眺めてみよう。上位のモノが下位のモノに求める機能には、次のような表現がよく使われる。図1の例でいえば足回りの堅いモーターサイクル、減衰特性の良いショックアブソーバ、ばね定数の高いスプリングのように、機能＋モノで表現される。

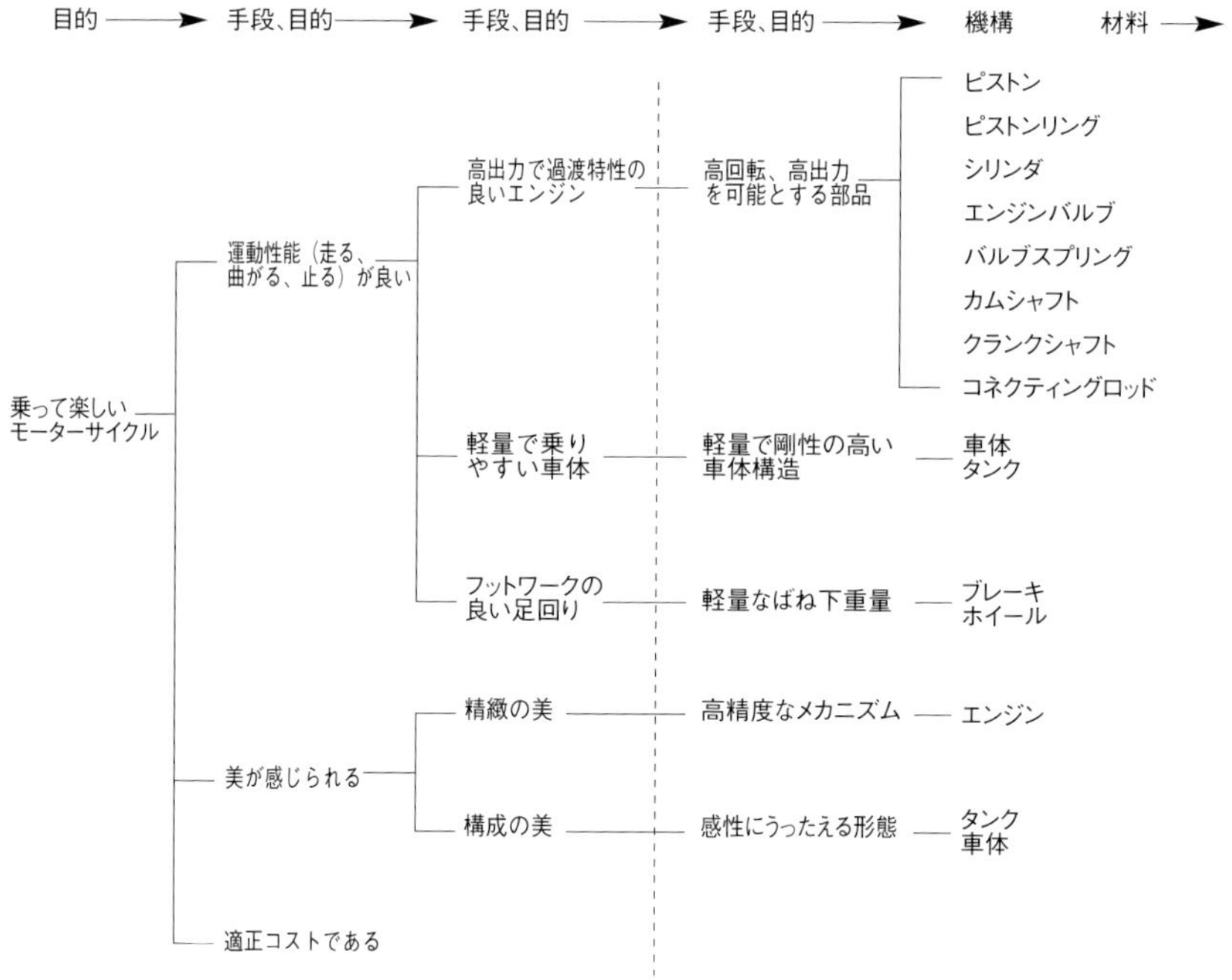

▲図2　楽しいモーターサイクルと部品

図2は、モーターサイクルに要求される特性を、上位から要求される機能の順に、機能＋モノのように系統的に表現した図である。まずは、部品レベルまで展開した。各項目は、上位から見ると手段であり、下位から見ると目的となる。実際には、もっと膨大な中味になるが、部品に至るまでのイメージは大体つかめるはずである。乗って楽しいモーターサイクルには、運動性能が必要である。これには、高出力で過渡特性の良いエンジン＋軽量で乗りやすい車体＋フットワークの良い足回り、が求められる。高出力で過渡特性の良いエンジンには、高回転で高出力を発生するための部品と技術がいる。そして手段としての各部品ごとに要求される機能が決まる。次に、例えば高回転、高出力にピストンはどうなればいいのか、が来るわけである。本書で扱ったのはもっぱら破線以降の事柄である。

商品に求められる機能（すなわち顧客のニーズ）が変われば、下位の部品に求められる機能も当然変わる。例えば、足の短い人にも足つき性の良いモーターサイクルというような機能で展開すると、また違ったものになる。その時は、エンジン幅を狭くする、エンジンの高さを低くする、シートの幅を狭く、厚みを薄くする、とかの項目が現われる。そして、各々の部品について、できることとできないことが現れ、各個別の技術項目が決まる。数千点ある部品の特性は、いずれもこのようなプロセスで決められる。そのレシピに従って材料も選択される。

機能がよく分かっていなくてもそれなりにモノの形にはなる。カチカチ山の話で、狸は兎のアドバイスを信じ泥船を造って沈んでしまうが、狸が船の機能を知らなかったといって笑うことはできない。沈んでから船というのは水が漏れてはならないことを知る。製品の機能の十分な理解なしに素材を適切に選択することはできない。しかし、素材の機能自体もたいへん見えにくいものなのである。

商品化技術と生産技術

部品素材のレベルに至るまで、ユーザーの求める意図が一貫して流れているのが良い製品である。しかし、他の車との得失をいいとか悪いとか論じることができても、その車の総合的な味がどのように作られているかを解き明かすことは、プロの技術屋でも簡単ではない。図1では、サスペンションの例で機能が分析される道筋を見た。分析と統合はモノ作りの基本的なアプローチ方法である。次に、機能が統合される過程を見よう。

製品製造の技術は、単純化すると商品化技術と生産技術に分けることができる。図3は商品開発のプロセスとそこに使われる固有技術を示す。

商品化技術：顧客のニーズをある特定のコンセプトに具体化し、それをデザイン・設計によって図面として仮置きする。その途中で計測やシミュレーション技術の助けを借り強度などが検討される。図面に基づいて試作品を作りテストし、元のコンセプトに合っていればそれを最終図面として固定する。合わなければ合うまで繰り返される。このプロセスの中味は次のようなものである。例えば顧客がモーターサイクルのアクセルを開けた時、ぐっとくるというフィーリングを求めている（図3中の右上参照）とする。このフィーリングは加速度と関係し、加速度はエンジンの出力や車体重量に関係する。機能はこのように部品素材に落とし込まれ、これらを組立てた時、再び統合される。ここでコンセプトはニーズを形にするインターフェイスの役割を持つ。ニーズはモノを作ってみないと分からない部分も多い。顧客は商品を手にし、さらに使いこなして初めて、ああこういうものだったのかと知る。

◀図3　商品化技術と生産技術／五感やスキルを人は意識せず使っている。どのように使っているのか説明を求められても言葉で説明できない。このような知識を暗黙知[＊1]という。形式知とは言葉で説明できる知識である。（190頁に拡大図）

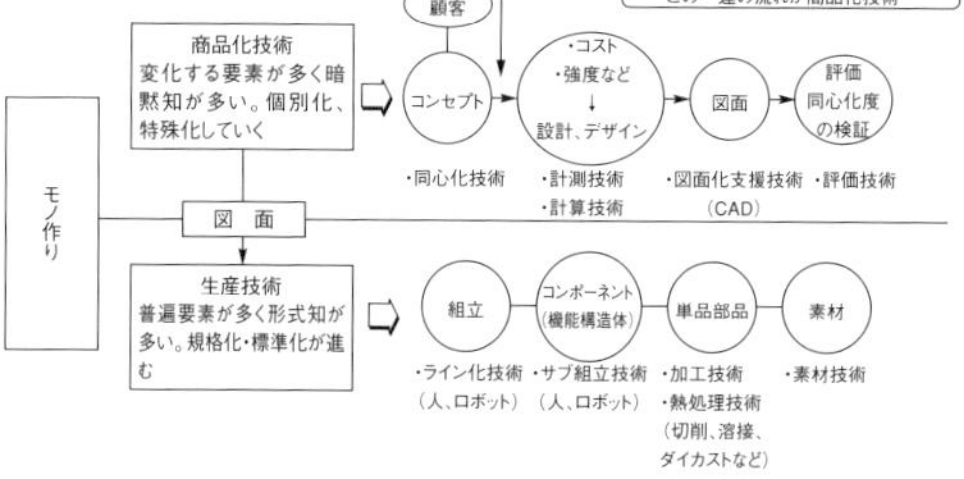

＊1　M・ポランニ「暗黙知の次元」佐藤敬三・訳、紀伊国屋書店、（1980）。

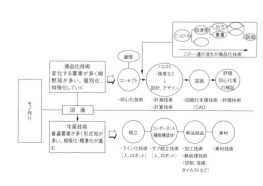

生産技術：最終図面ができた後には、コンポーネントや部品を素材から作り、組立てて製品にするプロセスがある。製品の信頼性確保またコスト引下げのためにもこの部分は規格化、標準化を進ませた技術で構成しておく必要がある。もちろん図面ができてしまってから生産技術の部分が始まるのではなく、効率を上げるため同時並行的に進められる。

最終商品にユーザーが求めるのは、ぐっとくるというフィーリングである。往々にして極めて抽象的である。これに対し部品素材に要求される機能は具体的である。図1のサスペンションの例でいえば減衰特性である。適当な計測機があれば性能測定は容易である。ユーザーの意図の関わりは部品素材レベルほど薄まるといえる。

道具の用途

顧客ニーズを調べコンセプトとし、そのコンセプトに基づいて技術者が車を作る。あるいはニーズを先取りする。ここでコンセプトを作る対象の道具の意味を考えてみる。

人間は、ある時は生活のため、ある時は宗教儀式や遊びのために、さまざまな道具を発明し、工夫改良してきた。ところで生活において道具とは何だろう。ここでは、スキルに注目し、人のかかわりを代表させる。図4は、そのものを使うのに必要なスキルを縦軸に表示する。上の方に熟練の必要な玄人向け、下の方に熟練の不要な素人向けを置き、人間を念頭において人間軸と呼ぶ。横軸には道具を使う目的を表示する。目的はさまざまであろうが、右に実用、利便、汎用、左にこれらに対極の遊び、余裕、特殊と呼ばれる目的を置く。この軸を目的軸と呼ぶ。このようにすると四つの領域が現われる。各々の領域の代表的な道具を表示した。とりあえず、左回りに、それぞれ、実用、触発、くつろぎ、召し

▼図 3

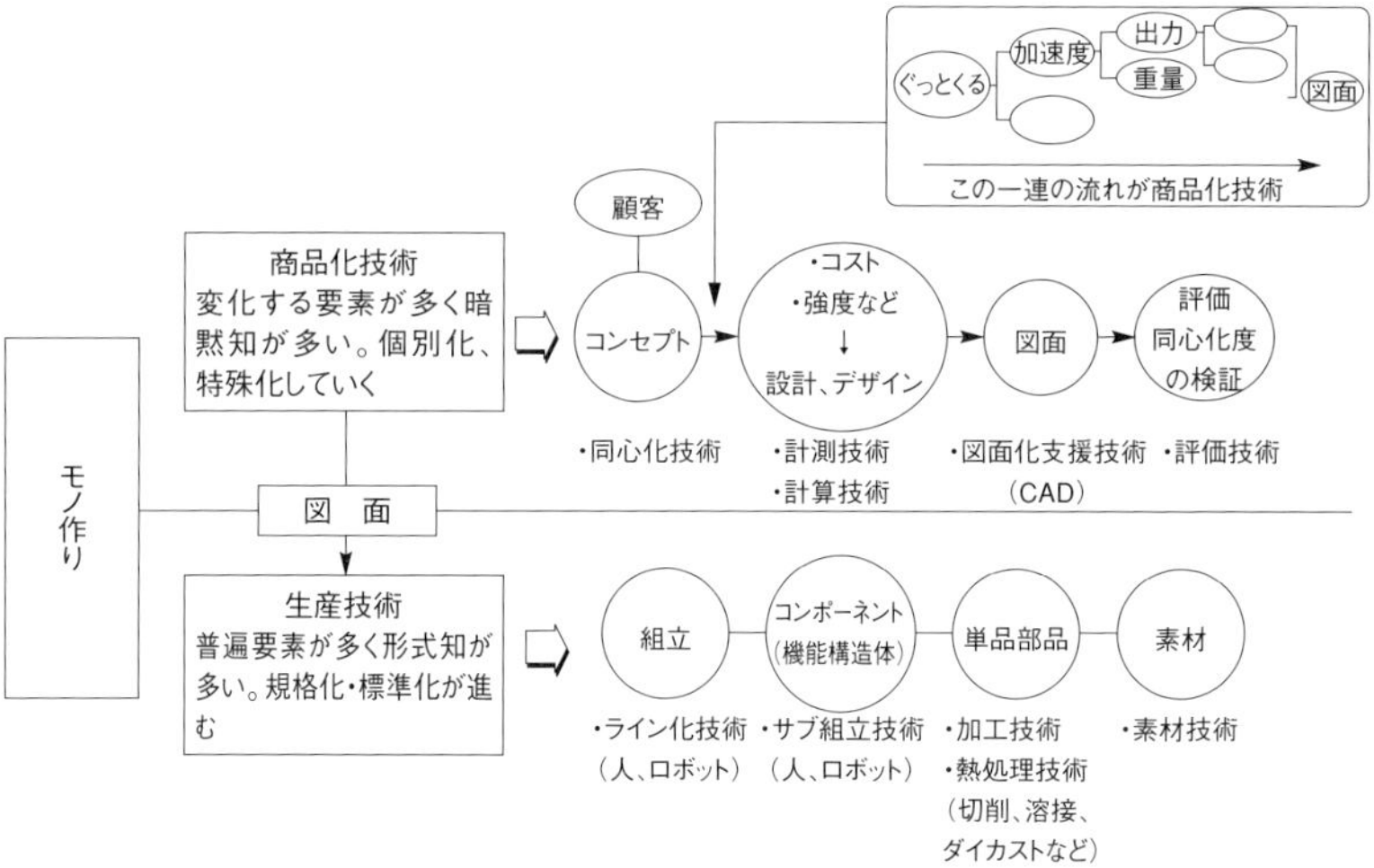
ぐっとくる
加速度
出力
重量
図面
この一連の流れが商品化技術
顧客
商品化技術
変化する要素が多く暗黙知が多い。個別化、特殊化していく
コンセプト
・コスト
・強度など
↓
設計、デザイン
図面
評価
同心化度
の検証
・同心化技術
・計測技術
・計算技術
・図面化支援技術
（CAD）
・評価技術
モノ作り
図　面
生産技術
普遍要素が多く形式知が多い。規格化・標準化が進む
組立
コンポーネント
（機能構造体）
単品部品
素材
・ライン化技術
（人、ロボット）
・サブ組立技術
（人、ロボット）
・加工技術
・熱処理技術
（切削、溶接、
ダイカストなど）
・素材技術

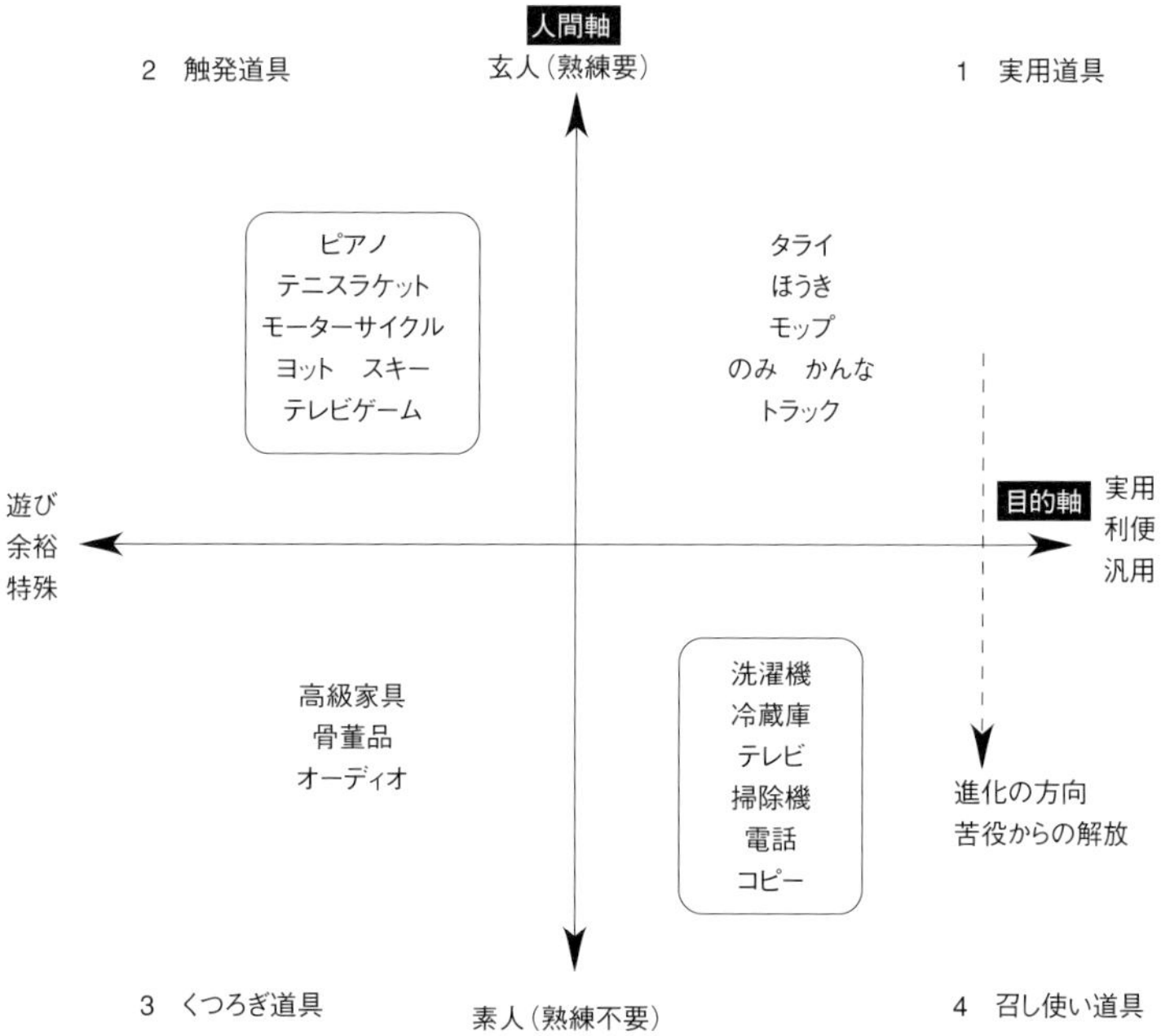
人間軸
玄人（熟練要）
2　触発道具
1　実用道具
ピアノ
テニスラケット
モーターサイクル
ヨット　スキー
テレビゲーム
タライ
ほうき
モップ
のみ　かんな
トラック
遊び
余裕
特殊
目的軸
実用
利便
汎用
高級家具
骨董品
オーディオ
洗濯機
冷蔵庫
テレビ
掃除機
電話
コピー
進化の方向
苦役からの解放
3　くつろぎ道具
素人（熟練不要）
4　召し使い道具

▲図 4　道具の用途

使い道具と呼ぶことにする。意味はおいおい分かるはずである。では、順に特徴を眺めてみよう。

まず右上の実用道具を見る。大工道具、のみ、かんなは、木を削る実用目的に用いられるが、上手な細工には、かなりの熟練を要する。食事に使うハシなどもこの領域に属する。ゲタ代わりの車などというのもこの領域のものである。これらは体の機能を補助し、生産などの仕事（その道具を使うこと自体が目的ではない）に使う。この領域の道具は手足の延長であり、生活必需品といえるものである。人間の肩代わりをするほどまでには道具が進化していない原始生活においては、生活の中心であった始原的な道具である。

次に、右下の召し使い道具を見る。洗濯機、掃除機などが挙げられる。洗濯機、掃除機などは洗濯や掃除という実用目的に使われる。洗濯機では熟練がいらず、年寄りや子供にも使い勝手がよいようにコンピュータ制御されている。最近では、洗濯量に応じ洗い方が変わるファジー制御を売り物にしている。この領域の道具も道具を使うこと自体が目的ではない。汚れた衣類を元のきれいな状態に戻すのが目的である。

左下のくつろぎ道具を見よう。高級家具、骨董品などは、熟練なしに使える。単に所有することで人に満足感を与える。しかし購入には資金の余裕がなければならない。実用性だけをいうなら、はるかに安い家具もある。有名ブランド品を始めとして、この領域のモノを買うことは今日、日本人の消費の中心ともなっている。

最後に左上の触発道具を見る。この領域に属するピアノ、スキー、モーターサイクル（中大型のスポーツモデル）などは、音楽やスポーツを楽しむ遊び道具である。単なる輸送手段ではなく、走りの楽しさという論点では乗用車もここに来る。実用、利便という言葉には遠い。ピアノは演奏者がスキルを向上させ、チャレンジする楽器である。会社帰りに一曲だけピアノのレッスンを受け、カラオケバーの弾き語りでウケているおじさんも多い。同じピアノでも弾く人によって出てくる音は全く違う。上手な演奏者は自分に合った楽器を選ぶ。いずれも使用者のスキルに応じ発揮できる性能が違う。達成感は道具の良し悪しによっても変わる。ゆえに、ユーザーに耕すことを啓発する触発商品といえる。元々人間的臭みのある道具群である。

以上、四分類して道具の特徴を眺めた。もちろんテレビゲーム機やワープロのようにそれぞれの機能の専用機としてしか使えないモノのある一方、汎用パソコンのように使うソフトによって触発道具のゲーム機になったり、召し使い道具の帳簿集計機になったりするモノもある。四つの領域に分けた時、使うことで引き出されるユーザーの満足感も、各領域ごとに異なる。次にそれを考えてみよう。

実用および召し使い道具と満足感

実用道具として、魚のウロコ取りを比較した例を挙げてみよう[*2]。スキルのかかわる具合がよく述べられている。

「いま調理道具の売り場には、昔からあるウロコ取りのほかに、〈ウロコを飛ばさずに取る〉とか、〈こまかいところを取りやすい〉、〈……身を傷めずにウロコが、きれいに取れます〉と、工夫した新しいものがいろいろでています。どれが使いやすいか、形が違うものを、7種選び、使い比べた結果をお知らせします。

Aウロコ取り　500円：これは、昔からある形で、魚屋さんや、板前さんが使っている物です。刃は鋳物で、ギサギザがついた歯が4本並んでいます。背の方だけ少し反って

＊2「暮らしの手帖」54-2、3月号、(1995) 112。

います。柄は丸くて、持ちやすいし、歯の重さとのバランスがいいから、使いやすく、軟らかいウロコはもちろん、真鯛のように固い大きいウロコも、よく取れます。しかし、刃の先が太くて厚みがあるから、エラやヒレのそばのような狭いところはうまくいきません。また、取れたウロコが、かなり遠くまで飛び散るので、ダイニングキッチンでは困ります」

召し使い道具の使用目的も実用性にある。実用性とは、便利である、使い勝手が良いという言葉に代表されるように、誰が使っても結果がそれなりに出てくれなければ困る。ドアの閉め方が悪いとオーブンになるような冷蔵庫では困る。ファジー制御の全自動洗濯機などは、洗濯などあまりしたことのない亭主族でも、ほったらかしで洗濯できる便利な道具である。召し使い道具の例として〝あなたはどんなオーブントースターを買いたいですか〟と題し、何種類かのオーブントースターを比較した例を挙げる[*3]。いかにスキルなしでパンをうまく焼けるかという、得失を述べてある。

「おなじ会社のものでも、5千円以下の安いもの、強弱の切替えのあるもの、1万円以上で、トーストがいつも同じ焼色に焼けるという、オートトーストトキーつきのものもあります。切り替えの多いもののほうが便利なのか、オートは本当にこげずに焼けるのか、サンヨー、東芝、ナショナルの3社9機種を使い比べてみました。(中略) トーストを焼くだけで、それ以外はほとんど使わない、焼くときは自分で焼色を見ながら焼く、というのなら、切替えのない、安いもので充分です。(中略) つづけて焼くことが多かったりで、時々こがしてしまう、いつも失敗なくトーストが焼けるものがほしい、というのなら、この3社のオートトーストトキーは、どれもほどほどに焼いてくれます」

人間に木を削る能力はないのでカンナを使うように、その道具を使わないと目的とすることができない。あるいは、洗濯のように、面倒でその時間を他に振り向けたい――この

＊3 「暮らしの手帖」54－2、3月号、(1995) 54。

ように、道具そのものを使うことが目的とはなっていない。使う満足感、道具の価値は、期待通りの結果を正確に早く手をわずらわさずに得る、というところにある。スキルのかかわりが少ない召し使い道具は、苦役やコストから人を解放する道具群ともいえる。そういう意味で、忠実な召し使いの役割の召し使い商品という言葉がふさわしい。もちろん、便所掃除をすることは禅寺での徳の一つであるように、洗濯すること自体が趣味の人もいないわけではない。しかし、そういう人はあまりいないだろう。

触発およびくつろぎ道具と満足感

秋の夕暮れ、スウェーデン製の高級椅子に身を沈めブランデーグラス片手にサティを聴く、などというのは心が休まり楽しいものである。しかし、この楽しさは、超軽量素材のテニスラケットを手に、拮抗した試合をやった後の楽しさとは違う。ラケットを使い自らのスキルでチャレンジする場面では、むしろ苦しい。しかし、勝っても負けても、後で満足感が来る。

触発およびくつろぎ道具は、使用目的が、遊びとか余裕という言葉で表されるが、スキルのかかわり方の大小で引き出される満足感の質が異なる。良い家具のようなくつろぎ道具を使う楽しさは、安らぎにより自分を回復する、または自己回帰をする満足感である。一方、テニスラケットのような触発道具は、達成感から来る満足であり楽しさである。

次に引用したのは、フランスの週刊専門誌の中型モーターサイクルに対するテストライディングの評価[*4]である。このモーターサイクルの持つ潜在的能力が、ライダーのスキルと交流連動することにより満足感を生じるさまが、よく描かれている。

＊4「Moto Journal」1154（1994）16.

「公式プレゼンテーションが行われたポルトガル沿岸、エストリル側に沿って延びる道路を数キロゆっくり走行するだけで、クリスチャン（ラコンブ）と私は同じ感想を持った。まず、低回転域でのエンジンの最高のしなやかさについてで、クラッチに触れることなく自動車の間を走り抜けることができた。空気の強制取り入れシステムの欠点から低回転域で時々イレギュラーな機能をすることが知られていたので、これは重要なことであった。（中略）このモデルはクールな走りにも従順に従うが、もっとリズミカルなライディングを明かに好む。シャーシの動きの明快さから高回転域で走るときのエンジンの激しい動きまで、お気に入りの道に入った途端、それらのすべてが攻めの走りをする気にさせる。これは前のモデルでもいえたことだが、新しいモデルは、この味がさらにリファインされている。（中略）静かな操縦をする時はさらに落ち着いた走りを、その得意分野でプッシュして走る時は圧倒的な力強さを見せてくれる。車体回りは、たくましさを備えており、特にサスペンションがよく働き、全体的な剛性が上がっている。いずれにせよメカニズムは一つ所に留まってはいない。３０００ｒｐｍ付近でパワーのピークをみせ、これが市街地の走行でさらに快適な走りをもたらす。アクセルグリップのレスポンスは力強く、恐ろしいほどに迅速である。４気筒のエンジンは、４５００から６５００ｒｐｍの間あまりぱっとしないが、７５００ｒｐｍからは本当のパワフルな回転域へと突入する」

この例のように、触発道具の使用者は、スキルを向上させチャレンジすることを目的としている。スキルの優劣とチャレンジの難易のバランスによって楽しさが現われる。

道具の進化

人間は道具を工夫改良してきた。これは道具の進化とも見える。実用道具であるタライやほうき、モップなどが、誰にでも使いやすいように洗濯機や掃除機などに進化したと考えることができる。素人でも手間取らず簡単にという進化の方向がある（図4）。恐らく、同じ値段でどちらかを選べといわれたら、たいていのユーザーは20年前の洗濯機より最新の自動洗濯機を選ぶだろう。図の右側領域の進歩にハイテクは大いに使われる。

一方、触発商品の進化の方向は自明ではない。というのは、スキルの向上が道具の面白さだからで、スキルが不要になる改良は求められない。弾き語りで歌うのと、CD-ROMの自動演奏ピアノで歌うのでは、同じピアノを使うのでも使うスキルは違う。むしろ、うまいへた（各スキルの段階）によってそれなりのモノが設定される。これは、盛んであった9人制のバレーボールが、6人制となったが、依然、9人制も並存しているように、面白くするためにルール変更するのと似ている。ご存知のようにレースでも頻繁にレギュレーションが変わる。

コンセプトをどう作るか

コンセプト通りのモノができたとしても最初のコンセプトが外れていれば、モノは顧客のニーズに合わない。次に顧客ニーズをつかみコンセプトとすることについて述べる。

われわれがはしを使って食事をする時、はしには注意がいかず、つまもうとしている皿の上の食物の方に注意はいく。はしを使うことにあまり注意が集中すると食事はおいしくない。車やモーターサイクルの運転でも同じであって、ハンドルにしがみついて、操作に注意がいくと、周りの景色など見えないし、ましてや危険ですらある。さらに例を挙げると、われわれは雑踏の中でも特定の音を選んで自然と聴きだすことができる。耳鳴りは耐えがたいものらしいが、耳に注意がいくと音を聞いているどころではない。はしの操作、ハンドルの操作、五感の一つ耳を使うこと、これらはわれわれが意識せずに使っているスキルである。

モーターサイクルに乗り始めのころは、ミッションを踏み込んで1速、もどして2速などと意識しないと運転できない。しかし、慣れてくると、いつのまにか、モーターサイクルが自分の体の一部と感じられるようになり、操作しているという意識はなくなる。操作能力、すなわちスキルとは詳細に明示することもできない個々の筋肉や神経系の活動を、定義することもできない関係に従って結合する知識である。

モーターサイクルや高性能スポーツカーは、ライダーやドライバーの運動機能や感性という単純には言い尽せないスキルを耕すことで引き出す触発道具である。また、走りの楽しさを売りものにする乗用車などもこのカテゴリーである。そのため、最近では感性を数量化する手法[*5]なども使用されている。商品開発にも使われているこの手法を簡単に紹介する。

従来、車の性能緒元については、馬力やゼロヨンなどの計れる数値で考えられてきた。しかし、走りの味はこれら既存の数値では表現できない。最近、走り感を数量化し定量的、視覚的に捕える方法が開発された。評価する指標としては、ランダムに挙げるとさまざまな言葉が思い浮かぶ。しかし、同じ表現でも評価者によって意味の受取り方は、かなりば

＊5　水野康文「ヤマハ技術会技報」16（1993）8。

らつく。例えば、「メリハリのある走り感」などは、あいまいな指標の典型で、受取り方の個人差は極めて大きい。ランダムに挙げたこれらの言葉の中から人による受取り方が極端には違わない言葉を選び、評価指標とする。例えば、レスポンス、トルク、軽さ、パワー、スムーズさ、などである。次にこの評価指標を固定して車を評価した場合、同じ車に乗っても評価者の個人差があり、トルク感といった評価指標も感じ方が違う。これらの個人差を補正する補正値を人ごとに決めておき、何人かの評価者のデータを統計的に集計すると比較的まとまった評価結果が出る。図5は4種の競合車種において走り感を比較したレーダーチャートである。例えばA車は低速での粘り、力強さがあり、発進がスムーズ。B車は強烈なパワーを感じさせる。CおよびD車はA、B車に比べ絶対馬力が低いため、全体に弱い。このような評価チャートは走り感というあいまいなフィーリングを数値的に再現できる基準になる。そして評価チャートを基に、例えば、吸排気のスペックの見直し、制御系の微調整などによりエンジン特性の味付けが行われ、商品企画時に理想とした走り感の車へと作り込まれる。

　本書で解説したエンジンにも、今日、多かれ少なかれこのような味付けがしてある。現代の商品は基本的な機能（例えば電気カミソリならばひげがそれる）、耐久性やコストなどといった評価しやすい項目だけで作られるのではない。多かれ少なかれ感性的な味付けが重要な評価ポイントになっている。素材選択の問題もこれをまぬがれないのである。

　感性を数量化する感性工学と呼ばれる手法は、走っていて尻が痛くならないシートとか、疲れないライディングポジションの車体、心地よいエキゾーストノートのマフラーような、どちらかといえば扱いやすさを作り込むのに有効なアプローチである。しかし、今のところ、楽しさや感動そのものにダイレクトに切り込んでいく製品開発の方法はない。

◀図5　競合車の走り感

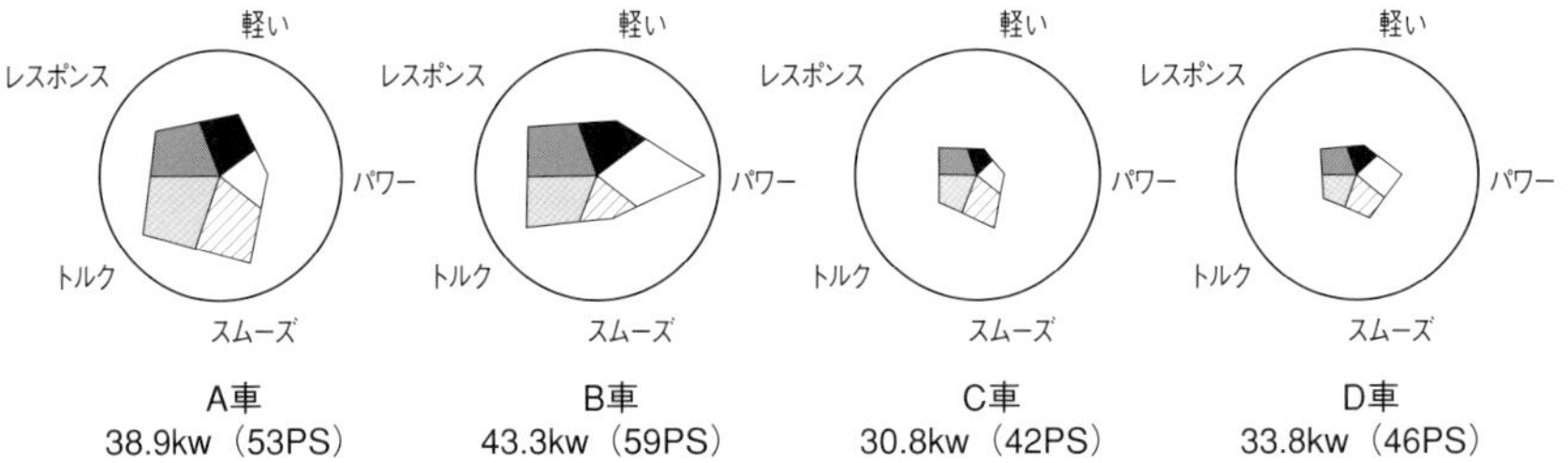

同心化技術

以上、ざっと商品を作る技術について述べてきた。核となるのは優秀な性能のコンポーネントでもあるし、本書で解説している優れた素材でもある。メーカーの持つ管理技術の優秀さであったりもする。また法外な値段では多くの人の手に渡すことはできない。これらも確かに大切であるが、さらに、顧客ニーズを具体的に商品に作り込み、商品機能開発の全体を引っ張る力は何だろう。触発道具の場合、明らかに、使用者の立場で発想し使用者の気持で製品の官能特性と物理的特性をつなぐ一群の技術となる必要がある。開発者としての基軸と使用者としての基軸が同心化した技術を著者らは、同心化技術と呼んでいる。[*6] 図3にその位置づけを示した。単に利便な機械を超えて人間に身近な道具に作り込むのに同心化技術は重要なアプローチである。

＊6　I. Nonaka and H. Yamagata: Knowledge Creating Company in Japan. In Charge of Change. Ed. by D.A. Ready. International Consortium for Executive Development Research, Lexington, MA. (1995). 69.

補講

A　フライパンの素材を何にする？
―機能展開表―

機能展開表の構成を説明する。機能とは要は働きである。表A1はハムエッグが作りやすいフライパンを作ることを目的に、素材レベルまでを分析展開した。ハムエッグが作りやすいフライパンは、まず、(1)食材である卵やハムが焦げつきにくいことが要求される（表の2列目）。ハムを先に焼いてその上に卵を乗せるか、卵を割っておいてその上にハムを乗せるか、などの調理スタイルの違いによって多少異なるかもしれないが。(2)さらに焼上がりを均一にするため均熱されなければならないし、(3)使用時に清潔でなければならない。また、(4)できたハムエッグを皿に移す時フライ返しを使うとすれば、フライパンは片手鍋タイプで持ちやすくなければならない。これら四つが要求される基本的な機能だろう。

第3列目には各機能に対する手段を挙げてある。それぞれの手段を実現するためにフライパン素材に求められる機能が4列目に挙げてある。3列目の手段を実現する方法は、4列目に挙げたフライパン素材だけではなく、フライパンの形やフライパンを扱う人の調理作業の形態なども考える必要がある。しかし、この部分は省略してある。

最後の第5列目は、求められる機能が満たされる可能性のある

◀表A1　フライパンの素材

目的	要求される機能	手段	素材に求められる機能	選択される素材および材料技術
ハムエッグが作りやすいフライパン	(1)食材と焦げつきにくい	くっつきにくくする	焦げつきにくい	テフロンコーティング
		油の効きを良くする	油のなじみ良い	親油材料
			凹凸を細かくつける	ショットブラスト
	(2)火のまわりが良く均熱される	熱が通りやすい	熱伝導性良い	アルミニウム合金あるいは銅合金
		平らな底に適度な立ち面R	成形加工性良い	板金絞り
	(3)清潔である	錆びない	耐酸・耐熱性	上層をステンレスに
		洗いやすい	汚れがくっつきにくい	テフロンコーティング
		フライ返しで傷がつかない	硬い	硬いステンレス鋼
	(4)フライ返しを使うので片手鍋で持ちやすい	大人の女性が片手で使える軽さ	軽い	アルミニウム合金あるいはTi合金
		握りやすい柄	手触り良い	柄の表面材料をフェノール樹脂に
		長時間使っても柄が熱くならない	熱伝導性悪い	柄の表面材料をフェノール樹脂に
		軽く強い柄	軽く剛性高い	柄の芯材にTi合金を使う

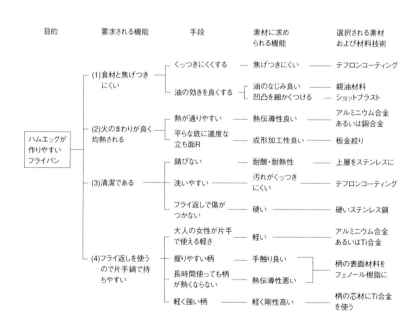

素材と材料技術を挙げてある。この列にはさまざまな技術シーズと呼ばれるものが挙げられる。例えば上から四つ目のアルミ合金あるいは銅合金と八つ目の硬いステンレスというのはどちらかを選択しなければならない。両方を同時に使うことはできない。困ってしまう。これは1列目で分解した各要求機能がその材料を必要としたわけで、往々にしてこのようになる。第5列目の技術シーズのどれを選ぶかは、設計者の意図次第である。すなわち、「熱が通りやすい」という3列目の手段を重視すれば熱伝導性の良いアルミニウム合金あるいは銅合金（これらは、一般に軟らかいので傷つきやすい）が選ばれ、「フライ返しで傷がつかない」ことを重視すれば硬いステンレス（熱伝導性は良くない）を使うことになる。

選択にあたっては、その製品に何を盛り込みたいかということが常に重要である。良い製品ほど、このようなことがよく考えられている。

「熱が通りやすい」ということと「傷がつきにくい」ということでは、熱が通りやすい銅を芯材に使い、表面に硬いステンレスを張ったフライパンが出回っている。異なった金属を張り合わせて使う（異種合金の板を積層した材料をクラッド材という）には高度な材料技術が必要である。矛盾する機能を材料技術の知恵で解決している好例である。たいていの部品は複数の機能を同時に実現している。この表を眺めているといろいろなことが分かる。

B　鉄はどのようにして作られるか？
―鉄鋼の製造工程と2次精錬方法―

鉄鋼の製造工程：エンジンの中に鉄はたくさん使われている。このほとんどは、炭素や他の合金元素が入った鋼（はがね）と総称される鉄の合金である。

図B1に鉱石より鉄鋼材料ができるまでを模式的に示す。鉄鉱石（酸化鉄が主体）は高炉でもって一酸化炭素雰囲気で高温で還元され溶けた銑鉄となる。還元される際、鉄中には4％程度の炭素やその他の不純物元素が混入してしまう。銑鉄は鋳鉄（補講D参照）に近い成分である。銑鉄のままでは極めてもろい。そのため転炉あるいは電気炉によって溶けた状態で不純物をさらに取り除かないと実用材料にできない。これを製鋼という。市中に大量に出回っているくず鉄は高炉を経ないで製鋼される。

製鋼された鋼はビレット、ブルーム、スラブなどの各種形状の鋼塊に鋳造される。溶けた鋼を連続的に固める連続鋳造が主である。コストが安いからである。鋼塊は再加熱後、目的別に圧延され、各種形状の2次加工向け素材（右端）となる。

2次製錬方法：製鋼の終わった状態においてもガス成分や非金属の介在物（ごみ）がまだかなり入っている。鋼材の使用目的によっては、割れや内部欠陥の原因となる。さらに高品質にするため溶鋼を取鍋に取りさらに精錬する場合がある。図B2は四つの

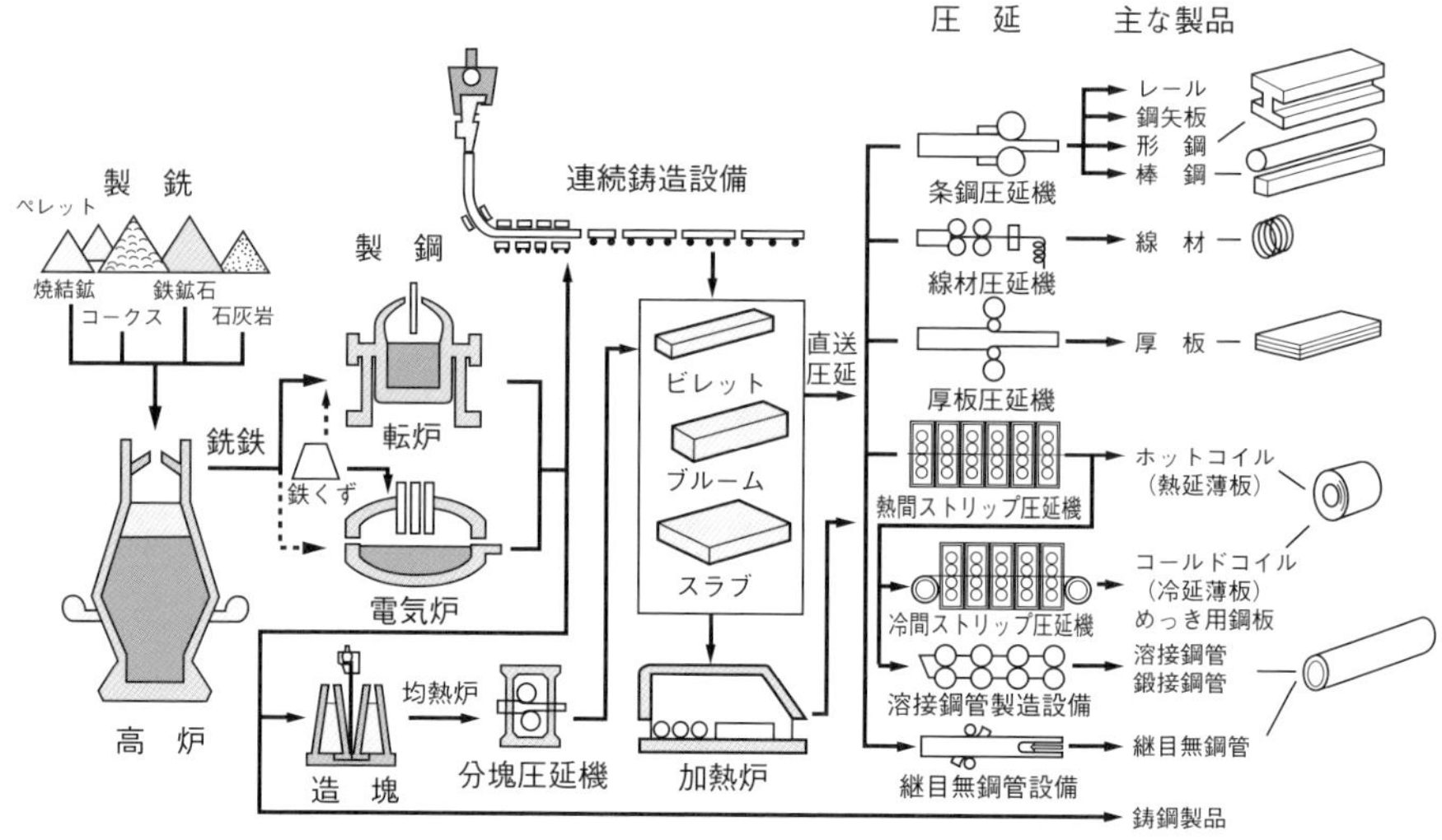

▲図Ｂ１　鉄鋼材料の製造工程[*1]

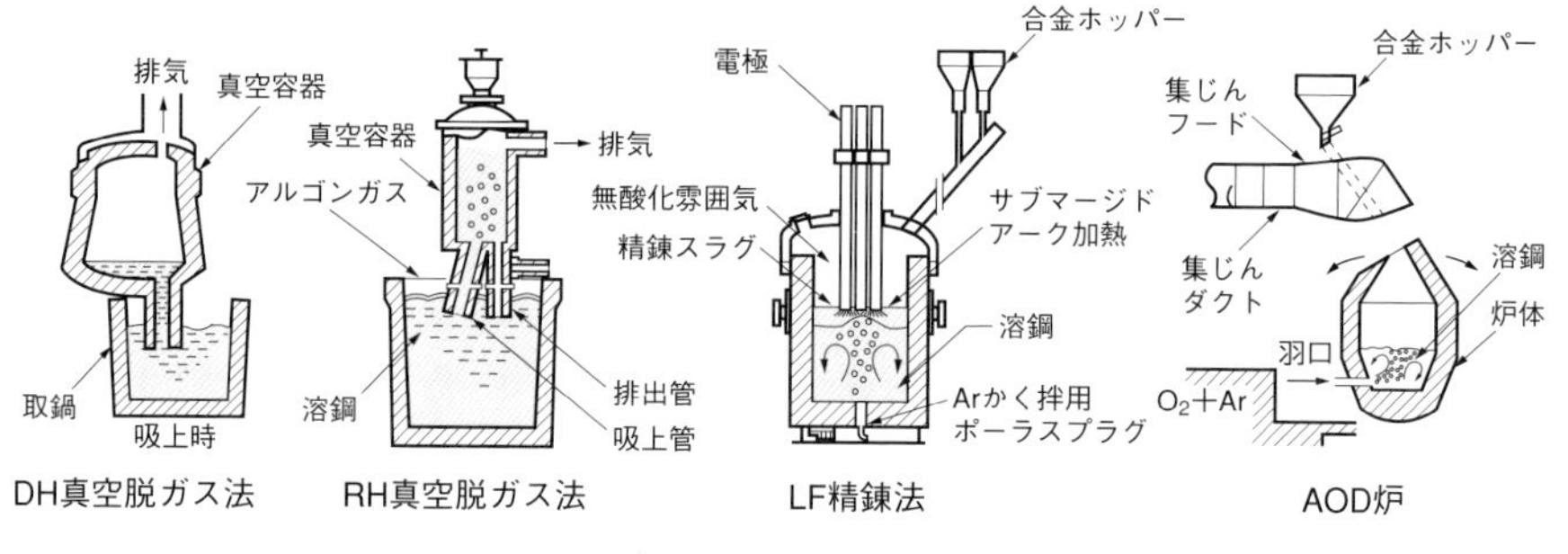

▲図Ｂ２　２次精錬法[*1]

２次精錬法を示す。真空を使うもの、アルゴンガスと酸素でバブリングするものなどがある。

参考文献
＊１「鋼ができるまで」日本鉄鋼連盟、（１９８４）。

Ｃ　状態図は地図である

置かれる温度によって違った結晶構造になる金属は多い。また、純金属に他の元素を添加し、その量を増やしていくと、純金属と違った結晶構造に変わったりもする。そこで、このような結晶構造の変化（状態の変化）を道案内する地図のようなものがあると便利である。合金の状態をすべての温度において図解したマップを状態図という。

図Ｃ１は鉄と炭素の二つの成分からなる合金の状態図である。縦軸に温度、横軸に炭素量を示す。図の左端は鉄１００％で右に行くほど炭素量は増す。7％の範囲まで表示してある。表示範囲より高炭素の成分は実用されないので省略してある。

状態図には、合金を各温度に置いて（その温度で）平衡状態に達する程度の長時間保持した時の状態が表示してある。平衡状態とは、次のような意味である。例えば外気の温度が暑くて30℃だとする。冷蔵庫からコップに入れた10℃の水を出してくる。冷蔵庫から出した瞬間は水の温度はそのままである。しかし、時間がたつと水温は30℃まで上がる。水の量にもよるが1時間もかかるだろうか。水温が上がるのは、外気の熱が水に入ったからである。いったん30℃になるとその後はずっと30℃のままである。30℃になった状態は、いつまでも変化せず安定である。時間の経過に伴って変化しないこのような状態を平衡状態（熱力学的な意味での）という。30℃の水は30℃の外気温に対し平衡状態である。また、水はマイナス10℃の冷蔵庫温度において固体（氷）であることが平衡状態である。

平衡状態でないことを非平衡状態という。10℃の水は30℃の外気温に対し、非平衡状態である。しかし時間の経過とともに平衡状態の30℃の水に変わっていく。もし、コップが断熱性の優れた材質ならば、水温は何時間も上がることはない。すなわち、（外気温より低い）水温の非平衡状態が、長時間保たれることになる。

さて、状態図は温度と成分で2次元的に表示された平衡状態を表示する。例えば図Ｃ１より、４・３％の炭素を含む鉄は、１１５０℃では溶けている（図中の＊）ことが分かる。１１５４℃以下では液体はどこにもない。しかし、固体の状態（低い温度）でも成分と温度によってその結晶構造が異なる。結晶構造が違う範囲を明示するため、その境界が線で示されている。境界で区切られた中は同じ結晶構造を持つ。国境で区切られた中には違った人々が、違った政治文化形態で住んでいると考えてもよい。

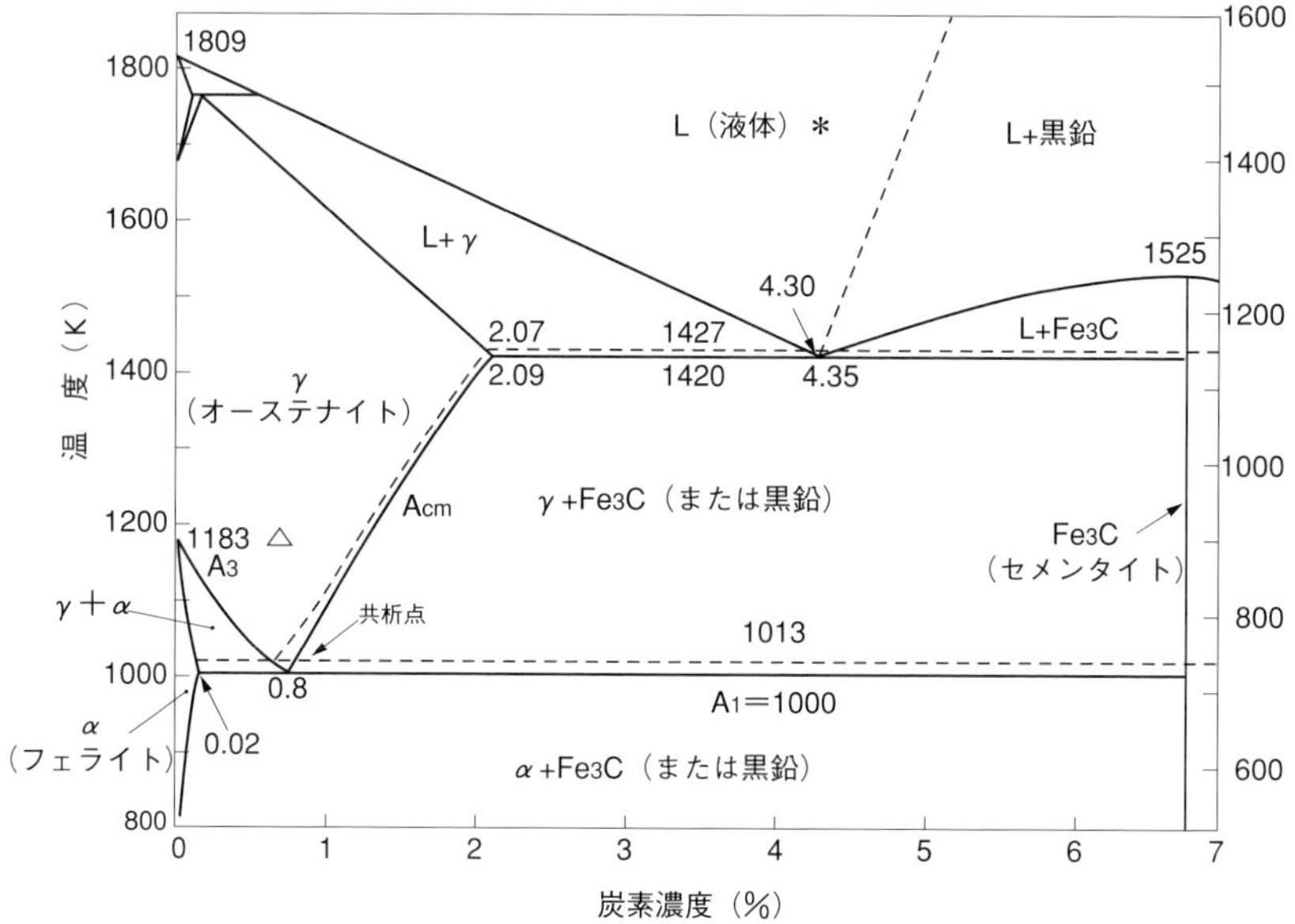

▲図C１　鉄と炭素の二つの成分からなる合金の状態図／０・８%炭素の鋼がオーステナイトからフェライトとセメンタイトの混合組織に変態することを共析変態と言う。また特に０・８%炭素の鋼を共析鋼、共析鋼が共析変態する温度を共析点という。鋼で、共析鋼より炭素が多い成分を過共析鋼、少ないのを亜共析鋼と言っている。すなわち焼なました共析鋼は全部がパーライト。亜共析鋼はフェライト＋パーライト。過共析鋼はセメンタイト＋パーライトの組織をしているので見分けがつく。

結晶構造の変化する境界（相境界）の線に名前が付けてある。炭素量によって変態温度が変わることを意味している。７２３℃（１０００Ｋ）の横線をA_1。γとγ＋Fe_3Cの斜め線をA_{cm}。γとγ＋αの斜め線をA_3と言う。また、加熱時と冷却時に若干変態温度がずれる。そのため昇温加熱時にはc、降温冷却時にはrを付けて区別している。A_{c1}、A_{r1}とか言う。

◀表C１　代表的な結晶構造の特徴＊1

名称	組織名	性　　質
γ　固　溶　体	オーステナイト	γ鉄に2.06%以下の炭素が溶け込んだ固溶体。723℃以下ではパーライトに変化する。非常に粘り強く、耐食性に富み、常磁性である
α　固　溶　体	フェライト	α鉄中に極めて微量（723℃で0.02%、常温で0.006%）の炭素が溶け込んだ固溶体。性質は、やわらかく、延性に富んでおり、強磁性である
炭　化　鉄 (Fe_3C)	セメンタイト	炭素6.67%と鉄との化合物で、非常に硬くてもろい。常温では強磁性体であるが、215℃のA_0変態で常磁性体となる
α固溶体と炭化鉄の共析物	パーライト	オーステナイトがA_1変態で分離した共析物で、フェライトとパーライトの薄い層が交互に並んだもの。顕微鏡で見ると層状（ラメラ組織）に見える

いずれもが人間であるが、単一人種で構成されている地域もあれば、人種が入り交じって国を作っている地域もある。人間あるいは人種間のかかわり合いによってさまざまな国があるようなものである。２種類の元素（鉄と炭素）のかかわり合い方、それぞれの量によって安定な平衡状態の構造は変わるのである。すなわち状態図は地図と考えるとよい。色々な合金についてこのような地図は作られている。材料の開発には必需品である。

図Ｃ１中の代表的な結晶構造の特徴を表Ｃ１に挙げてある。代表的な結晶構造について解説しておく。図中、左端に狭く存在するのはフェライト（図Ｃ２(a)）である。フェライト（α）は体心立方型の結晶構造（空間に、図のような鉄原子（白丸）の配列をしている）をしている。

オーステナイト（γ）は面心立方型の構造（図Ｃ２(b)）である。原子間の相互作用によって原子の並び方は決まる。空間的にこのような原子の並びをした同じ形の格子（結晶格子）が莫大に積み重なって金属となっている。一つの格子は３～４nm程度の大きさである。結晶構造の差は格子の形の差である。

６・６７％のところに縦長の線がある。これはセメンタイトという構造である。Fe_3Cという鉄と炭素の比率で融点まで変わらない化合物であるため縦線で示されている。セメンタイトは非常に硬い。鉄生地中にたくさん分散していると硬さと強度を上げる働きがある。

１１４７℃以下では、オーステナイトとセメンタイトの混合した状態（図Ｃ１中、$\gamma+Fe_3C$）。さらに低温の７２３℃以下ではフェライトとセメンタイトの混合した状態（図Ｃ１中、$\alpha+Fe_3C$）となる。

０・８％炭素の鋼は９００℃ではオーステナイトである（図Ｃ１中△）が、それを冷やすと７２３℃以下ではフェライトとセメンタイトの混合状態となる。この混合状態をパーライトという。このように結晶構造の変わることを変態という。さなぎから蝶に変態する、というのと類似である。この０・８％炭素の鋼がオーステナイトからフェライトとセメンタイトの混合組織に変態することを共析変態という。また特に０・８％炭素の鋼を共析鋼、共析鋼が共析変態する点を共析点という。共析鋼より炭素が多い成分を過共析鋼、少ないのを亜共析鋼といっている。

状態図Ｃ１より、純鉄（左端）は９１０℃を境に高温ではオ

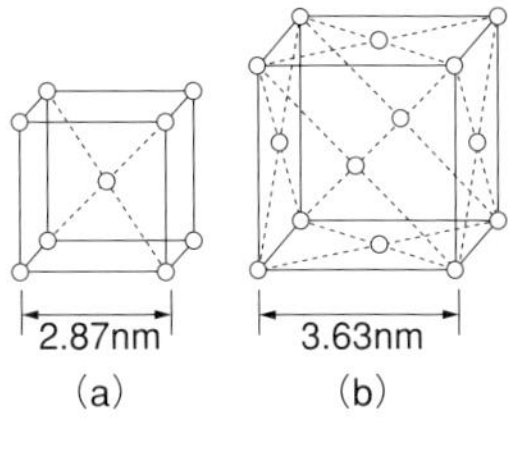

▲図Ｃ２　(a)フェライトの結晶構造[*1]、体心立方型。(b)オーステナイトの結晶構造、面心立方型。

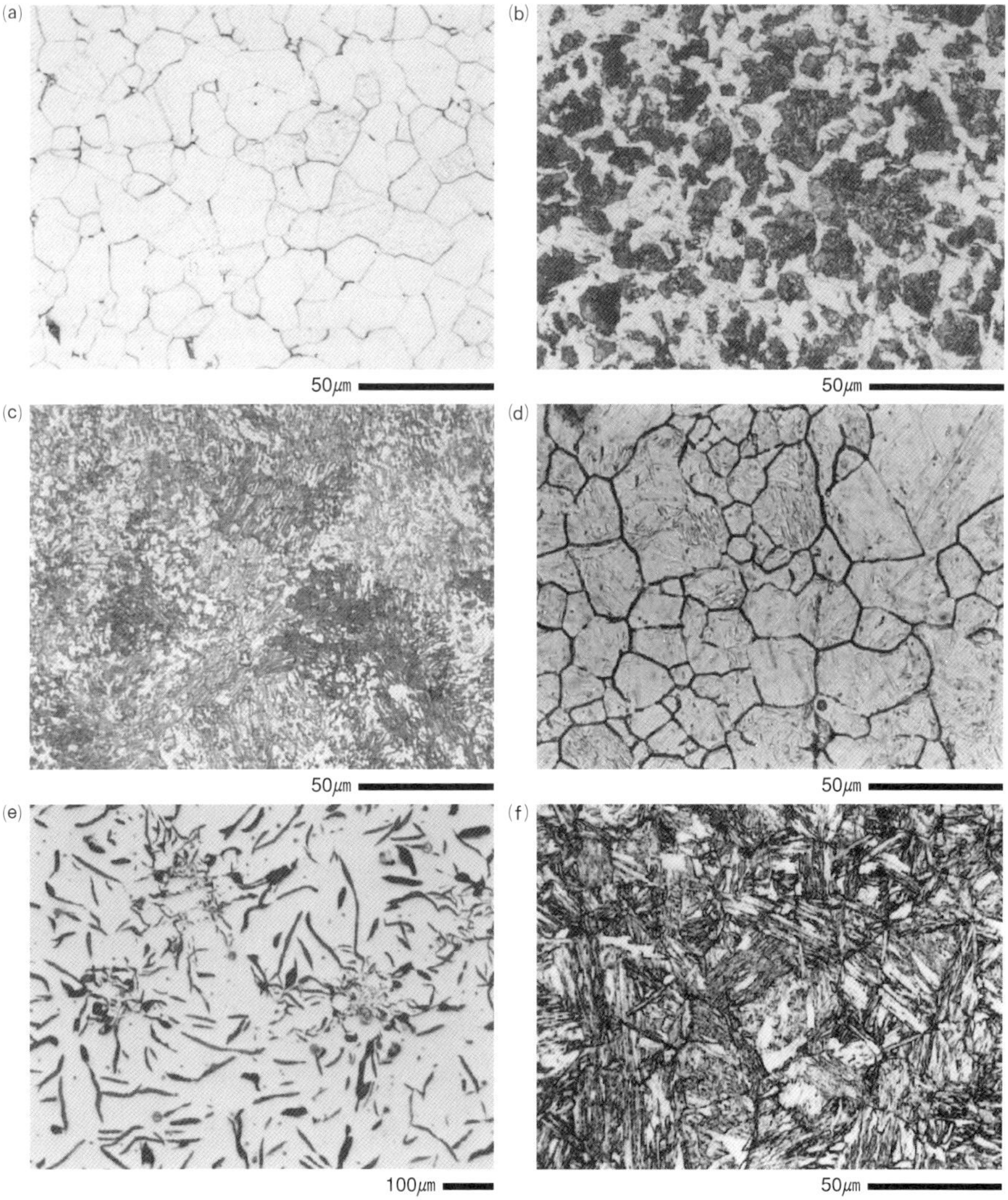

▲図C3 (a)0・01%炭素鋼の組織／結晶粒界が見える。(b)0・35%炭素鋼（亜共析鋼）の組織。フェライト+パーライトの混合組織。白色部はフェライトである。パーライト組織は細かいので灰色にしか見えない。(c)0・8%炭素鋼の組織（共析鋼）。パーライト組織。白色のフェライトと灰色のセメンタイトがヘリンボーン状になっている。(d)オーステナイト結晶粒。(e)3%炭素の片状黒鉛鋳鉄（ねずみ鋳鉄）の黒鉛分布。生地組織は腐食していないため見えない。(f)マルテンサイトの組織。

ーステナイト、低温ではフェライトである。すなわち温度を上げて行くとフェライトは910℃でオーステナイトに変態する。

図C3は各種成分の金属組織を示す。鋼を鏡のように磨いて、酸で腐食し100倍程度の顕微鏡で見ると、このようなミクロ組織が見える。図C3(a)は0・01％炭素鋼の典型的なフェライトの組織である。線状の結晶粒界（補講G参照）以外は見えない。結晶粒界で区切られたそれぞれの結晶は方位が違っている。

図C3(b)は、0・35％炭素鋼の組織である。フェライトとパーライトが混じった組織である。

図C3(c)は0・8％炭素鋼の組織である。ほぼパーライト100％である。混合組織の領域では成分炭素量の少ない左端の炭素量ほどフェライト量が多く、0・8％をはさんで右の方にいくほどセメンタイト量が多くなる。

図C3(d)はオーステナイト結晶粒を見たものである。オーステナイトは723℃より低温では存在できない（図C1より）。オーステナイト状態に赤熱している鋼を急冷（焼入れ）し、特殊な腐食液で腐食すると高温で存在していたオーステナイトの結晶粒界が見えるのである。

図C3(e)は3％炭素の鋳鉄の組織である。2％以上の炭素量では鋼といわず鋳鉄という。腐食していないので地の組織は見えないが、析出している黒鉛がひも状に見える。炭素が高くなると、このように炭素は黒鉛として組織中に現れてくる（補講D参照）。

ところで、変態（結晶構造が変化）するには原子の並び方が変わる必要がある。例えば、純鉄の場合オーステナイトはフェライトに910℃で変態する。この時、図C2(b)から図C2(a)に結晶構造が変わる。変わるということは、原子は移動して違った並び方をするということである。もし原子が移動再配列しきれないほどの速さで冷やした時には、この状態図通りの結晶構造にはならない。状態図は平衡状態の変化を示す。非常に速く冷やした時には平衡状態にならない。

オーステナイトは723℃以下の温度に冷やした時には、図C1よりフェライトとセメンタイトの混合状態になる。しかし水や油の中に急冷するとフェライトとセメンタイトの混合状態には変態せず、マルテンサイトという結晶構造になる。図C3(f)は、マルテンサイトの組織である。針状の形をしている。マルテンサイトは平衡状態では現れないので、状態図中には表示されていない。マルテンサイトは非平衡状態の結晶構造である。硬く強いので、この結晶構造をとると鉄は強度が上がる。この処理を焼入れという（補講F参照）。

鉄—炭素系の状態図の特徴は、平衡な鉄—黒鉛系と準安定な鉄—セメンタイト系の2組の状態図を重ねて表示してあることである。複状態図という。鉄は炭素と結合してセメンタイトを形成するが、この相（結晶構造）は準安定（基本的に非平衡だが、その状態が平衡状態に近いという意味で準安定状態といって使っている）で、長時間加熱すると平衡状態の鉄と黒鉛に分解する。しかし、黒鉛は鉄生地中で核発生しにくい。そのため鉄—炭素系合金の多くは、準安定系の状態が継続する。そこで、鉄—炭素系状態図は、鉄—セメンタイトの平衡関係を実線で示し、鉄—黒鉛系を破線で示す決まりになっている。

鋳鉄の凝固速度の速い時は準安定な鉄—セメンタイト系に従う。この場合炭素はすべてセメンタイトとして出る。これをチルという（第4、5章参照）。凝固速度の遅い時は鉄—黒鉛系に従い炭素は黒鉛として出る。これは一般の鋳鉄の場合である（補講D参照）。

参考文献
＊1　落合泰「総説機械材料」3版、理工学社、（1993）。
＊2　金属便覧：改訂5版、日本金属学会、丸善、（1990）509。

D　鋳鉄の種類と用途

炭素量が2％以上の鉄合金を鋳鉄という（図C3(e)参照）。生地に黒鉛（結晶化した炭素、グラファイトともいう）が分散した組織をしている。型中で凝固した時の凝固速度、そしてその後行われる熱処理によって生地組織および黒鉛の分散状態は変わる。

鋼と趣の違った鋳鉄の好ましい性質は、組織中に分散している黒鉛によるものである。(1)3％を超える高炭素濃度は鉄の融点を下げ、溶かしやすくする。(2)凝固時に黒鉛が析出し膨張するため、鋳型の形状や彫り込んだ模様が転写される。(3)組織中に分散した黒鉛は切り粉をポロポロと分断させるため切削加工はしやすい。そのため加工精度は上げやすい。また(4)分散した黒鉛のため振動の減衰率が高い。さらに、(5)黒鉛それ自体に固体潤滑性があり、相手材との摩擦時焼付きが起きにくい。切削性が良いのはこのためでもある。

黒鉛形状は鋳物の作り方によって変えることができる。図D1に示す。片状黒鉛組織（図D1(Ⅰ)および図C3(e)）のものから球状黒鉛（図D1(Ⅵ)）のものまでいろいろ変えることができる。

分散した黒鉛は微小な切り欠きとしても働くため片状黒鉛組織（ねずみ鋳鉄ともいう）のものは伸びがなくもろい。このため球状にし伸びを出した球状黒鉛鋳鉄がある（第3章参照）。

また、鋳物の生地は高炭素鋼である。熱処理すれば黒鉛の分布を変えずに生地の組織を変えることができる。図D2は熱処理していない鋳放し（鋳込んだまま）の組織である。

鋳鉄鋳物の鋳型の材料は、珪砂（SiO_2）である。溶けた鉄を注ぐ時の鋳型の強さや鋳造後ばらす時の型の崩壊しやすさは、砂粒を固めるバインダの違いによって変わる。そのためいろいろなものが工夫されている。アルミニウム合金（補講J参照）と異なり、金型鋳造はまれである。溶解温度が高く金型材が持たないのと、金型で急冷されるとチル化する（第4、5章参照）ためである。

表D１に鋳鉄のエンジン部品での用途例を示した。これを説明する。

高珪素球状黒鉛鋳鉄：Siの添加量を14％程度まで増やし、共析変態温度（723℃：オーステナイト→パーライトの変態温度）を上げてある。使用温度域でこの変態が起きると変態ひずみが出る。これを防ぎ熱疲労しにくくし、かつ酸化膜を緻密にして高温での酸化腐食を防いでいる。排気ガス温度の高いエンジンのエキゾーストマニホールドに使われている。

オーステナイト球状黒鉛鋳鉄：Niの添加量を20％程度まで増やしてオーステナイト生地にしたものである。一般にニレジスト鋳鉄と呼ばれる。高温から低温までオーステナイトで変態しない。高珪素球状黒鉛鋳鉄より熱疲労が起きにくい。赤熱状態となるターボチャージャーのハウジングに用いられる。また、硬いのでピストン中にリング形状で鋳ぐるんでリング溝として使われる（第2章参照）。ピストンリング溝の摩耗対策である。オーステナイト構造は熱膨張係数が大きく、やはり熱膨張係数の大きいピストンのアルミニウム合金となじみがよいためである。

バーミキュラー黒鉛鋳鉄：黒鉛形状が芋虫状に短い（図D１(Ⅲ)）。片状黒鉛鋳鉄と球状黒鉛鋳鉄の中間の性質を持つ。

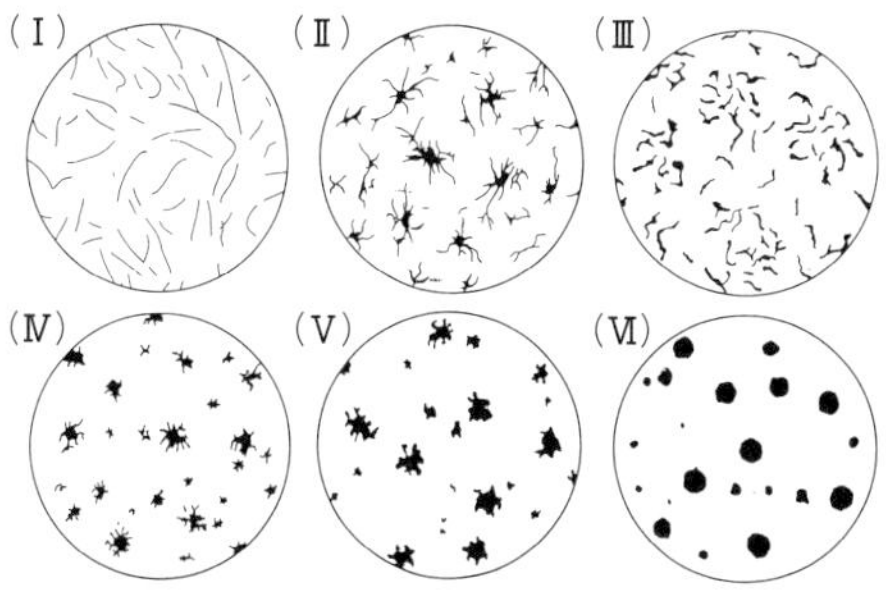

▲図D１

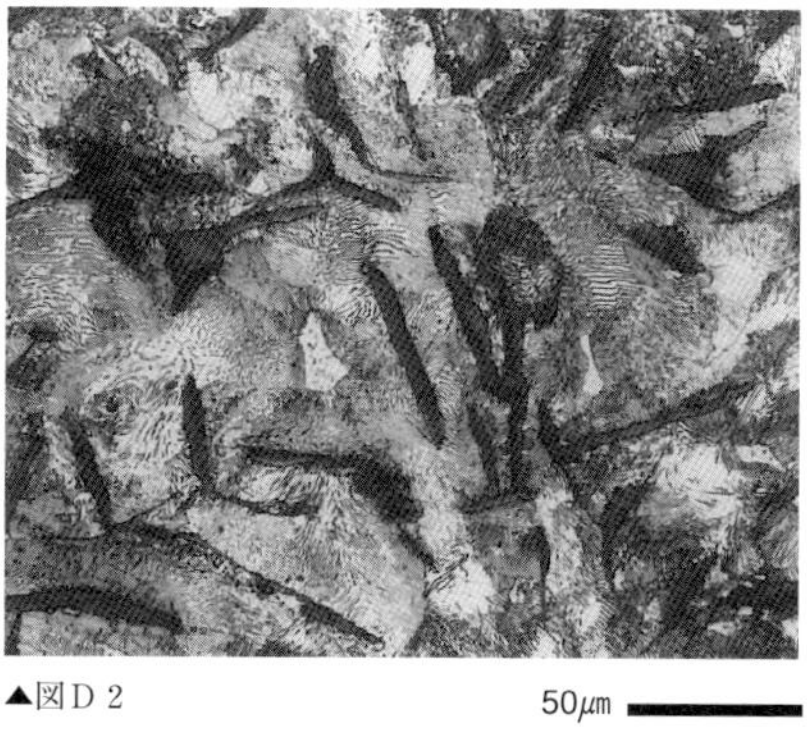

▲図D２

種　類	適　用　部　品
ねずみ鋳鉄	シリンダブロック、カムシャフト
フェライトねずみ鋳鉄	ハウジングカバー
球状黒鉛鋳鉄	ステアリングナックル、クランクシャフト
高珪素球状黒鉛鋳鉄	エキゾーストマニホールド
オーステナイト球状黒鉛鋳鉄	タービンハウジング
バーミキュラー黒鉛鋳鉄	エキゾーストマニホールド
合　金　鋳　鉄	カムシャフト
	カムシャフト
	バルブリフタ
	シリンダライナ
	バルブロッカアーム
	シリンダヘッド
	シリンダブロック

▲表D１

▲図D１　鋳鉄中の黒鉛形状[1]

▲図D２　片状黒鉛鋳鉄組織／生地の縞模様はパーライト（層状のセメンタイトとフェライトの混合組織）。図C３(e)を腐食するとこのような生地の組織が見える。パーライト中のセメンタイトの層間隔は比較的荒い。黒鉛を除けば生地は0・8％Cの共析鋼と同じ組織である。

▲表D１　鋳鉄のエンジン部品での用途例[2]／記号はJISで決まっている。この記号に続いて引張り強度の値を付けて呼ぶ。FC200は200MPaの強度を持つねずみ鋳鉄である。

合金鋳鉄：鋳鉄は通常Fe、C、Siが基本成分である。これ以外の合金元素を増やしたものを合金鋳鉄と呼ぶ（第3章参照）。主に鉄生地の性質を改良する。Cu、Cr、Mo、Ni、Sn、Pなどが適宜添加される。

この他、全体をまずチル化させた鋳物とし、次に高温焼鈍を加えてセメンタイトを分解させ黒鉛化した可鍛鋳鉄というものもある。黒鉛が球状に近くなるため、伸びが出る。チル化させた鋳物のことを白鋳鉄という。ねずみ鋳鉄に対する呼称である。いずれの名称も鋳物を割った時の破面の色から来ている。

参考文献

＊1「ＪＩＳハンドブック鉄鋼」日本規格協会、（１９９６）。

＊2「材料の知識」トヨタ技術会、（１９８４）４６。

Ｅ　鋼の種類

鋼は、さまざまに分類される。表Ｅ１は分類の仕方で名前が付けられている様子を示す。同じ鋼が分類の仕方で違った鋼種に入る。

またこの他に、普通鋼と特殊鋼という言い方も一般にされる。表Ｅ２は特殊鋼の分類である。用途ごとの名前が付けられており、ＪＩＳにもこのように分類されている。特殊鋼の定義は一定したものがない。炭素以外のNiやCrその他の合金元素を含有する

◀表Ｅ１　鋼の各種分類方法[＊1]

分類の仕方	鋼　　種　　名
硬さによる分類	極軟鋼、軟鋼、硬鋼など
強さによる分類	高強度鋼、高張力鋼、超高張力鋼など
形状による分類	薄板、厚板、鋼管、形鋼、条鋼、棒鋼、線材、箔など
性質による分類	強靭鋼、肌焼鋼、耐熱鋼、低温用鋼、耐候性鋼、耐摩耗鋼、非時効性鋼、快削鋼、ステンレス鋼、電磁鋼、非磁性鋼など
用途による分類	自動車用鋼板、構造用鋼、圧力容器用鋼、ボイラー用鋼管、工具鋼、高速度鋼、軸受鋼、ばね鋼、ピアノ線など
成分による分類	極低炭素鋼、低炭素鋼、中炭素鋼、高炭素鋼、低合金鋼、高合金鋼、Si-Mn鋼、Ni鋼、Cr鋼、Cr-Mo鋼など
製造工程による分類	熱延まま鋼、熱延鋼板、冷延鋼板、鋳鋼、鍛鋼など
熱処理による分類	調質鋼、非調質鋼、焼ならし鋼、マルエージング鋼など
金属組織による分類	フェライト鋼、フェライト・パーライト鋼、オーステナイト鋼、ベイナイト鋼、マルテンサイト鋼、二相鋼など
後処理による分類	表面処理鋼板、亜鉛鉄板、有機塗装鋼板、カラーステンレスなど
製鋼法による分類	転炉鋼、平炉鋼、電炉鋼など
脱酸法による分類	リムド鋼、キルド鋼、アルミキルド鋼、チタン脱酸鋼など

高級鋼、あるいは熱処理をして使用する鋼といえる。

含有成分によって分類したものに代表的成分と一般的な実用例を加えたのが表E3である。

部品の材料コストを下げるためには普通の炭素鋼を使って設計するのが望ましい。一般に合金元素量の多いものは値段が高い。しかし、エンジン部品には高強度を要求するものが多く、合金鋼が多用されているのが実態である。

参考文献

＊1 谷野満「ふぇらむ」1（1996）41。

＊2「鋼ができるまで」日本鉄鋼連盟（1984）。

- 特殊鋼
  - 工具鋼
    - 炭素工具鋼
    - 合金工具鋼
    - 高速度鋼
    - その他の工具鋼
  - 構造用鋼
    - 機械構造用炭素鋼
    - 構造用合金鋼
  - 特殊用途鋼
    - ばね鋼
    - 軸受鋼
    - ステンレス鋼
    - 耐熱鋼
    - 快削鋼
    - 高マンガン鋼
    - 磁石鋼
    - ピアノ線材
    - 高張力鋼

▲表E2 特殊鋼の分類[*2]

	鋼の種類	成分特徴	製品の例
炭素鋼	極軟鋼	C（炭素） 0.12%以下	自動車、冷蔵庫、洗濯機などの薄い鉄板、電信線、ブリキ板、トタン板
	軟鋼	0.12%～0.3%	船舶、建物、客車、鉄橋などの棒鋼、形鋼、鋼板、ガス、水道の管、針金、釘
	硬鋼	0.3%～0.5%	汽車、電車の車輪、車軸、歯車などの機械部品、ばね
	最硬鋼	0.5%～0.9%	機関車の車軸、レール、ワイヤロープ、ばね
	炭素工具鋼	0.6%～1.5%	かみそり刃、刃物類、やすり、バイト、ゼンマイ、削岩機の刃先
低合金鋼	珪素鋼	Si 0.5%～5%	モーター、トランス
	構造用合金鋼	Ni 0.4%～3.5% Cr 0.4%～3.7% Mo 0.15%～0.7%	ボルト、ナット、軸、歯車
	合金工具鋼	Cr 1.5%以下 W 5%以下 Ni 2%以下	バイト、ダイス、ポンチ、ヤスリ、タガネ、帯鋸
	軸受鋼	Cr 0.9%～1.6%	軸受、ベアリング
	高張力鋼	Cu、Ni、Cr 各1%以下	建築、橋梁、船舶、鉄道、鉱山
高合金鋼	ステンレス鋼	Ni 8%～16% Cr 11%～20%	食器、家具、化学工業機械部品
	耐熱鋼	Ni 13%～22% Cr 8%～26%	エンジン、タービン
	高速度鋼	W 6%～22% V、Co	バイト、ドリル

▲表E3 含有成分による鋼の種類[*2]

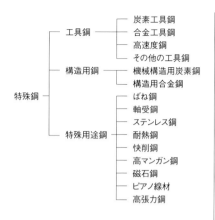

F　熱処理でいろいろな性質を作り出す

適当な加熱・冷却操作を施し、変態（結晶構造が温度によって変化する性質、補講C参照）を利用して金属組織を変える処理のことを熱処理という。

図F1は縦軸に温度を取り、横軸に処理時間を表示した鋼の熱処理のダイアグラムである。保持される温度あるいは保持後の冷却方法を変えることでいろいろの組織を得ることができる。熱処理方法の名前、その目的、得られる金属組織、適用部品の例が下欄に表示してある。

図F2(a)〜(e)は代表的な構造用炭素鋼S45C材にさまざまな熱処理をした場合の組織の変化を示す。顕微鏡写真である。写真と図F1を眺めながら用語の説明をする。

焼入れ：鋼をオーステナイトになる温度（900℃程度）まで赤熱し、水や油中に急冷するとマルテンサイトという硬くてもろい組織が現れる（状態図の補講C参照のこと）。これはパーライトになる変態が、急冷することで抑制されたためである。この操作を焼入れという。図F2(a)はマルテンサイト組織である。焼入れによって硬くするには、鋼中の合金成分が重要である。機械構造用鋼に添加されているMn、Cr、Moなどの元素は、深いところまで焼きを入れる働きがある。大きい機械部品は急冷しにくい。これらの合金元素を多くした（焼きが入りやすい）成分を使う。

オーステナイトがマルテンサイトに変わるとき結晶構造が変わり膨張する。体積変化率（%）で4.75−0.53×C%程度である。S45Cでは4・5%である。この体積変化のためひずみが発生し、緩和されない時は応力となって割れたりする。焼割れである。

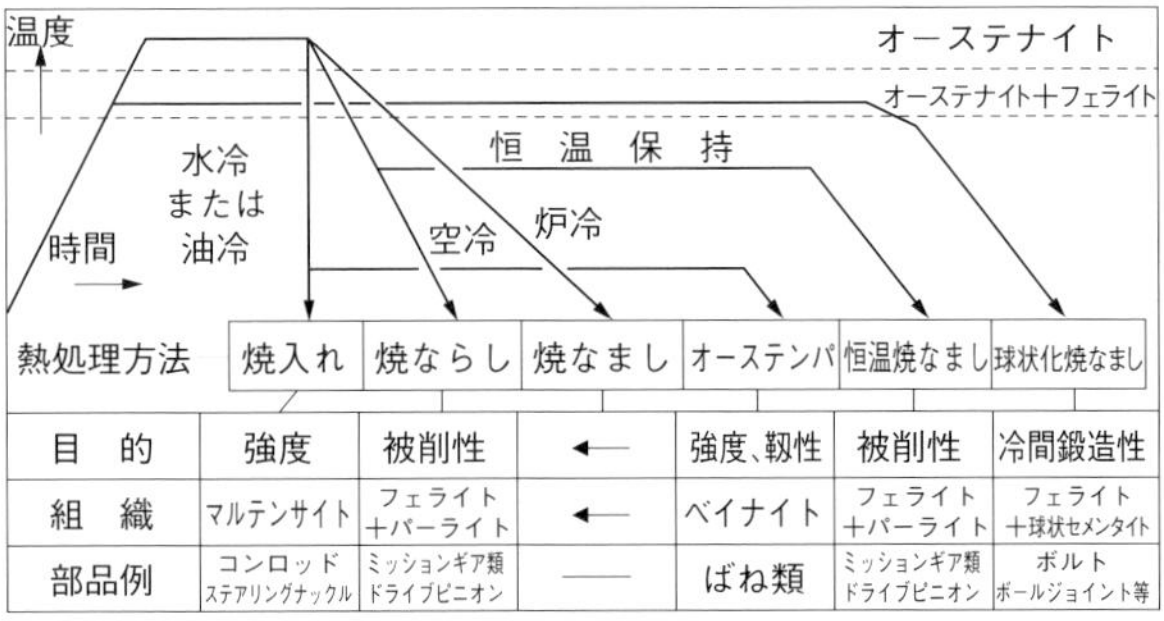

熱処理方法	焼入れ	焼ならし	焼なまし	オーステンパ	恒温焼なまし	球状化焼なまし
目的	強度	被削性	←	強度、靭性	被削性	冷間鍛造性
組織	マルテンサイト	フェライト＋パーライト	←	ベイナイト	フェライト＋パーライト	フェライト＋球状セメンタイト
部品例	コンロッド ステアリングナックル	ミッションギア類 ドライブピニオン	——	ばね類	ミッションギア類 ドライブピニオン	ボルト ボールジョイント等

▲図F1　熱処理のダイアグラム*1／縦軸は温度、横軸は時間である。図中破線はこの温度以上でオーステナイト、オーステナイト＋フェライトの組織になることを示す。ただし、温度は鋼材の成分によって違う。下側の線は常に723℃である。共析鋼では二つの線が一致する。亜共析鋼になると上側の破線は低炭素鋼ほど高温に移る。

(a)
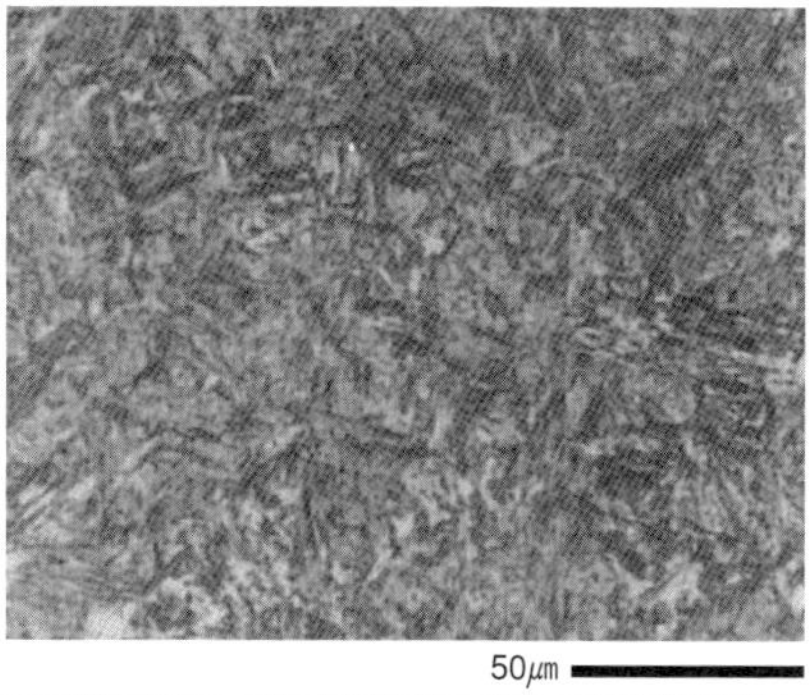

(b)
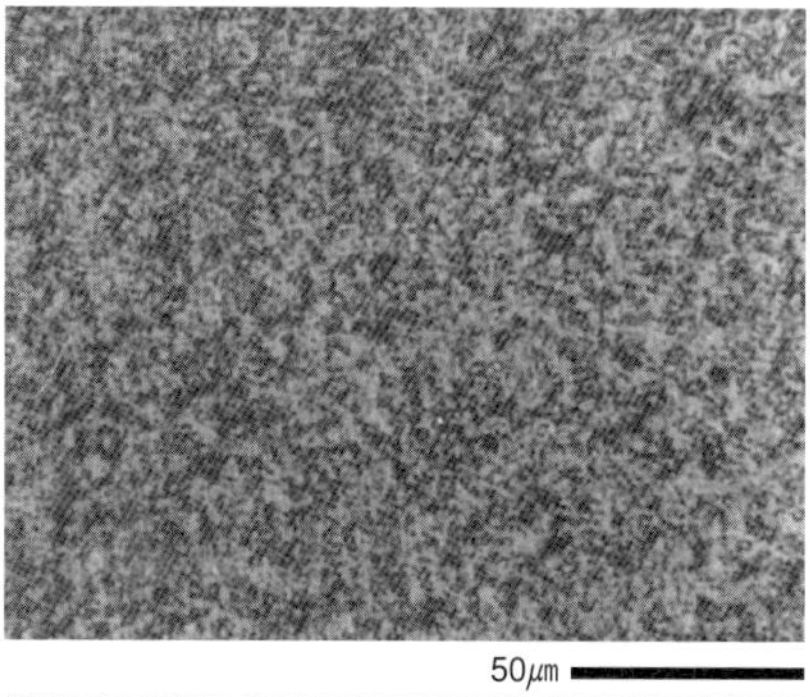

(c)
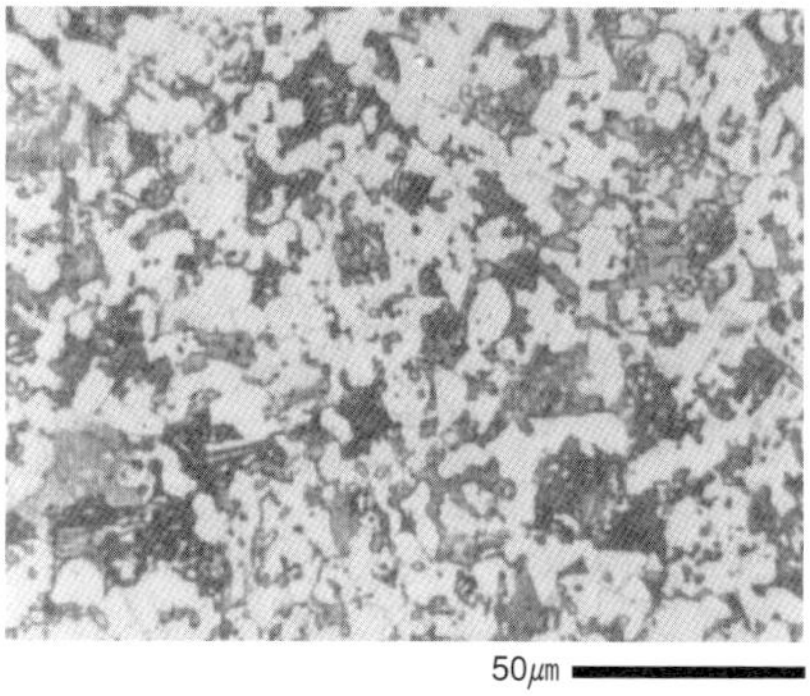

(d)
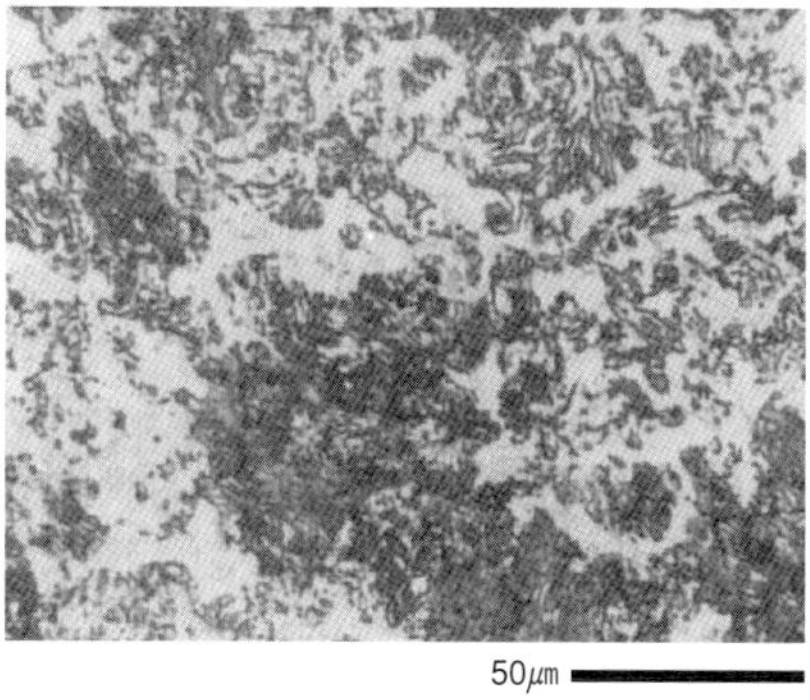

(e)
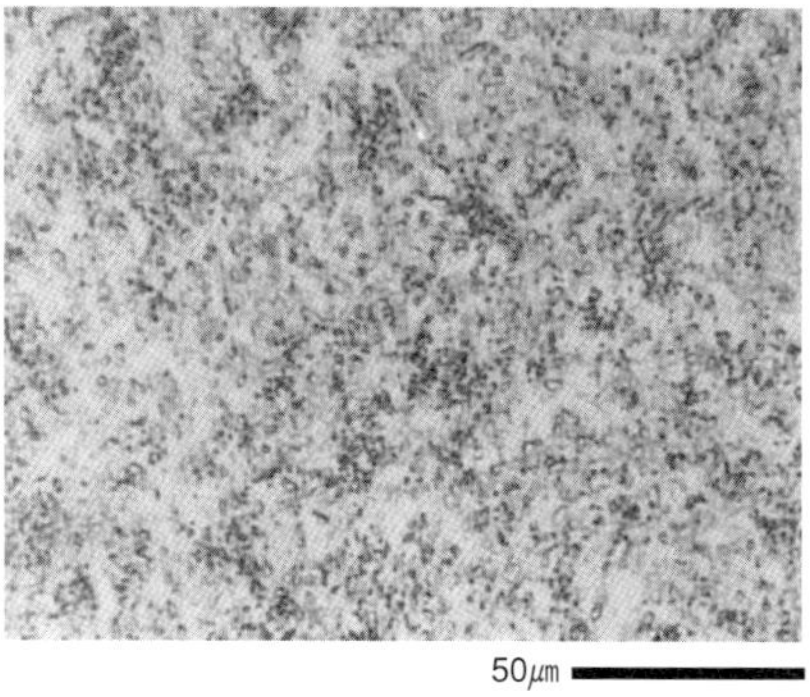

◀図F2　(a)S45Cマルテンサイト組織、硬さは661HVとなっていた。HVはビッカース硬さ表示。(b)S45Cソルバイト組織、256HV。(c)S45C焼ならし(焼準)組織、186HV。(d)S45C焼なまし組織(焼鈍)、161HV。(e)S45C球状化焼なまし組織、213HV。

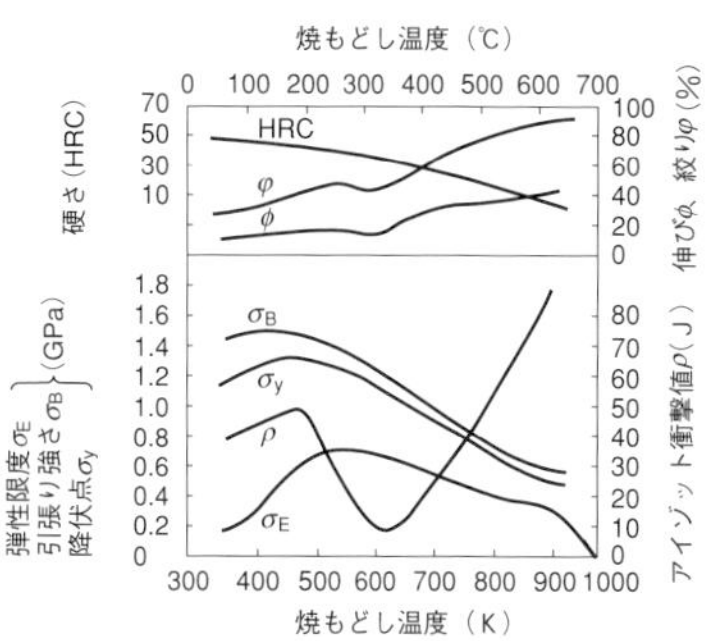

◀図F3　0・3%C鋼焼もどし性能曲線*2

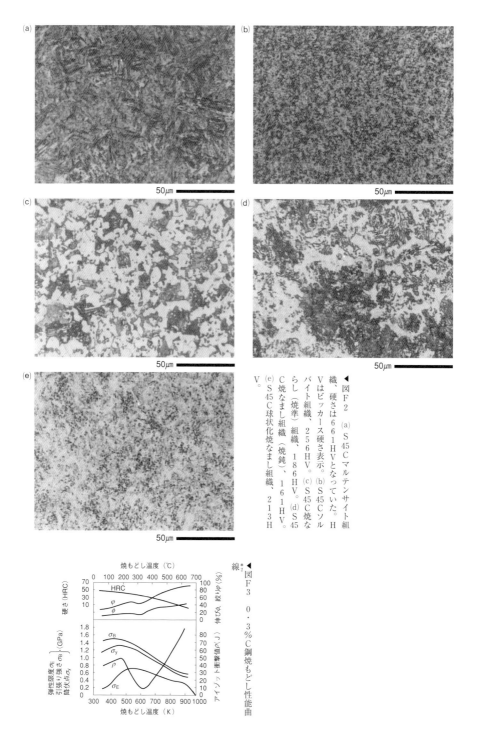

焼もどし：焼入れたままではもろい。通常は150～700℃程度の温度に再加熱し、マルテンサイト組織を少し崩した金属組織（ソルバイトという）とし、硬さを下げて（使用目的で再加熱温度を変える）使う。焼入れと焼もどしは通常セットで行う。再加熱処理のことを焼もどしという。図F2(b)は焼きもどした時のソルバイト組織である。焼もどし温度と時間の組合わせを変えるといろいろな性質の素材となる。図F3は、0・3％C鋼を各温度に1時間焼もどした時の機械的性質の変化を示す。焼もどし性能曲線という。材料に要求される機械的性質のバランスが一目で分かるので、さまざまな鋼種について作製されている。

図F3で300℃付近では衝撃値（アイゾット）が著しく低い。これを低温焼もどしぜい性といい、この温度付近の焼もどしは特別な場合（高Siのバルブスプリング材のばね性を上げる時など。第7章参照）を除いて避ける。

低温焼もどしぜい性の出現を避け、600℃付近で焼もどすことを調質といっている。調質時も加熱後300℃付近の冷却を速くしないとぜい化する。浸炭焼入れ品などでは600℃での焼もどしでは軟化してしまうので、150℃付近で焼もどす。

残留オーステナイト：焼入れた時、全部はマルテンサイトに変態しきらず、常温までオーステナイトが持ち越されて残った状態をいう。図F4は、残留オーステナイトの中にマルテンサイトがある組織である。残留オーステナイトは準安定状態で存在している。不安定で、応力がかかるとマルテンサイトに変態したりする。この時変形するので精密さを要求される軸受けなどの部品では好ましくない。そこで、焼入れたものをさらに液体窒素の温度などに冷やして完全にマルテンサイト化させて使うことがある。サブゼロ処理という。ショットピーニングによってもマルテンサイト化させることができる。

マルテンサイト変態の起きる温度は炭素濃度が高いほど低温となる。0・6％C以上では室温以下となる。それゆえ低炭素鋼ではあまり問題にならないが、高炭素鋼や浸炭処理層では問題となる。残留オーステナイトは少量残した方が、靭性が向上すること

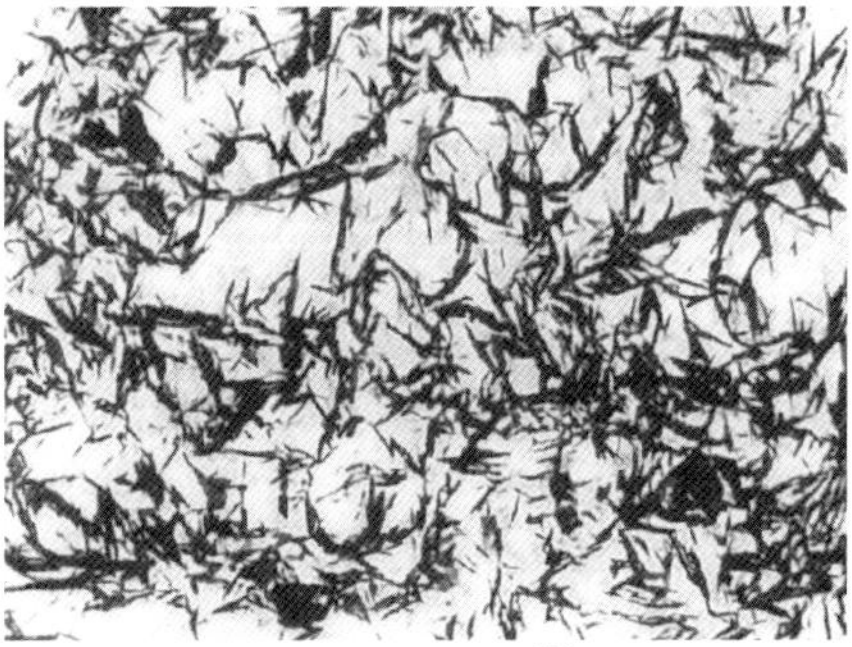

▲図F4　S45C残留オーステナイトの中にマルテンサイトがある組織。残留オーステナイトは図の白色部分。

もある。

焼ならし（焼準）：オーステナイト状態に赤熱した鋼を焼入れしないで徐々に冷やすと、フェライトとパーライトの混合組織に変態する。この時やや速い空冷を行うとパーライトの組織が細かくなり適度な強度（焼入れより軟らかい）を持つ。これを焼ならしという。図F２(c)は焼ならし組織である。

焼なまし（焼鈍）：オーステナイト状態に赤熱した鋼を加熱炉の中に放置し、炉の電源を切って炉の冷める速さ（一晩程度）で冷やすとパーライトは荒くなり鋼は軟らかくなる。これを焼きなましという。図F２(d)は焼なまし組織である。

恒温焼なまし：空冷途中で恒温（一定温度）保持する。短時間で焼なましと同じ効果が得られる。

オーステンパ：焼入れ途中で恒温保持するとベイナイトと呼ばれるパーライトとマルテンサイトの中間ほどの硬さを持った組織になる。この処理をオーステンパという。ねばさがあるのでクッションスプリング用のばね鋼などに使われる。

球状化焼なまし：セメンタイトを球状化し、伸びを出す処理である。種々の方法がある。鋼はこの処理によって最も軟らかくなり伸びもでる。加工形状の厳しい冷間鍛造に用いられる。図F２(e)は球状化焼なまし組織である。第９章で述べたニードルベアリングの場合はさらに生地の組織を焼入れによって硬くしている。高倍率で観察した軸受鋼（ＳＵＪ２）の球状化されたセメンタイト組織を第９章図５に示した。

参考文献
＊１「材料の知識」トヨタ技術会、（１９８４）46。
＊２「金属便覧」改訂５版、日本金属学会、丸善、（１９９０）５４９。

Ｇ　強くするにはどうする？
―金属材料の強化機構―

金属の塑性変形（補講Ｋ参照）は転位と呼ばれる欠陥（結晶中で原子の並びが局所的に乱れたところ。すなわち周りのきちんと並んだ原子配列に対し欠陥となっている部分）が動くことで起きる。転位は原子が並んだ面（原子面）上を動く。転位が動くと結晶格子（図Ｃ２）が図Ｇ１のように滑ってずれる。転位の動く

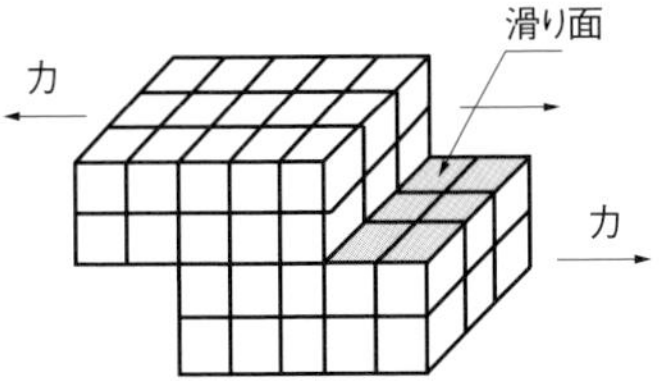

▲図Ｇ１　結晶格子の滑り[＊1]

◀図G２　転位の写真

原子面を滑り面ともいう。金属を薄い膜にして、電子顕微鏡を使ってすかして見ると、転位は黒くひも状になって見える。

図G２は転位の写真である。黒く見えるのは、局所的に原子の並びが乱れたところに光（電子線）が通らず陰になって写るためである。乱れたところがひも状につながっているので転位線ともいう。

金属材料の強度を上げる方法にはミクロ的に、⑴固溶強化（硬化）、⑵析出強化、⑶転位強化、および⑷結晶粒微細化強化などがある。ここでは、鉄の強化機構を説明するが、一般の金属材料でも成り立つ話である。

転位を車に見立て図G３の漫画を使う。車（転位）がスムーズに流れることは変形しやすい、すなわち軟らかいことに相当する。純鉄の滑り面は、よく舗装された道路のようになめらかである。したがって走行を妨げるものはなく、車はスムーズに流れる。

⑴固溶強化：鉄の結晶に鉄と原子半径の違う原子が混じる（固溶するという。溶け込むこと）と転位の動く原子面がひずむ。図G４にこの様子を示す。固溶体とは固溶した状態のこと。ひずみの

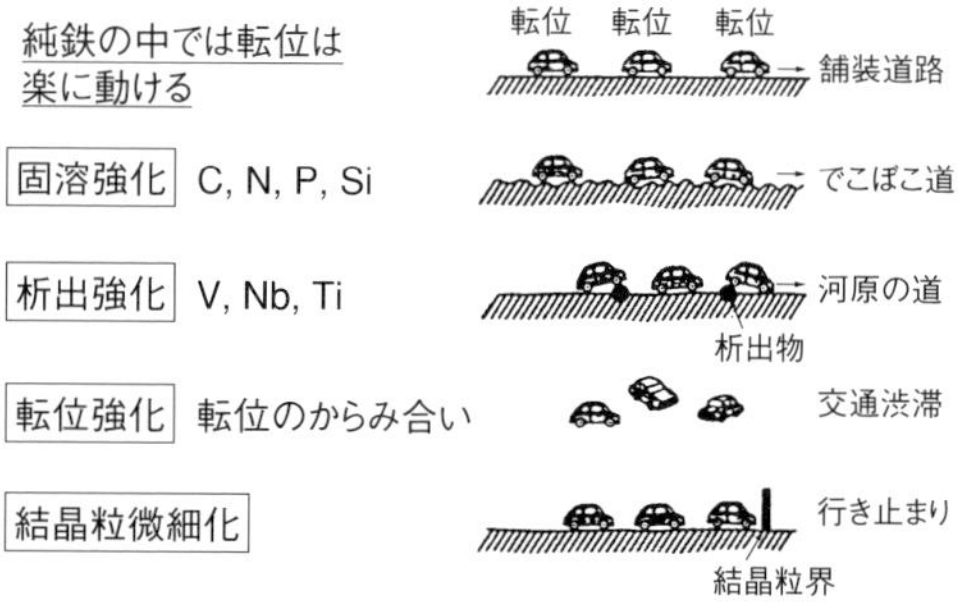

▲図G３　材料を強化するための手段[2]

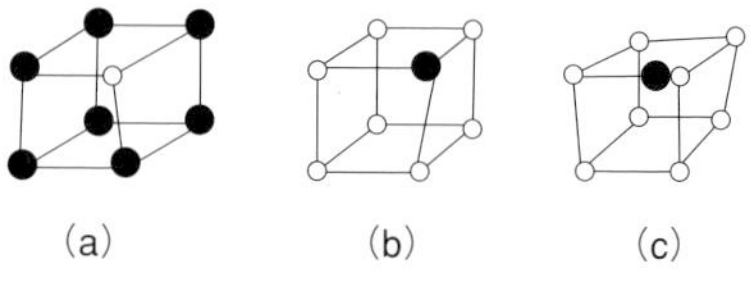

▲図G４　固溶体格子のひずみ／白丸は黒丸と原子サイズが違う[1]。

起源は原子サイズのものである。これは道がでこぼこになった状態に相当し、車は走りにくくなる。走りにくくなるということは変形しにくくなること、すなわち強くなることである。これを固溶強化という。合金に添加した元素（C、N、P、Siなど）が多いほど、一般的には強く（硬く）なる。鋼の場合0・1%炭素の鋼より0・3%炭素の鋼の方が強い。

(2)析出強化：炭素や窒素とくっついて化合物を形成しやすいVやNb、Tiなどの元素を入れると鉄に元々入っている炭素や窒素とくっついて炭化物や窒化物となる。原子面に炭化物や窒化物がばらばらと分散している状態は、河原のように大小さまざまの石がゴロゴロころがっていることに相当する。小さい石を車は乗り越えられるが、大きい石は迂回しなければならない。うんと小さいと走りにくくないが、タイヤサイズの4分の1程度の石が密に接近してばらまかれていると大変走りにくい。強化にきく析出物としては、100原子（10^{-3}㎛）から数㎛のオーダーである。アルミニウム合金の時効硬化（第2章参照）はこの一種である。

(3)転位強化（加工強化）：加工すると転位線は数が増える性質がある。車の数が増えることに相当する。交通量が増えてくると渋滞で接触事故が起こったりして大変走りにくくなる。これを転位強化という。プレス加工した板金部品などはこれで硬くなる。

(4)結晶粒微細化強化：金属材料は異なる方向を向いた結晶の無数の集合体である。1つの結晶を結晶粒という。通常は数㎛から100㎛程度の大きさである（図C3(a)参照）。結晶粒と結晶粒の境界、結晶粒界では原子面がつながっていない、したがって、道路が行き止まりになった状態に相当する。転位の運動に対して壁ができたと考えてもよい。そのため、強化される。結晶粒が小さいほど行き止まりの数は多くなることに相当し材料は強くなる。

以上挙げた他に、(5)平衡あるいは非平衡の変態で出現する結晶構造自体（例えばマルテンサイト、ベイナイトなど）、またはこれらを大量に分散させたことによって強化する方法がある。組織強化という。軟らかいフェライトに硬いマルテンサイトの混合した組織とした複合組織（Dual Phase）鋼板などがある。

参考文献
＊1 落合泰「総説機械材料」3版、理工学社、（1993）。
＊2 谷野満「ふぇらむ」1（1996）41。

H 表面改質

何らかの方法で素材の表面の性質を下地と変えることを表面改質という。表面に処理をするという意味で表面処理ともいう。

エンジン部品に使われている表面改質の方法を表H1に挙げた。さまざまな目的で表面改質は行われる。いずれも下地のままでは機能的に満足できない時に行われる。ほとんどの部品はなんらかの表面改質がされていると考えてよい。

▼表Ｈ１　エンジン部品に使われている表面改質[*1]

名称		内容	特徴	硬さ	部品名
窒化	ガス	NH_3による窒化	・浸炭に比べ硬い ・耐摩耗性に優れる	1100～1200HV	ピストンリング シリンダライナ タペット ロッカアーム バルブ 他多数
	塩浴	混合塩浴による窒化	・浸炭に比べ硬い ・耐摩耗性に優れる	1100～1200HV	
	イオン	窒素と水素ガス雰囲気中で被処理物に電圧をかける。イオン化した窒素分子が処理物に衝突し、窒化される	・低温処理ができひずみが少なく寸法変化が少ない ・化合物層、拡散層厚さのコントロール容易	1100～1200HV	
めっき	硬質クロム	クロム酸溶液中で電気めっき	・耐摩耗性を始め優れた特性を持つ ・比較的安い	800～1000HV	ピストンリング シリンダライナ アルミシリンダブロック
	軟質	各種めっき液中で電気めっき	・潤滑目的のめっき ・初期なじみに効果 ・Sn、Cu、Agなどが使われる	―	ピストン 滑り軸受け スラストワッシャ
	粒子分散ニッケル	Niめっき膜中にセラミックス粒子(Si_3N_4、SiC、WCなど)を分散させた複合めっき。硬度を上げるためP添加することもある	・耐摩耗性を始め優れた特性を持つ ・分散粒子が耐スカッフ性を向上させる	950～1000HV	ピストンリング アルミシリンダブロック
物理蒸着（PVD）		真空容器中で金属を蒸発させ処理物にくっつける。イオン化し放電と共にくっつけることもある	・特殊な性質の化合物被膜の生成が可能 ・耐摩耗、耐スカッフに優れる ・摩擦低減 ・CrN、TiNなど	1800～2100HV（CrNの場合）	ピストンリング ロッカアーム バルブリフタ
化成処理	四三酸化鉄	加熱した強アルカリ性塩溶液に浸漬。四三酸化鉄被膜形成	初期なじみに優れる	―	ピストンリング
	リン酸マンガン	加熱したリン酸マンガン溶液に浸漬。無電解的に被膜形成	・多孔質被膜のため保油性に富む ・初期なじみに優れる	―	ピストンリング シリンダライナ ギア
	リン酸亜鉛	加熱したリン酸亜鉛溶液に浸漬。被膜形成	・多孔質被膜のため保油性に富む ・初期なじみに優れる ・錆び止め効果	―	ピストンリング
水蒸気処理		飽和水蒸気中で処理物を加熱、酸化	・摩擦抵抗下げる ・耐摩耗性	―	バルブシート カムシャフト
陽極酸化		アルミニウム合金を陽極にし、硫酸、リン酸などの液中で電解、酸化被膜形成（日本ではアルマイトともいう）	・耐摩耗、耐食	250～300HV（硬質アルマイトの場合）	ピストン アルミニウムロッカアーム

名　称		内　容	特　徴	硬　さ	部　品　名
浸硫処理		塩浴中で硫化鉄被膜を形成	・初期なじみ ・保油性	—	ギア シャフト
焼入れ	炎	酸素ーアセチレン炎などで局部加熱し焼入れ	・耐摩耗性 ・加熱時間が短いので脱炭や表面酸化が少ない	680～700HV（ハードナブル鋳鉄の場合）	タペット カムシャフト
	高周波およびレーザ	高周波誘導電流で局部加熱し焼入れ。レーザビームを使うこともある	・表面に圧縮残留応力が生じ疲労強度が上がる ・耐ピッチング、耐スカッフ、耐摩耗	600～650HV（S50Cの場合）	カムシャフト クランクシャフト 他多数
	浸　炭	低炭素鋼の処理物に、COを含む雰囲気中で表面から炭素を拡散させ焼入れ	・表面は硬く中は強靭なものが作れる ・耐摩耗、耐疲労	700～800HV（SCM415の場合）	ロッカアーム ギア カムシャフト コンロッド クランクシャフト　他多数
再溶融チル		鋳鉄表面をTIGなどのビームで溶融し急冷でチル組織形成	・微細な炭化物 ・耐摩耗性	750～850HV（低合金鋳鉄）	カムシャフト ロッカアーム フローティングシール
溶　射	ガ　ス	酸素、アセチレンガス炎で被膜材を溶融、圧縮空気で吹き付け被膜形成	Mo、ステンレス、ブロンズなどの溶射	630～870HV（Moの場合）	ピストンリング ロータハウジング シンクロナイザーリング シリンダライナ シフトフォーク
	プラズマ	プラズマアークで粉末材料を溶融、不活性ガスで吹付け被膜形成	セラミックス、サーメット、超硬、スーパーアロイなど溶射	700～760HV（Mo +Ni基自溶性合金の場合）	
	高速酸素フレーム	酸素混合ガスで微粒粉末を溶融、特殊ガンで高速で吹付け被膜形成	セラミックス、サーメット、超硬、スーパーアロイなど溶射	600～750HV（CrC / NiCrの場合）	
樹脂コーティング		ポリアミドイミドやポリベンゾイミダゾール樹脂にMoS_2などの固体潤滑材を入れ、溶剤で溶かしスプレーガンで吹付け、焼成し被膜形成	トップリングのアルミニウム凝着対策に効果あり	—	ピストンリング ピストン 軸受け
ショットピーニング		スチールの小粒を高速で表面に打付ける	・圧縮の残留応力が導入され疲労強度が上がる ・耐食、耐摩耗、耐ピッチングにも効果がある	—	バルブスプリング ギア

表面改質は製品の完成に近い形で付加的に行われるものが多い。たいていはコストが上がる。コストを下げるため設計者は表面改質をやめようとするが、他の方法では得がたい特性を発揮するものも多い。これらに熟知していることは機能向上の有力な手段を知っていることである。

参考文献
＊1　日本ピストンリング㈱のカタログを参考にした。

I　接合技術

金属の接合法は表I－1に示すように三つに大別される。

(1) 溶接法
(2) 機械的接合法（ボルト締め、リベット締め、かしめ、焼ばめなど）
(3) 接着剤による接合法

がある。溶接法は融接、圧接、ろう付けの3種類に分類される。

融接は、接合しようとする母材部を加熱溶融・凝固させて接合する。圧力は加えない。溶融させるために高温に熱する必要がある。加熱熱源によりガス溶接、アーク溶接、レーザ溶接といろいろな種類に分類される。

圧接は加圧して接合する方法である。融点以上に加熱するものもあり、また熱を加えず常温で行うものもある。超音波溶接、爆

◀表I－1　金属の接合法＊1

- 接合法
  - 溶接法
    - 融接
      - ガス溶接
      - アーク溶接
        - イナートガスアーク溶接
          - ティグ(TIG)溶接
          - ミグ(MIG)溶接
        - プラズマアーク溶接
      - その他（電子ビーム溶接、レーザ溶接など）
    - 圧接
      - 抵抗溶接
        - スポット溶接
        - シーム溶接
        - フラッシュバット溶接
      - 高周波溶接
      - 冷間圧接
      - 摩擦圧接
      - ガス圧接
      - その他（超音波溶接、爆発溶接、拡散接合など）
    - ろう付
      - 硬ろう付
        - フラックスろう付
          - トーチろう付
          - 炉中ろう付
          - 浸漬ろう付
        - フラックスレスろう付
          - 真空ろう付
          - 雰囲気ろう付
      - 軟ろう付（半田付）
  - 機械的接合法
    - ボルトナット締め
    - リベット締め
    - かしめ
    - 焼ばめ
  - 接着剤による接合法

発溶接および冷間圧接はほとんど加熱しない。拡散接合は金属表面を清浄にしておき接触させるとくっつく性質を使う。加熱すると相互に拡散し強固に接合される。これら以外は、母材の溶融点以上の温度にして接合する。継手部に直接電流を流し接合部の温度を上げる抵抗溶接と、酸素・アセチレンガスを用いるガス圧接、高周波誘導電流を用いる高周波溶接、接合面の摩擦熱を利用する摩擦圧接がある。

ろう付けは母材よりも融点の低い合金をろう材とする。継手の狭いすきまに毛細管現象でろう材を行き渡らせて接合する。母材を溶融することはない。ろう材の融点により約４５０℃以上の硬ろうとそれ以下の軟ろうに分けられる。前者をろう付け、後者をハンダ付けとも呼んでいる。

参考文献
＊1　松本二郎「溶接学会誌」63（1994）76。

J　アルミニウム合金の鋳造方法と鋳物用材料

エンジン部品にはたくさんのアルミニウム合金が使われている。大部分は鋳物である。車体部品は板金が多い。表Ｊ１にはアルミニウム鋳物の製造方法をまとめた。おおまかには、砂型鋳造、金型鋳造、高圧鋳造に分けられる。砂型鋳造と金型鋳造は溶けたアルミニウムの自重で型内に充填される方法である。重力鋳

		砂型鋳造	金型鋳造	高圧鋳造 ダイカスト（標準）	エアベント式（GF）	雰囲気式（PF）	溶湯吸引式 真空ダイカスト	溶湯鍛造
加圧（MPa）		重力	重力	100	100	100	100	70〜150
寸法精度		良くない	あまり良くない	非常に良い	非常に良い	非常に良い	非常に良い	良い
最少肉厚（mm）		7	5	2	2	2	2	4
品質	Al-過共晶Si合金の場合の初晶Si粒子（μm）	100〜200	50〜150	5〜20	5〜20	5〜20	5〜20	10〜50
品質	ガス含有量（cm³/100g）	5〜10	1〜3	10〜40	5〜15	1〜10	1〜3	0.2〜0.6
品質	ブローホール（ミクロポロシティー）	多い	少ない	非常に多い	やや多い	多い	少ない	非常に少ない
品質	引け巣	少しあり	少しあり	あり	あり	あり	あり	なし
品質	T6処理	可	可	不可	不可	可	可	可
品質	溶接	可	可	不可	不可	可	可	可
品質	耐圧性	—	良	要、樹脂含浸	要、樹脂含浸	良	良	非常に良い
生産性*		5	20	100	100	90	95	50
鋳型寿命*		—	150	100	100	80	100	70
製品概略コスト*		150	150	100	105	110	110	130〜170

（注）＊ダイカスト（標準）を100とした比率

▲表Ｊ１　アルミニウム鋳物の製造方法[＊1]

◀図J1　ダイカスト方法の模式図＊2

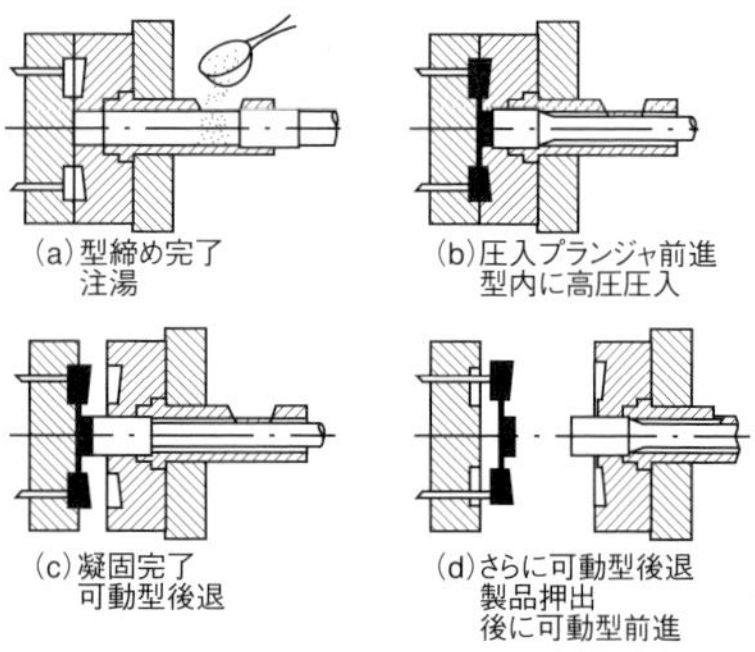

◀図J2　アルミ素形材の比較＊1

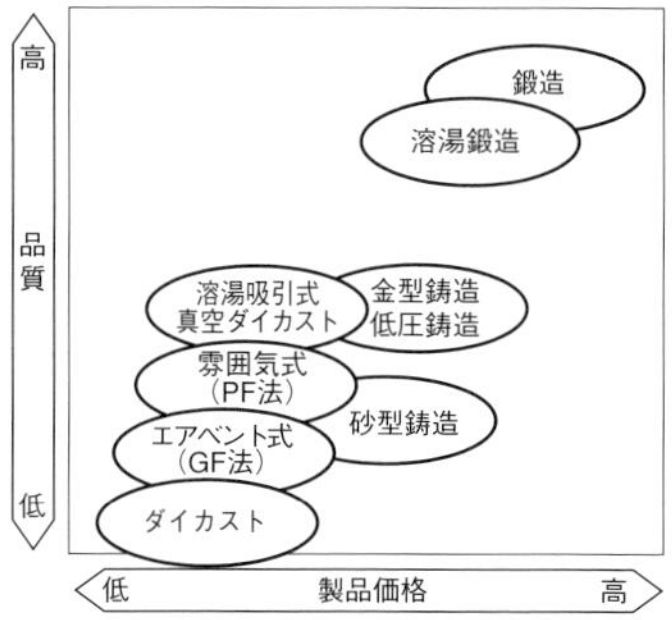

造ともいう。

高圧鋳造は溶けたアルミニウムを加圧して金型内に押し込む方式である。代表的なものはダイカストと呼ばれる方式である。図J1に模式図を示す。標準のダイカストを改良し鋳造型内の雰囲気を調整したエアベント式（減圧や真空）、雰囲気式（型内に酸素を吹き込み反応させてアルミニウム中の水素を取る。水素ガスが原因のガス欠陥を抑える）などの方式がある。

溶湯鍛造は、文字通りの鍛造ではない。金型内のアルミニウムが固まる寸前に加圧する。ガス含有量を減らし、同時に型とアルミニウムの熱伝達を良くして冷却速度を上げ、凝固時の金属組織を微細化する。鍛造品に近い品質が得られる。

図J2には鋳造方法による品質とコストを示す（鍛造品も併記）。高品質とは、ピンホールなどの鋳造欠陥が少なく、金属組織が細かく、強度が出ることに相当する。ただし表は、あくまで一つの目安である。

時効硬化処理（第2章参照）が使えるかどうかでアルミニウム合金の強度は大幅に違う。時効硬化は素材を加熱する。ガスの含有量が多いとT6やT7などの時効硬化は使えない。溶接にも、ガス量が多いと使えない。加熱した時溶け込んだガスが大量に出て、ふくれやピンホールが発生するからである。各種鋳造方法によるガス含有量の比較を表J1中に示した。

砂型および金型鋳造に使われる合金を表J2に、ダイカスト用合金を表J3に示す。使用例も同時に示した。使用例にはエンジン以外の部品も入っている。

鋳造品が企画されてから完成後の品質検査に至るまでのプロセスを図J3に示した。鋳物は複雑形状が自由に作れ量産がきく。非常に汎用的な成形方法である。

参考文献
＊1　住軽テクノス㈱カタログによる。
＊2　「アルミニウムハンドブック」第4版、軽金属協会、（1990）186。

JIS記号	合金系	合金の特性	使用例
AC2B	Al-Cu-Si系	AC4Bと類似の合金であるが、伸びが大きい。鋳造性は若干劣る	アウタチューブ ブラケット、キャリパ
AC3A	Al-Si系	鋳造性が極めて良い。AC4Bと比べて耐食性が良い。引張強さは低い	ハンドルクラウン インテークマニホールド
AC4B	Al-Si-Cu系	広く使用されている材料であり、鋳造性が良い。引張り強さは高いが、伸びは少ない	シリンダヘッド 水冷シリンダヘッド シリンダボディ
AC4C	Al-Si-Mg系	AC4Bと比べて耐食性・伸びが良い。鋳造性は同等である	シリンダヘッド
AC4CH	Al-Si-Mg系	AC4Cの改良材料で、AC4Cに比べて伸びがさらに大きい。耐食性・鋳造性は同等である	キャストホイール ハンドルクラウン
AC4D	Al-Si-Cu-Mg系	AC4Bより鋳造性が若干劣る。引張り強さは高い	アウタチューブ
AC7A	Al-Mg系	耐食性・伸びが最も良く、アルマイトした場合の外観が良い。鋳造性は最も劣る	ヘッドパイプ ブラケット ブラケット、リアアーム
AC8A	Al-Si-Cu-Ni-Mg系	ピストン材料である。AC9A・AC9Bに比べて引張り強さが高く、鋳造性が良い。熱膨張係数が大きく耐摩耗性が劣る	ピストン
AC9A	Al-Si-Cu-Ni-Mg系	耐熱性に優れ、熱膨張係数が小さい。耐摩耗性は良いが、鋳造性や切削性は良くない	ピストン
AC9B	Al-Si-Cu-Ni-Mg系		

▲表Ｊ２　重力鋳造に使われる合金

JIS記号	合金系	合金の特性	使用例
ADC10	Al-Si-Cu系	鋳造性が良好で、生産性が高く、機械的性質の優れた鋳物である ADC12に比べCu、Zn、Niが少ないため耐食性が良い	クランクケース カバー類 シリンダボディ
ADC12	Al-Si-Cu系	一番多く利用されている材料であり、用途も広い 鋳造性が良好で生産性が高く、機械的性質の優れた鋳物である 耐食性はADC10に比べやや劣る	クランクケース マフラー シリンダボディ 空冷シリンダヘッド
A390	Al-Si-Cu系	耐摩耗性に優れるが、強度はADC12に比べて劣る。また高Si材料で、ADC12に比べ鋳造性がやや劣る	クラッチハウジング クラッチボス シリンダブロック
ADC3	Al-Si-Mg系	ADC12に比べ伸び・耐食性・耐衝撃性などに優れている	ダイカスト製ホイール ハンドルホルダ
ADC5	Al-Mg系	非常に耐食性が良く、適度の強度と伸びを有している。鋳造性が悪く複雑な形状には向かない	ブレーキレバー

▲表Ｊ３　ダイカスト合金

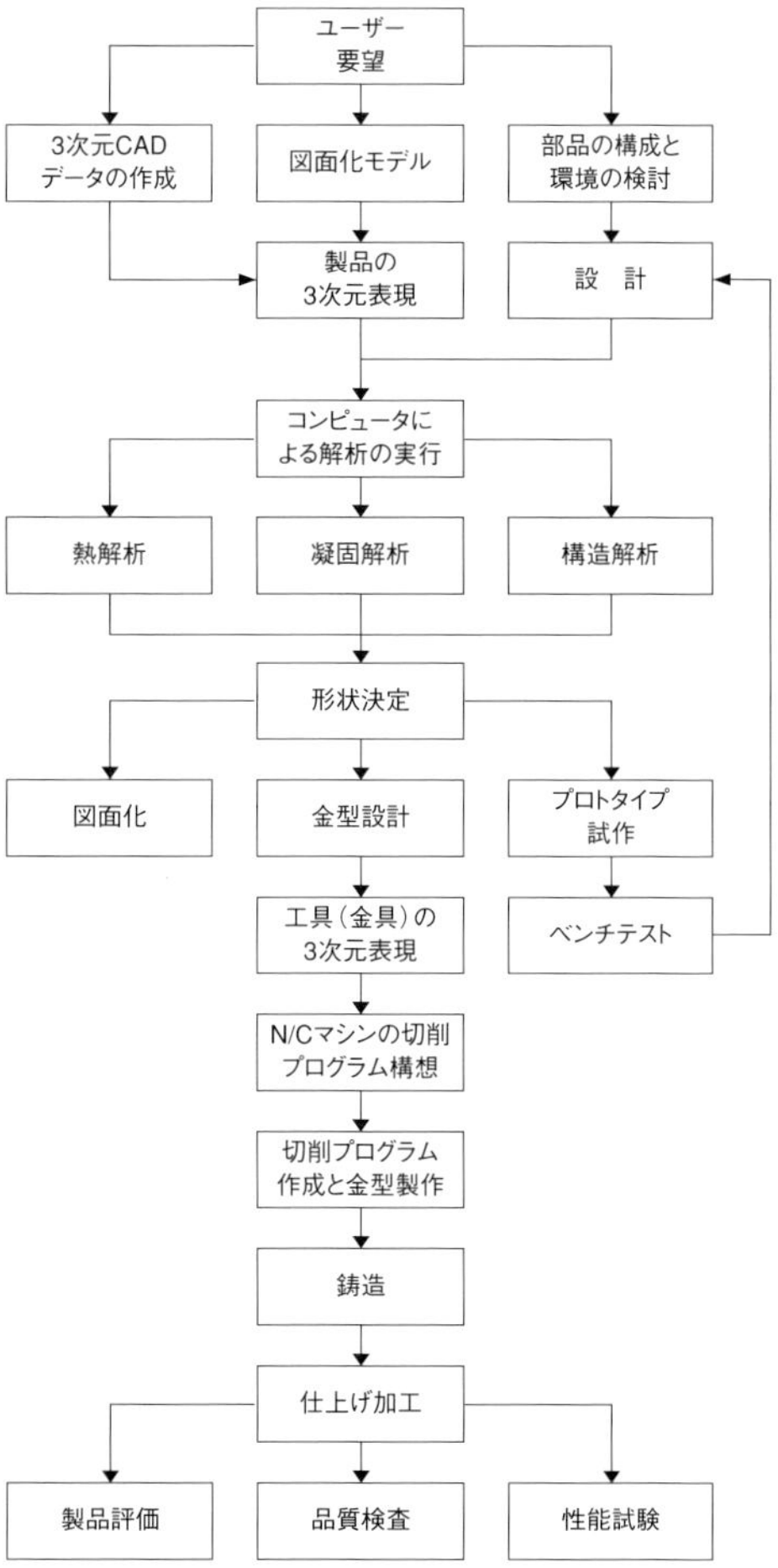

▲図J3　鋳造品の製作プロセス*1

K　弾性変形と塑性変形

図K1は炭素鋼を引張った時の応力とひずみの関係を示す。金属は応力やひずみの低いところではフックの法則に従う。弾性変形という。大きな応力やひずみが加わると、伸びたり広がったりして変形する。壊れずに自由に形を変えることができる性質を塑性《そせい》という。変形を塑性変形、この性質を利用した加工を塑性加工と呼んでいる。

針金のような試験片（炭素鋼）を引張ると図K1のようなグラ

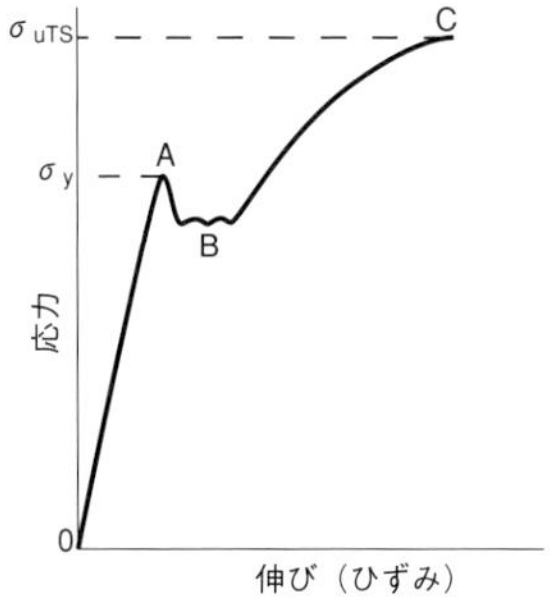

▲図K1　炭素鋼を引張った時の応力とひずみの関係／OAは弾性変形。

フが得られる。伸ばすと必ず反力としての応力が出る。ＯＡは弾性変形する領域で、応力を下げると（引張って伸びた状態をゆるめる）、この範囲ならば完全に元の長さにもどる。Ａ点を降伏点、Ａの応力を降伏応力（σ_y と表示）という。引張りに負けてしまう応力という意味である。弾性の限度という意味で弾性限ともいう。伸びをＡ点以上に加えると、応力は一旦Ｂ点まで少し下がった後Ｃ点に向かって上がっていく。Ｂ点に下がるのは変形を担う転位（補講Ｇ参照）の密度が急に増え、外から引張っている速度より速く針金が塑性変形するためである。Ｃ点で針金は応力の最大値を示した後、切れてしまう。Ｃの応力を引張り強さ（σ_{UTS} と表示）という。

図Ｋ２は純アルミニウムを引張った時の応力とひずみの関係を示す。この場合、Ａ点のような明瞭な降伏点は現れない。すなわち弾性変形から塑性変形にダラダラと向かう。ａ点付近までは直線的な応力とひずみの関係を示す。弾性変形らしい。このような曲線が得られた時は弾性変形の限度としての降伏応力がはっきり決められない。そのため便宜的に何がしかのひずみの生じたところを持って降伏応力の目安とする。通常０・２％程度のひずみのところの応力としている。$\sigma_{0.2\%}$ と表示する。比例限ともいっている。σ_{UTS} は図Ｋ１と同じように定義できる。

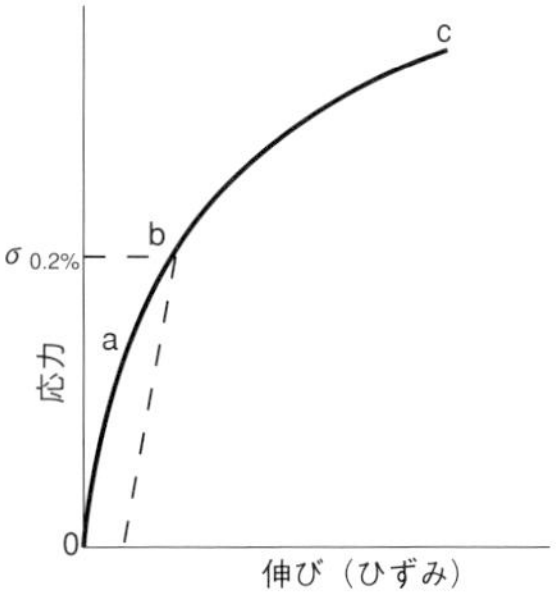

▲図Ｋ２　純アルミニウムを引張った時の応力とひずみの関係／ｏｂの間のどこかに弾性変形が塑性変形に移行するところがある。

図Ｋ１タイプの曲線は、例えば、焼なましあるいは焼入れ焼もどしした炭素鋼に限って出る（この他にも一部の非鉄金属にもある）。どちらかといえば特殊である。それ以外のたいていの非鉄金属や加工した炭素鋼では図Ｋ２タイプとなる。便覧などに降伏応力として載せられている値は、図Ｋ１タイプの曲線が示す明瞭な弾性限か、あるいは図Ｋ２タイプの目安としての比例限か、はっきり区別しないことが多い。

弾性論をベースにして設計する時、弾性限を降伏応力とするのなら問題ないのだが、比例限を降伏応力とすると問題が起きることがある。注意を要するのは、比例限 $\sigma_{0.2\%}$ はすでに０・２％の塑性ひずみが加わった値であることである。ボルト（特にスタッドボルトのような長いもの）で締付ける時、比例限を弾性限と見誤って設計すると軸力が十分出ないことがある。例えば１００㎜の長さのボルトでは０・２％ひずみは０・２㎜にもなる。

荷重がかかった時、かなり低い荷重（応力）でも転位は増殖し動き出す。転位は元々金属の中にある。炭素や窒素と結びついて転位が動きにくくなっている時にのみ、明瞭な弾性限が現れる。補講Gで変形の担い手転位を自動車に見立てて説明した。自動車にサイドブレーキ（炭素や窒素と転位がくっついている）がかかっており、高荷重で一斉に動き出した時のみ、塑性変形の開始点としての弾性限が明瞭である。この場合図K1タイプの曲線となる。サイドブレーキがかかっていないと少しの荷重でも転位はフラフラと動いてしまいわずかな塑性変形を生じる。そのため図K2タイプの曲線となる。

転位がふらふら動き微小な塑性変形が起きてしまうことをマイクロイールド（第3、7章参照）という。ばねに曲げ加工した線では加工（塑性加工）途中に転位が大量に入っている（補講Gの加工硬化状態にある）。そのままでばねにすると低応力で転位がふらふら動き、ばねはすぐへたってしまう。このような時、加工したばねを低い温度で焼なまし（高温で焼なますと転位は消える。低温とは転位が消えないほどの低い温度）、転位を炭素や窒素にくっつけ動かなくしてしまうとばね性が上がる。これを低温焼鈍硬化という。すなわちマイクロイールドを低温焼鈍で防止している。

L　主要金属の物理的性質（20℃／293K）

出典：冨士明良『工業材料入門』山海堂（1998）

元素名	記号	原子番号	原子量	密度 × 10^3kg/m^3	融点 ℃	線膨張係数 ×10^{-6}1/K	比熱 J/kg・K	熱伝導率 W/（m・K）	比抵抗 μΩ・m	縦弾性係数 GPa
亜鉛	Zn	30	65.4	7.13	420	53（c軸）	384	121	592	96.5
アルミニウム	Al	13	26.98	2.70	660	23.7**	903*	237	266	70
金	Au	79	197	19.32	1064	14.2	131	315*	235	80
銀	Ag	47	107.9	10.50	962	19.68**	235	427*	159	76
ケイ素	Si	14	28.1	2.33（5℃）	1410	4.15	680*	148	300～400	（110）
クロム	Cr	24	52.0	7.19	1860	8.4	462	90	1290*	248
コバルト	Co	27	58.93	8.85	1490	12.6	416	69	624	210
ジルコニウム	Zr	40	91.22	6.51	1850	5.83	269	22.7	4000	96
タングステン	W	74	183.9	19.3	3410	4.5	130	178	565	345
タンタル	Ta	73	180.9	16.65	2990	6.6	143	57.5	1250	190
チタン	Ti	22	47.88	4.51	1660	8.41	521	21.9	4200	116
鉄	Fe	26	55.85	7.87	1535	13.8	462	80.3	971	196～206
銅	Cu	29	63.55	8.96	1083	16.2	399	398	167	110
鉛	Pb	82	207.2	11.35	328	29.0	129	35.2*	2060	14
ニッケル	Ni	28	58.69	8.90	1450	53（c軸）	441	90.5	684	207
白金	Pt	78	195.1	21.45	1770	9.0	132	71.4	1060	152
バナジウム	V	23	50.94	6.11	1890	8.3***	500**	31.5	2500	126
マグネシウム	Mg	12	24.31	1.74	649	27.1（c軸）	1029	156	445	64.5
マンガン	Mn	25	54.94	7.44（α）	1245	22	483	7.82	16000	159
モリブデン	Mo	42	95.94	10.2	2620	5.1	277	138	520	324

［注］線膨張係数は20～40℃の平均値

*0℃　**0～100℃　***20～100℃；密度：×10^3Kg/m^3=g/cm^3

鉄鋼用語解説（熱処理）――日本工業規格による（JIS G 0201-2000）一部改変

●熱処理一般

塩浴熱処理

塩浴中で行う熱処理。

脱炭

鉄鋼を炭素と反応する雰囲気中で加熱する時、表面から炭素が失われる現象。脱炭している層を脱炭層といい、その深さを表示する用語には全脱炭層深さ、フェライト脱炭層深さ、特定残炭率脱炭層深さ、などがある。

水素ぜい化

鋼中に吸収された水素によって鋼材に生じる、延性または靭性が低下する現象。この現象は、酸洗、電気めっきなどの場合に生じることが多い。また、引張り応力が存在すると割れに至ることが多い。

赤熱ぜい性

熱間加工の温度範囲で鋼がもろくなる性質。

青熱ぜい性

２００~３００℃付近で鋼の引張り強さや硬さが常温の場合より増加し、伸び、絞りが減少して、もろくなる性質。青熱脆性と呼ばれるのは、この温度範囲で、青い酸化皮膜が表面に形成されるためである。

低温ぜい性

室温付近またはそれ以下の低温で、鉄鋼の衝撃値が急激に低下して、もろくなる性質。

変態

温度を上昇または下降させた場合などに、ある結晶構造から他の結晶構造に変化する現象。磁気変態のように必ずしも結晶構造の変化を伴わないものもある。

変態点、変態温度

温度を上昇または下降させた場合などに変態が起こる温度。鉄鋼には次のような記号を用いる。なお、下付き文字ｃを付けた場合は加熱の時、ｒを付けた場合は冷却の時、またｅをつけた場合は平衡の変態点を表す。

A_0点：鉄鋼中のセメンタイトの磁気変態点。

A_1点：オーステナイト⇕フェライト＋セメンタイトの共析変態点

A_2点：α鉄の磁気変態点。

A_3点：α鉄⇕γ鉄の変態点。

A_4点：γ鉄ｖδ鉄の変態点。

A_3線：オーステナイトに対するフェライトの溶解度線。フェライトと平衡するオーステナイトの炭素濃度を示す線でもある。

A_{cm}線：オーステナイトに対するセメンタイトの溶解度線。セメンタイトと平衡するオーステナイトの炭素濃度を示す線でもある。

γ鉄

A_3点からA_4点までの温度範囲で安定な面心立方晶の純鉄。

オーステナイト

γ鉄の固溶体につけた組織上の名称。

固溶体

一つの固体に他の元素が均一に溶け込んで生じた単一の固体。

共晶

冷却の過程で、一つの融液から二つ以上の固相が密に混合した組織への変化、またはその反応で生じた組織。平衡状態図で共晶成分より合金元素濃度が少ない時には亜共晶、多い時には過共晶という。

共析

冷却の過程で、一つの固溶体から二つ以上の固相が密に混合した組織への変態、またはその変態で生じた組織。平衡状態図で、共析成分より合金元素濃度が少ない時には亜共析、多い時には過共析という。

析出

固溶体から異相の結晶が分離成長する現象。

偏析
合金元素や不純物が不均一に偏在している現象、またはその状態。

しま状組織
圧延または鍛伸方向に平行に並んだ偏析組織。

炭化物
炭素と一つまたはそれ以上の金属元素との化合物。特に二つ以上の金属元素を必要成分とするものを複炭化物という。

セメンタイト
鉄と炭素の化合物で、化学式は近似的にFe_3Cで示される炭化物。

初析セメンタイト
過共析鋼を高温から冷却する際に、共析変態に先立ってオーステナイトから析出するセメンタイト。

パーライト
オーステナイトの冷却に際し、共析変態で生じたフェライトとセメンタイトの層状組織。冷却速度の大小によって層状組織に疎密を生じる。光学顕微鏡で識別が困難なほど密な場合は、微細パーライトという。

結晶粒度
多結晶材における結晶粒の大きさ。一般にはこれを比較法または切断法によって求めた粒度番号で表す。オーステナイト結晶粒度の試験方法はＪＩＳ Ｇ ０５５１（鋼のオーステナイト結晶粒度試験方法）に、またフェライト結晶粒度の試験方法はＪＩＳ Ｇ ０５５２（鋼のフェライト結晶粒度試験方法）に規定している。

●焼ならしおよび焼なまし

等温焼なまし
A_3点（亜共析鋼）またはA_1点（過共析鋼）以上の温度に加熱した後、A_1点以下の比較的急速にパーライト変態の進む温度まで急冷し、その温度に保持してオーステナイトをフェライトと炭化物に変態させ、比較的短時間に軟化する焼なまし。サイクルアニーリングともいう。

中間焼なまし
冷間加工で硬化した鋼を軟化し、引き続いて行う冷間加工を容易にする目的で、再結晶温度以上A_1点以下の適当な温度で行う焼なまし。または鍛鋼品の製造工程中、最終熱処理の前に1回ないし数回に分けて行う焼なまし。インタミディエイトアニーリングともいう。

可鍛化焼なまし
白鋳鉄（白銑）の化合炭素の全部または一部を、長時間の加熱によって黒鉛化し、または表面から脱炭させて、粘りがある鋳鉄を得るために行う焼なまし。

黒鉛化焼なまし
鉄鋼の化合炭素の全部または一部を黒鉛に変化させるために行う焼なまし。

黒鉛化
セメンタイトが高温で分解して、セメンタイト中の炭素が黒鉛に変化する現象。黒鉛化には、第一段黒鉛化、直接黒鉛化および第二段黒鉛化がある。

第一段黒鉛化
可鍛鋳鉄を製造する際、共晶セメンタイトが焼もどし炭素（テンパーカーボン）とオーステナイトへ分解する現象。

第二段黒鉛化
可鍛鋳鉄を製造する際、共析セメンタイトが焼もどし炭素（テンパーカーボン）とフェライトへ分解する現象。

回復
冷間の塑性変形による影響が焼なましによって除去される時の第一段階で、再結晶に先立って起こる現象。

球状炭化物
球状となった炭化物。

球状セメンタイト
球状となったセメンタイト。

焼もどし炭素
白鋳鉄（白銑）の黒鉛化焼なましによって析出した黒鉛。

●焼入れ、焼もどしおよび時効

サブゼロ処理

0℃以下の低温度に冷却する操作。焼入れした鋼に、この処理を適用する目的は、残留オーステナイトのマルテンサイトへの変態を進行させて、部品の経年変形を防ぐことなどである。深冷処理ともいう。

オーステンパ

A_{C3}点またはA_{C1}点以上の適当な温度に加熱して、安定なオーステナイト組織としたものを、変態を阻止してそのままフェライトおよびパーライト生成温度以下、マルテンサイト生成温度以上の適当な温度範囲に保持した冷却剤中に急冷し、その温度でベイナイトに変態させた後、室温まで適当に冷却する操作。その目的は、ひずみの発生および焼割れを防止するとともに、強靭性を与えることである。

オイルテンパー処理

鋼線を連続的にまっすぐな状態で、油焼入れ焼もどしを施す処理。

焼もどし

焼入れで生じた組織を、変態または析出を進行させて安定な組織に近づけ、所要の性質および状態を与えるために、A_1点以下の適当な温度に加熱、冷却する操作。焼ならしの後に用いることもある。

調質

焼入れ後、比較的高い温度（約４００℃以上）に焼もどして、トルースタイトまたはソルバイト組織にする操作。

時効

急冷、冷間加工などの後、時間の経過に伴い鋼の性質（例えば硬さなど）が変化する現象。時効硬化を目的として行う操作の意味で用いることもある。焼入れ時効、ひずみ時効などがある。また、室温において起こる時効を自然時効、室温以上の適当な温度で加熱した時に起こる時効を人工時効という。

ひずみ時効

冷間加工した材料に起こる時効。

過時効

硬さ、強さなどの性質が最高になる温度と時間よりも高い温度または長い時間で起こる時効。

等温変態

鉄鋼をオーステナイト状態からA_r点以下の任意の温度まで急冷し、その温度に保持した場合に生じる変態。

残留応力

外力または熱こう配がない状態で、金属内部に残っている応力。熱処理の時に、材料の内外部で、冷却速度の差による熱応力または変態応力が生じ、これらが組み合わされて、内部に応力が残留する。また、冷間加工、溶接、鋳造などによっても残留応力が生じる。

焼入れ応力

焼入れで生じる残留応力。焼入れ応力には、内外部の冷却の時間的なずれに起因する熱応力と、変態に伴う変態応力とがあり、一般に両者が組合わされて生じる。

焼割れ

焼入れ応力によって生じる割れ。

焼もどしぜい性

焼入れした鉄鋼をある焼もどし温度に保持した場合、または焼もどし温度から徐冷した場合、ぜい性破壊が生じやすくなる現象。５００℃前後の焼もどしで生じる一次焼もどしぜい性およびさらに高い温度の焼もどし後の徐冷で生じる二次焼もどしぜい性を高温焼もどしぜい性といい、３００℃前後の温度に焼もどした場合にみられる焼もどしぜい性を低温焼もどしぜい性という。

時効硬化

急冷または冷間加工した鉄鋼が時効によって硬化する現象。

●表面硬化処理および表面処理

表面硬化処理

鉄鋼の表面層を硬化するために行う浸炭焼入れ、窒化、高周波焼入れ、炎焼入れなどの操作。

高周波焼入れ

高周波電流による誘導加熱作用で加熱して行う焼入れ。主に鉄鋼の任意の表面または部分を焼入れする場合に用いる。鉄鋼の高周波焼入れ焼もどし加工は、ＪＩＳ Ｂ ６９１２（鉄鋼の高周波焼入れ焼もどし加工）に規定されている。

炎焼入れ

炎で直接加熱して行う焼入れ。主に鉄鋼の任意の表面を焼入れする場合に用いる。

浸炭

鋼の表面層の炭素量を増加させるため、浸炭剤中で加熱処理する操作。浸炭剤の種類によって固体浸炭、液体浸炭およびガス浸炭に分けられる。なお、浸炭した鋼は、焼入れ焼もどしを施して使用することが普通である。この処理を肌焼きということもある。

エンリッチガス

浸炭性雰囲気のカーボンポテンシャルを増加させるために添加する炭化水素などのガス。

カーボンポテンシャル

鋼を加熱する雰囲気の浸炭能力を示す用語。その温度で、そのガス雰囲気と平衡に達した時の鋼の表面の炭素濃度で表す。

浸炭窒化

鋼の表面層に炭素および窒素を同時に拡散させる操作。浸炭浸窒ともいう。処理方法には、浸炭性ガスにアンモニアを添加して行うガス浸炭窒化などがある。オーステナイト域で行うものをcarbonitriding、またフェライト域で行うものを軟窒化nitrocarburizingという。

窒化

鉄鋼の表面層に窒素を拡散させ、表面層を硬化する操作。処理方法には、アンモニア分解ガスによるガス窒化および青酸塩による液体窒化がある。

真空ガス窒化

真空中で処理物を加熱し、窒化性ガスを導入して行う窒化。

軟窒化

処理物に窒素または炭素および窒素を拡散させ、耐摩耗性、耐疲れ性などを向上させる熱処理。塩浴軟窒化、ガス軟窒化などがある。

イオン窒化

減圧した窒化性ガス雰囲気中で、陰極とした処理物と陽極との間に生じるグロー放電を利用した窒化。

真空ガス浸炭窒化

真空中で処理物を加熱し、浸炭性および窒化性ガスを導入して行う浸炭窒化。

【ABC順】

〈著者紹介〉

山縣　裕（やまがた・ひろし）

ヤマハ発動機株式会社OB。岐阜大学 金型創成技術研究センター・機械工学科教授を経て、2016年より自動車部品技術および生産技術のコンサルタントを行っている。工学博士。

主な著書に『ものの魅力・ものの魔力』（カロス出版）、『コンピュータシミュレーションによるダイカスト金型技術の可視化』（カロス出版）などがある。

エンジン用材料の科学と技術

2016年11月1日初版発行

著　者	**山縣　裕**
発行者	**小林謙一**
発行所	**株式会社グランプリ出版** 〒101-0051　東京都千代田区神田神保町1-32 電話 03-3295-0005㈹　FAX 03-3291-4418 振替 00160-2-14691
編集協力	株式会社左近堂
本文印刷	株式会社教文堂
印刷・製本	シナノ パブリッシング プレス

ISBN-978-4-87687-348-7　C2053